KB175341

노마
발효 가이드

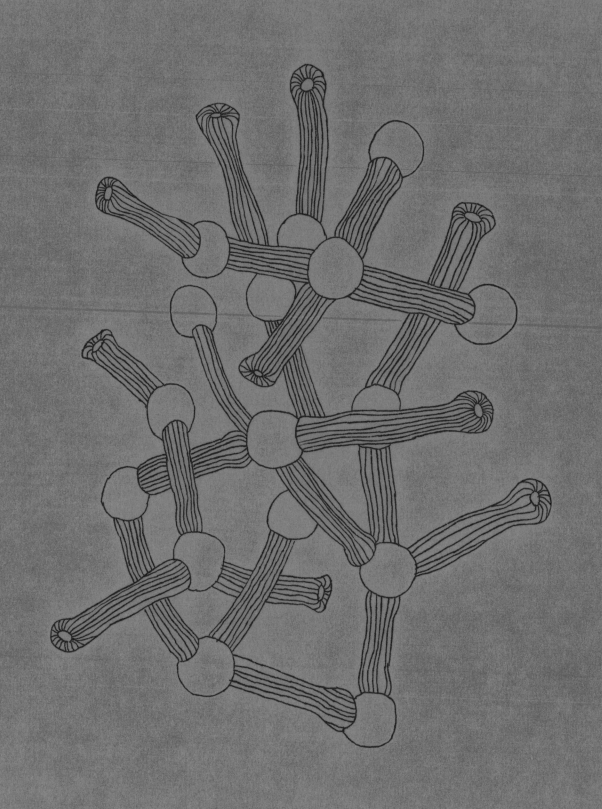

Foundations
of Flavor

The Noma
Guide to
Fermentation

노마 발효 가이드

René Redzepi & David Zilber

르네 레드제피, 데이비드 질버 지음

Photographs
by Evan Sung

Illustrations
by Paula Troxler

사진 **에번 성**
일러스트 **폴라 트록슬러**
번역 **정연주**

Artisan | New York

한스미디어

우리의 끝없는 발견의 여정에 참여한 수많은 요리사와 열정가가 없었다면 이 책은 탄생할 수 없었을 것이다. 실로 많은 이가 건네준 작은 조각들로 오늘날 노마의 발효 세계라는 멋진 퍼즐을 완성할 수 있었다. 특히 아리엘 존슨 박사, 토르스텐 빌드가드, 라르스 윌리엄스, 토머스 프뢰벨, 로시오 샌체즈, 조시 에번스, 벤 리드, 로베르토 플로어, 그 외 북유럽 음식 실험실의 모두를 꼽을 수 있다. 우리가 멀리 내다볼 수 있는 것은 거인의 어깨에 우뚝 선 덕분이다.

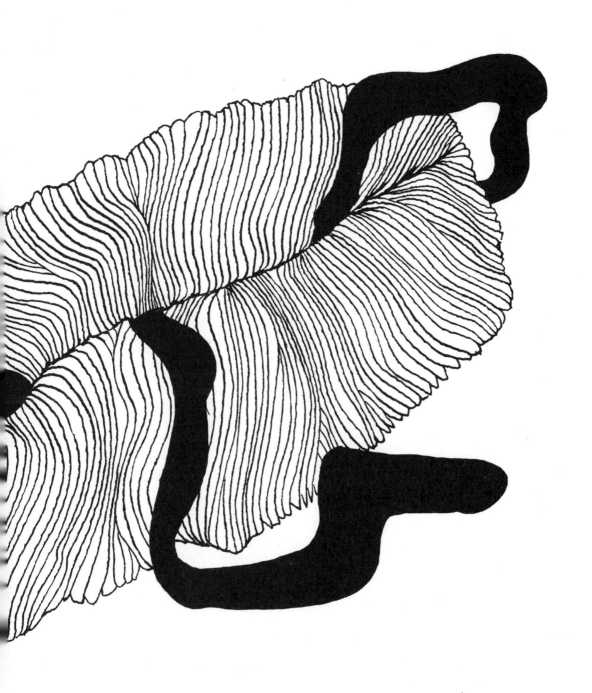

코펜하겐 근교 크리스티아니아(오슬로) 외곽에
새로운 터를 잡은 노마. 오프닝 위크, 2018년 2월.

서문
르네 레드제피

발효에 관한 우리의 이야기는 잇따른 우연과 사고로 점철되어 있다.

노마의 초창기에는 우리 모두가 식재료를 탐색하는 작업에 푹 빠져서, 혹독한 겨울에도 요리하고 싶은 욕구를 불러일으키는 온갖 재료를 식품 저장실 가득 모아두곤 했다.

내 기억으로는 어느 초여름날, 오랜 지인인 채집가 롤런드 리트먼Roland Rittman이 자그맣고 희한하게 생긴 꽃봉오리를 한 줌 쥐고 문으로 들어왔다. 살짝 삼각형에 가까운 둥그스름한 모양에 더없이 촉촉하면서 정확히 마늘 향이 나지는 않지만 램프[1]처럼 강렬하고 깊은 풍미가 느껴졌다. 생전 처음 접해보는 맛이었다. 롤런드는 이 꽃봉오리를 곰파 '열매'라고 부르면서 이것이 북유럽 요리에서 상당히 흔하게 사용되던 것으로, 보존해두었다가 겨울내내 썼다고 설명했다.

그래서 우리는 직접 곰파 꽃봉오리로 케이퍼 같은 피클을 만들기 시작했다. 당시 누군가가 우리에게 그 마늘 향이 나는 자그마한 덩어리를 소금과 함께 유리병에 켜켜이 담으면 어떤 일이 일어날 것이라 생각하느냐고 질문했다면, 그때도 이미 젖산 발효라는 개념 정도는 알고 있었으니 고개를 비딱하게 들고서 질문한 사람을 향해 코웃음을 날렸을 것이다.

그러나 곰파 케이퍼는 하늘의 계시 그 자체였다. 어느 요리에 넣든지 탁 터지면서 매력적인 산미와 짠맛, 톡 쏘는 향미를 더하는 양념이 갑자기 우리 손에 떨어진 것이다. 심지어 타국에서 수입할 필요도 없었다. 우리 뒷마당에서 자라는 식물에 고작해야 소금을 뿌렸을 뿐인데, 그 이상의 재료가 탄생했다.

곧이어 우연한 첫 성공의 뒤를 잇는 일들이 생겨났다.

소금 구스베리를 생각해낸 사람이 누구였는지는 정확히 기억나지 않지만, 2008년경이었으니 아마 토르스텐 빌드가드Torsten Vildgaard 아니면 소런 웨스Soren Westh였을 것이다. 토르스텐과 소런은 레스토랑 앞에 정박한 배에서 온갖 식재료로 작업을 하곤 했다.

---

1   야생 부추 혹은 야생 마늘 등으로 불리는 채소. 이른 봄이 제철이다.

한나절 정도 바다에서 시간을 보내고 싶을 때 몰고 나갈 법한 작은 어선보다 별달리 크지 않은 정박선에는 우리가 북유럽 음식 실험실Nordic Food lab이라고 부르는 공간이 마련되어 있다. 주로 우리 지역의 식재료로 무엇을 할 수 있는지 연구하고, 관심사가 같은 사람들과 자유롭게 지식을 공유하는 용도로 쓰이는 곳이다. 다음 주에 선보일 요리를 어설프게 손보는 테스트 키친보다 장기간에 걸친 연구 장소라고 할 수 있다. 우리 셰프 중 벤 리드Ben Reade는 정박선 내 발효 식품 사이에서 숙면을 취하곤 했는데, 실험실의 분위기도 전반적으로 그런 식으로 고요했다.

그러던 어느 날, 토르트텐이 염장해서 진공 포장한 다음 발효시킨 후 1년간 까맣게 잊고 지냈던 저민 구스베리 한 조각을 숟가락에 얹어 내게 내밀었다. 나는 구스베리를 맛보고 엄청난 충격을 받았다. 고작해야 절인 베리 한 숟갈일 뿐이니 분명히 심하게 과장된 표현처럼 들릴 것이다. 하지만 일단 내 입장이 되어보라. 스칸디나비아에서 나고 자라며 평생 구스베리를 먹어왔는데, 느닷없이 눈앞에 이런 녀석이 등장하다니? 마치 오래된 편안한 스웨터의 직물 사이사이로 새로운 색실을 화사하게 꼬아 덧입힌 것처럼, 익숙하면서 동시에 지금까지 한 번도 느껴본 적 없는 맛이었다.

지금은 구스베리 피클을 먹을 때마다 뚜렷한 젖산 발효의 효과를 인지하지만, 처음 맛본 그 순간에는 나와 노마의 모든 것이 완전히 뒤바뀌었다. 우리가 대단한 집중력과 열정을 쏟아부으며 발효를 연구하던 십여 년의 역사가 막을 올리는 순간이었다.

—

상세한 부분 중에는 이제 기억나지 않는 내용도 많다. 초반에 왜 더욱 꼼꼼하게 기록을 남기지 않았는지 후회될 따름이다. 매 주마다 새로운 계시가 이어지면서 매번 똑같은 생각을 되새기게 만들었다. 더 많은 재료를 요리해봐야 해. 우리에게는 제철 식재료가 있어. 어떻게 하면 훨씬 더 맛있게 만들 수 있을까? 오래 보존하려면 어떤 작업을 해야 하지? 처음에는 발효 과정이 어떤 식으로 이루어지는지, 혹은 언제 이루어지는지 전혀 알 수가 없었다. 하지만 해가 거듭되면서 갈수록 많은 생각을 실천에 옮기고 훨씬 똑똑한 사람들이 노마에 합류하면서 우리가 하는 일을 제대로 설명할 수 있게 되었고, 우리가 그 일부를 이룬 위대한 전통을 조망할 수 있었다.

그리고 2011년에 우리는 레스토랑 업계 종사자, 과학자, 농부, 철학가, 예술가 등 음식 업계의 개선책에 뚜렷한 흥미를 가진 사람들이 수백 명씩 참석하는 첫 MAD 심포지엄(MAD는 덴마크어로 '음식'이라는 뜻이다)을 열기로 결심했다. 주제를 '생각 심기planting thoughts'로 정하고, 식물계에 대한 다양한 견해를 제시해줄 연사로 누구를 초청하면 좋을지 고심하기 시작했다.

솔직히 말해서 곧바로 머릿속에 떠오른 인물은 데이비드 장David Chang이었는데, 김치 때문이었다. 아마 그는 기억하지 못할지도 모르지만 나는 모모후쿠 쌈 바에서 아주 환상적인 김치 국물을 뿌린 굴을 먹은 적이 있었다. 데이비드 장과 그가 이끄는 팀은 우리와 평행선을 달리면서 발효에 대한 접근법을 익히고 해묵은 기술을 활용하여 새로운 제품을 개발하는 중이었다. 나는 장에게 MAD에 참석하여 발효에 대한 이야기를 들려달라고 요청했다. 무대에 선 장은 요리 공동체에 미생물 테루아[2]라는 개념을 소개했다.

장은 발효를 일으키는 곰팡이와 효모, 박테리아 등이 속한 눈에 보이지 않는 세상을 주로 언급했다. 이들은 무수한 문화와 요리 전통에 그 경계를 초월하여 널리 퍼져 있는 존재다. 장은 특정 지역의 토착 미생물은 토양과 날씨, 지리학이 와인에 영향을 미치는 것과 같은 방식으로 언제나 최종 완성품의 풍미에 자기 나름의 영향을 미친다고 설명했다.

당시 사람들은 노마 레스토랑을 현대 북유럽 요리를 선보이는 곳으로 평했다. 우리 입장에서는 엄청난 책임감에 파묻히는 기분이었다. 만약에 우리가 해외에서 차용한 기술을 활용한다면 북유럽 요리를 한다고 말할 수 있을까? 미생물 테루아라는 개념은 이러한 우리의 모든 생각에 변화를 가져왔다. 발효는 국경을 모른다. 발효는 덴마크 요리 전통의 일부인 만큼 이탈리아나 일본, 중국의 일부이기도 하다. 발효가 없었다면 김치도, 보송보송한 사워도우 빵도, 파르미지아노 치즈도, 와인과 맥주 및 증류주도, 피클도 간장도 없었을 것이다. 청어 절임이나 호밀빵은 물론이다. 무엇보다 발효가 없다면 노마도 없을 것이다.

사람들은 언제나 우리 레스토랑을 야생 식재료 및 채집 등과 연관시키지만, 사실 노마의 기둥을 이루는 요소는 발효다. 우리가 내는 음식에서 특별하

---

2 와인의 품질에 영향을 미치는 대지 등 자연 환경을 통칭하는 테루아라는 개념을 미생물까지 확장하여 지역마다 고유의 특징을 가진 발효 식품이 만들어진다는 의미로 사용한 것.

11

12

마치 종이접기를 한 듯한 모양새의 꽃잎은 흑마늘 퓌레를 타미tamis[3]에 내린 다음 과일 쫀득이fruit leather[4] 같은 질감이 될 때까지 건조한 후 접어서 개미 페이스트와 장미 오일을 두른 것이다.

게 쿰쿰한 향기가 나거나 짠맛 내지는 신맛이 강하거나, 여하튼 보통 우리가 발효와 연관 짓는 특정 풍미가 난다는 뜻이 아니다. 와인이 없는 프랑스 음식이나 간장 및 미소가 빠진 일본 요리를 떠올려보자. 우리는 노마의 요리를 생각할 때 그와 같은 느낌을 받는다. 노마에서 한 번도 식사를 한 적이 없는 독자도 이 책의 마지막 장을 덮고 몇몇 레시피를 시험해볼 즈음이면 내 말뜻을 이해할 수 있게 되기를 바란다. 발효는 노마에서 하나의 특정한 맛을 담당하고 있지 않다. 그저 모든 음식을 훨씬 뛰어나게 만든다.

2014년, 나는 그런 부분을 염두에 두고 라르스 윌리엄스Lars Williams와 아리엘 존슨Arielle johnson에게 오로지 발효 연구에만 집중한 공간을 구축해달라고 요청했다. 라르스는 우리와 가장 오래 근무한 셰프이며, 아리엘은 2013년 풍미 화학 박사 학위를 따면서 노마의 상주 과학자가 된 사람이다. 라르스와 아리엘은 레스토랑을 운영하는 일상적인 과업과 거의 완전히 분리된 상태로 우리가 그간 투자한 노력의 산물을 한 단계 끌어올려 발효 작업을 노마에서 자체적으로 진행할 수 있도록 전환할 책임을 맡았다.

이는 레스토랑 작업 중에서 실질적으로 창의적인 부분을 서비스 키친에서 모든 요리사가 각자 분업하여 수행하는 엘 불리의 작업 과정에서 영감을 받은 것이다. 엘 불리에서 연구 및 개발이란 접객을 위한 미장플라스Mise en Place[5]와 본격적인 요리 과정 중간에 낀 단순한 작업이 아니다. 여기에 온전히 전념하는 팀이 따로 존재한다. 이것이 판세를 완전히 뒤집어 창의적인 요리를 선보일 수 있었던 비결이기도 한 만큼, 나는 노마에서도 발효를 이와 같은 식으로 다루고 싶었다.

노마의 여름휴가 기간 동안 라르스와 아리엘은 이상적인 발효 실험실이 반드시 갖추어야 할 요소(물론 온당한 범위 내에서)를 정리하기 시작했다. 그전까지 우리는 정박선과 인접한 건물의 서까래, 오래된 냉장고, 책상 아래 등 가능한 모든 장소에서 발효 식품을 만들어왔다.

---

3 눈이 아주 고운 것이 특징인 드럼 모양의 체
4 과일을 퓌레 등으로 만들어서 얇고 넓게 편 다음 육포처럼 쫀득한 질감이 될 때까지 말린 보존식품의 일종
5 레스토랑에서 영업이 시작되기 전에 재료 손질 등 필요한 모든 준비 작업을 끝마치는 것

1~2주일 후 돌아온 라르스와 아리엘은 컨테이너를 선적하는 것이 가장 저렴하고 효율적인 방법이라고 말했다. 이후 거대한 컨테이너 세 짝이 지게차와 크레인에 실려 들어왔다. 발효 담당팀은 실내 단열 작업을 하고 벽과 문을 세웠다. 라르스는 이케아를 방문하여 두 번째로 저렴한 주방을 구입해서 우리가 지난 10년간 축적한 도구와 합쳐 내부를 꾸몄다. 계획을 짜기 시작한 것은 6~7월 즈음, 발효 실험실이 제 모습을 갖춘 것은 8월이었다.

이 모든 일화를 솔직하게 털어놓는 것은 발효를 심하게 낭만적인 대상으로 과대포장하고 싶지 않기 때문이다. 모든 도구와 재료를 마련하고 꾸려 나가는 절차는 까다롭고 귀찮은 작업이기도 하다. 그러나 품이 많이 들더라도 엄청나게 만족스러운 과정이 될 수도 있다. 뭔가가 발효되기를 기다리는 것은 실로 놀라운 기분이다. 현대의 정신과 완전히 반대되는 일이기도 하다.

그리고 일단 첫 번째 발효 식품을 완성하고 나면 요리가 훨씬 쉬워진다. 정말이다. 일부 발효 식품에서는 MSG와 레몬즙, 설탕, 소금이 완벽하게 교차하는 지점에서 느껴질 법한 맛이 난다. 이를 조리한 녹색 채소나 수프에 두르거나 소스에 섞어 넣을 수 있다. 젖산 발효한 자두는 조리한 육류에 바르거나 날 해산물에 두르는 즙으로 활용한다. 또 유리병에 차곡차곡 담은 수제 발효 식품은 실로 독특하고 인상적인 선물로 제격이다. 일단 이들 발효 식품을 음식에 사용하기 시작하면 식생활이 돌이킬 수 없게 나아진다.

—

데이비드 질버David Zilber는 발효 실험실을 마련한 바로 그 해에 캐나다에서 건너와 노마에서 주방장으로 일하기 시작했다. 라르스와 아리엘이 노마를 떠난 2016년, 나는 실험실에서 그들이 하던 일을 이어받을 사람을 구하느라 정신이 없었다. 그때 우리의 총주방장이었던 댄 주스티Dan Giusti가 굳이 멀리서 찾을 필요가 없다고 말했다. 결국 우리가 발효 실험실 담당자로 세운 데이비드는 믿을 수 없을 정도로 머리 회전이 빠르고 만족을 모르는 호기심을 지닌 완벽한 적임자였다. 그는 발효의 기초가 되는 과학 원리를 이해한 다음 곧 주방 내 보조 요리사로서의 업무 윤리를 실천에 옮기기 시작했다. 대답을 모르는 질문을 받을 경우 다음에 대화를 나누기 전까지 해당 내용을 완벽하게 숙지해올 것으로 확신할 수 있는 사람이었다. 마치 나와 함께 이 책을 쓰기 위해 특별히 설계한 기계 같았다.

이 책은 나에게 아주 중요한 의미를 지닌다. 그간 노마에서 이룩한 훌륭한 작업물을 문서화하는 것은 중요한 일이다. 하지만 나는 무엇보다 레스토랑 외부의 사람들이 발효를 시도하고 시험해보기를 기대한다. 이전에도 책을 여러 권 출간했지만, 노마 레스토랑에서 진행하는 작업을 가정집 주방에 적용할 것을 목표로 삼은 적은 없었다. 이 책을 통해서 전 세계 사람이 노마의 요리 방식을 이해하게 될 것이라고 생각하면 기분이 절로 들뜬다.

우리가 지난 10년간 이어온 작업이 지금 이상으로 발전할 여지가 있다면 그것이 바로 다음 단계가 될 것이다. 레스토랑은 슈퍼마켓 선반에 진열되는 상품 목록에 영향을 미친다. 그리고 예전에는 맛집을 찾으러 방문할 생각이라고는 전혀 하지 않았던 우리 같은 지역의 관광이 활성화된다. 이때 교육과 조리 실

16

소라 수프, 노마, 2018

건조 누룩으로 만든 오일에 익힌 소라sea snail
로 수프를 만든 다음 해초 국물과 여분의 오일
을 둘렀다. 껍데기에 담아서 허브 피클로 장식
해 낸다.

습이 뒷받침되면 일반인이 우리가 최상급 레스토랑에서 해내는 작업을 일상
생활과 연관 짓기 시작한다. 노마가 이런 식으로 완전히 새로운 식생활 문화
를 창조해내는 것이다.

우리는 계속해서 또 다른 재료에 발효 기술을 적용하고 있으며 일부 발효
식품은 탐구할 여지가 남아 있지만, 그래도 우리의 발효 실험실에서 눈이
번쩍 떠지는 신제품과 우연히 맞닥뜨리는 빈도가 예전보다 줄었다. 스칸디
나비아에 존재하는 모든 해산물로 각각 가룸(후에 자세히 배우게 될 역사 깊은
피시 소스)을 만들어보면 물론 모두 맛있지만, 종류에 따라 미묘한 차이를
식별하기는 어렵다. 이러한 지식을 외부에 널리 전달함으로써 독자가 우리
가 앞서 경험한 발견의 기쁨은 물론 멋진 결과물을 함께 얻어낼 수 있기를
바란다. 그리고 요식업계의 현장에 박차를 가할 수 있기를 기원한다. 어쩌
면 여러분 중 누군가가 이 책에서 배운 내용을 완전히 흡수해서 이제껏 본
적 없는 새로운 결과물을 선보일지도 모른다. 운이 좋다면 그러한 발견이 다
시금 노마로 되돌아와 우리를 더욱 강하게 만들어줄 것이다.

나는 발효가 풍미를 풀어내는 방법일 뿐만 아니라 음식을 먹기 좋은 상태로
만들어주는 요령이라고 진지하게 생각한다. 발효 식품과 왕성한 위장 활동
의 상관관계에 대해서는 논란이 분분하다. 하지만 개인적으로 발효 음식이
가득한 식사를 했을 때 속이 훨씬 편하게 느껴진다는 점을 부인할 수 없다.
어린 시절에는 멋진 레스토랑에서 식사를 하면 반드시 며칠간 배가 부르고
더부룩한 기분이 들었는데, 당시에는 맛있는 음식이란 모두 기름지고 짭짤
하거나 달콤해야 했기 때문일 것이다. 나는 새로운 풍미와 경험을 접하는 것
은 물론 정말로 몸과 마음에 긍정적인 영향을 주는 식사를 하러 찾아갈 수
있는 미래의 레스토랑을 그려보곤 했다.

나는 이 책이 가정 요리사와 레스토랑 요리사 모두에게 발사대 역할을 할
수 있기를 바란다. 데이비드와 나는 행간을 읽어내고 새로운 발상을 끌어낼
수 있는 전문 요리사는 물론 가족을 위한 요리에 열정을 바치고 주말이면
새로운 과업에 도전하기를 마다하지 않는 부모 모두를 이상적인 독자로 상
정하고 작업을 진행했다.

발효의 과학과 역사를 공부하고 직접 발효하는 법을 익히며 현지 식재료로
실험을 진행하고, 완성한 결과물로 요리를 만드는 전 과정을 통해 노마는
완전히 거듭날 수 있었다. 누구라도 일단 우리처럼 젖산 발효한 과일, 보리
미소, 누룩, 구운 닭 날개 가룸 등 놀라운 발효 식품을 직접 만들어보면 지
금보다 훨씬 복합적이고 매력적인 음식을 더욱 손쉽게 얻을 것이다.

17

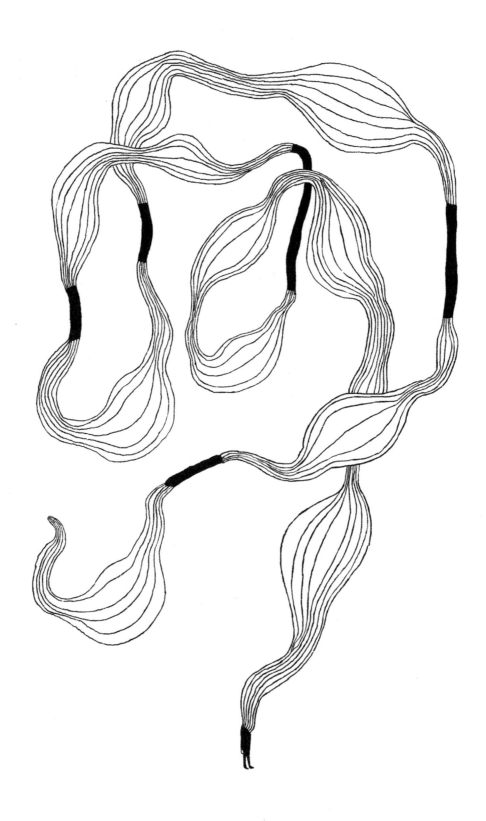

18

이 책에 대하여

맥주와 와인, 치즈, 김치, 간장 등 발효 식품에는 수천 종류가 있다. 각 발효 식품은 서로 완전히 다르지만 기본 제조 과정은 동일하다. 박테리아나 곰팡이, 효모 등의 미생물이 각각 또는 같이 식품 내의 분자를 분해하거나 전환하여 새로운 풍미를 생성해내는 것이다. 젖산 발효 피클을 예로 들면 박테리아가 당을 섭취하고 젖산을 생성하여 채소와 절임액을 시큼하고 맛있게 만들면서 동시에 보존력을 높인다. 폭포처럼 쏟아지는 2차 반응은 원래 미발효 상태에서는 없었던 풍미와 향기 층을 켜켜이 형성한다. 최고의 발효물이란 당근 식초에서 은근하게 느껴지는 단맛이나 장미 콤부차의 야생 장미꽃 향기 등 원래의 특징을 상당히 보유하고 있으면서도 완전히 새로운 존재로 변형된 것이라 할 수 있다.

이 책은 노마에서 사용하는 발효물에 관한 포괄적인 여정을 다룬 지침서로, 절대 다양한 발효 식품에 대한 백과사전이 아니다. 여기서는 우리 주방에 없어서는 안 될 젖산 발효, 콤부차, 식초, 누룩, 미소, 간장, 가룸이라는 일곱 가지 발효 방식을 선별하여 소개한다. 그리고 엄밀히 말해서 발효의 산물은 아니지만 우리 주방에서 만들고 사용하는 방식에서는 많은 공통점을 지닌 '흑' 과일과 채소 또한 다루고 있다.

특히 이 책에서는 알코올 발효와 샤르퀴트리, 유제품, 빵을 언급하지 않는다는 점에 주목하자. (빵은 그 자체로 따로 분리하여 논할 가치가 있다.) 우리는 발효를 통해 당을 알코올화하는 작업을 여러 번 시도했지만, 툭하면 방향이 틀어지면서 식초화되고 말았다. 또한 언제나 뛰어난 와인 및 맥주 양조업자와 함께 긴밀하게 협력하고 있으니 그들의 영역에서 우리가 장인인 척 행세할 수는 없다. 샤르퀴트리는 아직 노마의 메뉴에서 크게 활약한 바가 없지만 앞으로 매년 가을 사냥철을 기념하기 위하여 육류 발효에 더욱 깊이 관여할 계획이다. 그리고 노마에서는 치즈를 직접 만들기는 하나 보통 발효하지 않은 신선한 상태로 제공하고 있다. (물론 요구르트와 크렘 프레슈는 즐겨 사용한다.) 수제 숙성 치즈로 요리를 할 때는 보통 위대한 스칸디나비아 낙농가의 작품을 사용한다.

여기서는 각 장마다 한 종류의 발효 식품을 중점적으로 다루면서 그 역사적인 맥락과 발효 과정에서 적용되는 과학적인 메커니즘을 탐구하고 있다. 서로 다른 발효 식품에 등장하는 여러 개념과 주요 미생물은 제각기 연관되어 있기도 하므로, 책을 읽다 보면 일부 내용이 다시 언급되면서 점차 개념이 발달하는 모습을 볼 수 있다. 예를 들어 간장과 미소, 가룸을 만들려면 먼저 강력한 효소를 주입한 익힌 곡물에서 자라나는 맛있는 곰팡이인 누룩을 만드는 법을 이해해야 한다. 즉 본인의 관심사가 이끄는 대로 자유롭게 뛰어들어 책 속의 내용을 탐닉해도 좋다. 굳이 나머지 부분까지 읽지 않고 각 발효 식품 부분만 보아도 원리를 철저하게 이해할 수 있다.

각 장마다 과학적 원리를 현실에 적용하여 만든 상세한 기본 레시피가 등장하며, 각 발효 식품마다 대표 예시를 하나씩 꼽아 단계별로 차례차례 만드는 법을 안내한다. 유일한 '올바른 방법'이란 보통 존재하지 않으므로 여러 가지 조리법은 물론 자칫 실패할 수 있는 부분까지 염두에 두고 레시피를 작성했다. 상당히 세세한 부분까지 파고드는 경우도 있고 때로는 필요 이상으로 상세하다는 느낌이 들 수도 있지만, 가능하면 독자 모두가 처음 발효를 시도할 때에도 마치 노마의 셰프가 된 것처럼 편안하게 작업에 돌입할 수 있기를 바랐다. 인내심과 의지가 조금 필요할 때도 있으나 나만의 수제 간장과 미소, 가룸은 누구나 직접 만들 수 있으며, 반드시 만들어봐야 한다. 일단 노력을 통한 보상을 맛보고 나면 발효 식품 없는 요리를 상상하기 힘들어진다. 또한 뭐든지 두 번째로 시도할 때에는 훨씬 쉽게 느껴지기 마련이다.

상세한 기본 발효 레시피를 읽고 나면 충분히 다른 재료로도 같은 발효 식품을 만들 준비가 된 것 같겠지만, 그런 사람을 위해서 각 장의 다음 부분에서는 영감 가득한 여러 변형 레시피를 소개하고 있다. 동일한 기술 내에서 다른 부분을 강조하는 내용이 나오기도 한다. 변형 레시피는 기본 레시피와 다른 방식으로 진행되기도 하는데, 그럴 때는 변경된 부분을 자세히 설명하며 이유를 함께 기재했다.

구운 뼈 골수, 노마, 2015

뼈 골수를 소고기 가룸과 엘더베리 식초에 재운 다음 숯불에 구
웠다. 캐러멜화한 소고기 가룸 건더기로 만든 에멀전을 두른 양
배추잎을 얹고, 젖산 발효 그물버섯 절임액으로 맛을 낸 화이트
커런트즙으로 만든 소스와 함께 낸다.

22

차가운 굴과 염장 그린 구스베리, 노마, 2010

젖산 발효 그린 구스베리 절임을 저민 다음 절임
액과 함께 살짝 데친 덴마크산 굴에 얹어 낸다.

마지막으로 각 레시피 마무리 부분마다 완성한 발효 식품을 일상적인 요리에 활용하는 다양한 조리법을 실었다. 노마에서 선보이는 요리에서 영감을 얻은 것이 대부분이다. 노마의 요리사가 퇴근 후 이 책에 등장한 발효 식품을 이용해서 저녁 식사를 요리한다고 생각하자. 이 짧은 조리법은 우리가 심취해 있는 또 다른 인물이자 채집에 대한 아름다운 글을 쓴 자연주의자 유엘 기번스Euell Gibbons를 본받아서 본문보다 편안한 느낌으로 작성했다. 기번스는 저서 『야생 아스파라거스 스토킹』에서 물 흐르듯 자연스러운 대화 형식으로 야생 식물을 식별하고 수확하는 방법을 상세하게 설명한 다음, 야생에서 발견한 놀라운 식재료로 이러저러한 요리를 만들라고 지시하는 대신 부드럽게 제안하듯이 조리법을 소개한다. 이 책에서도 같은 접근법을 시도했다. 발효 식품을 어떻게 활용할지에 대해서는 하나하나 단계별로 자세하게 설명하지 않는데, 세부적인 기술보다는 가능성을 제시하는 것이 중요하기 때문이다. 발효 식품을 직접 만들지 않더라도 시판 발효 식품의 새로운 용도를 깨달을 수 있게 될 것이다.

이 책은 혼란스럽고 익숙하지 않은 용어가 가득해 애매한 부분이 많은 발효라는 요리 영역을 선명하게 밝히고 있다. 지난 10년간 직접 발효를 공부하고 실험하며 터득한 이치를 세상에 널리 알리기 위해 노력했다. 하지만 무엇보다 독자 모두가 이 책을 덮은 후 기적 같은 발효 식품을 직접 만들고 사용하면서 우리가 매번 느꼈던 흥분과 놀라움을 함께 경험할 수 있기를 바란다.

23

1.

입문

—

발효란 무엇인가?

발효에 대해 속속들이 알아보기 전에 먼저 발효가 무엇인지 명확하게 정의해보자.

제일 기본적으로 말하자면 발효는 식품이 박테리아, 효모, 곰팡이 등 미생물에 의해 변형되는 것이다. 조금 더 구체적으로 들어가면 이들 미생물로 생성된 효소가 음식을 변형시킨다고 할 수 있다. 마지막으로 가장 엄격한 과학적 의미로 따지자면 발효란 산소가 결핍된 환경에서 미생물이 당을 다른 물질로 전환시키는 과정이다.

발효fermentation라는 단어는 '끓인다'는 뜻의 라틴어 페브르fervere에서 유래했다. 커다란 통에 가득 담긴 포도가 자연스럽게 거품을 일으키면서 와인으로 변하는 모습을 목격한 고대 로마인이 이해할 수 있는 가장 유사한 과정의 이름을 붙인 것이다. 포도 통에서 부글부글 올라오는 거품은 끓이기와 아무런 상관이 없지만, 효모가 효소를 생산하여 포도의 당을 알코올로 변형시키는 과정인 만큼 과학적인 의미로 진정한 발효물이라 할 수 있다.

그러나 우리가 발효라고 생각하는 모든 과정이 과학적 정의에 깔끔하게 딱들어맞는 것은 아니다. 예를 들어 누룩은 정의에 충실한 발효물이지만, 노마에서 만드는 가룸은 그렇지 않다. 누룩을 만들 때는 쌀이나 보리 날알에 침투한 누룩곰팡이Aspergillus oryzae가 효소를 생산하여 곡물의 전분을 단순당 및 기타 대사산물로 전환시킨다. 1차 발효 과정으로 알려진 방식이다. 반면 여기 실린 가룸은 2차 발효 과정의 산물이다. 우리는 1차 발효 과정에

우리는 두뇌로도 혀만큼 맛을 볼 수 있다.

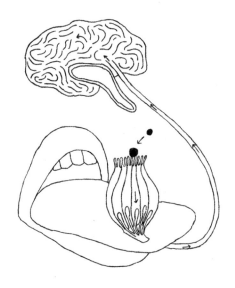

서 생성된 효소를 이용하여 가뭄을 만들기 위해 동물성 단백질에 누룩을 섞는다.

이 책에서는 1차 발효 과정과 2차 발효 과정을 크게 구분하고 있지 않지만, 이와 같은 정의를 미리 알아두면 나중에 발효를 공부할 때 도움이 된다.

무엇이 발효를 맛있게 만드는가?

맛보기는 인간의 신체 기능 중 하나로, 어떤 맛이 긍정적으로 느껴지는지를 이해하려면 맛보기가 진화 역사에서 어떠한 역할을 맡았는지 알아야 한다. 인간의 모든 감각은 우리의 생존을 돕는다. 미각과 후각은 수억 년에 걸쳐서 우리가 이로운 음식을 먹도록 장려하는 방식으로 발달해왔다. 인간의 혀와 후각 체계는 믿을 수 없을 정도로 복잡한 기관으로, 주위 환경으로부터 화학 신호를 받아들이고 그 정보를 두뇌로 전달한다. 우리는 미각을 통해서 잘 익은 과일은 달콤한 맛이 나므로 칼로리가 풍부한 당으로 가득 차 있으며, 식물의 줄기는 쓸쓸하므로 잠재적인 독성을 지니고 있다는 점을 파악할 수 있다. 또한 인간은 특정 풍미에 혐오감(경험에 의하여 강화되는 감각)을 가지고 태어나므로 병원성 박테리아로 썩어가는 살점의 악취가 느껴지면 입과 코를 막지만, 불 위에서 노릇노릇 맛있게 익어가는 구운 고기 냄새를 맡으면 곧 단백질이 풍부한 무언가를 섭취한다는 기억을 통해 입안에 침이 고이게 된다.

모든 발효 과정은 수많은 생물학적 변화로 이루어져 있지만, 맛이라는 관점에서 우리가 알아야 할 가장 중요한 부분은 발효를 통해 큰 분자 사슬을 훨씬 작은 구성 요소로 분해한다는 점이다. 쌀이나 보리, 완두콩, 빵 같은 식품의 전분은 단당류인 포도당 분자가 길게 늘어진 사슬 모양으로 구성되어 있다. 대두와 고기에 다량으로 함유된 단백질은 지구상에 존재하는 모든 생명체가 살아가기 위해 반드시 필요한 작은 유기 분자인 아미노산이 구불구불하게 이어진 사슬과 비슷한 형태를 띤다. 그러한 아미노산 중 하나인 글루타민산은 버섯과 토마토, 치즈, 고기, 간장 등의 식품에 공통적으로 함유된 요소이자 한마디로 정의하기 힘들지만 우리가 간절히 찾게 만드는 '감칠맛'으로 인간의 맛 수용체에 등록되어 있다.

그래서 발효가 맛을 좋게 하는 이유는 무엇일까? 전분과 단백질 분자는 크기가 너무 커서 단맛이나 뚜렷한 감칠맛으로 체내에 기록되기 힘들다. 그러나 일단 발효 과정을 통하여 단당류나 유리 아미노산으로 분해되면 훨씬 뚜렷하게 맛있어진다. 쌀로 만든 누룩에는 평범하게 익힌 쌀에는 없는 강렬한

27

단맛이 있다. 날 소고기를 발효해서 가룸을 만들면 거의 원시적인 수준으로 인간의 감각을 자극하는 감칠맛이 생겨난다.

간단하게 말해서, 발효를 담당하는 미생물은 복잡한 형태의 식량을 우리 신체가 요구하는 원재료로 변형시켜서 영양가 높고 맛있으며 훨씬 쉽게 소화되는 음식으로 만든다. 이들이 생산한 맛에 인간이 애착을 느낀 덕분에, 미생물은 계속해서 진화를 거듭하여 우리의 친구로 머무르게 되었다. 인류가 오랫동안 발효를 해왔기에 대부분의 주요 미생물은 거의 강아지나 고양이 등 반려동물처럼 간주할 수 있을 정도다. 하지만 반려동물은 배가 고프거나 추우면 애타는 눈길로 우리를 바라볼 수 있지만, 미생물의 상태는 파악하기 조금 까다롭다. 서로 이익을 주고받는 관계이기는 하나 모두가 행복해지려면 약간의 노력이 필요한 셈이다. 이것이 발효하는 자의 과업이라 할 수 있다.

단백질은 생명의 구성 단위인 아미노산이 얽힌 사슬 형태다.

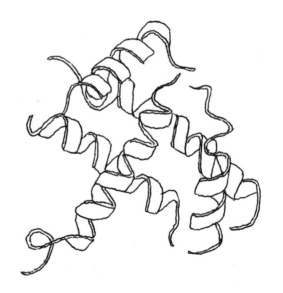

지구상에는 모든 식물과 동물 종을 합한 것
보다 더 많은 숫자의 미생물 종이 존재한다.

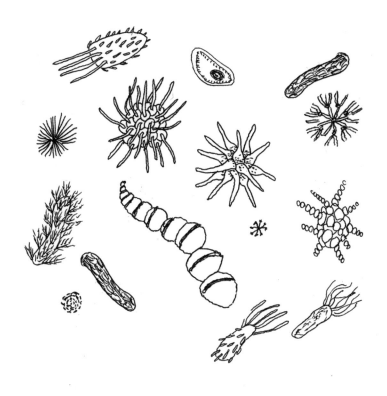

미생물을 위한
식탁 차리기

부패와 발효 사이에는 아주 가느다란 경계선이 있는데, 클럽 입구를 지키는
문지기 앞에 가로놓인 줄을 생각해보자. 부패는 누구나 들어갈 수 있는 클
럽이다. 무해하건 유해하건, 맛을 강화하는 종류건 파괴하는 종류건 상관
없이 박테리아와 곰팡이라면 뭐든지 들어갈 수 있다. 하지만 뭔가를 발효할
때에는 문지기 역할을 맡아서 원하지 않는 미생물은 막고 파티의 흥을 돋울
만한 녀석만 들여보내야 한다.

담당자의 권한에 따라 특정 미생물을 장려하거나 다른 미생물을 제지하고
싶다면 다양한 방법이 있다. 일부 유기물은 다른 것보다 산도가 높은 환경
에서 잘 버틴다. 산소나 열, 염분도 마찬가지다. 만일 본인이 선호하는 미생
물이 기능하는 데 필요한 요소를 정확하게 알고 있다면 이를 효과적으로 활
용할 수 있다. 이 책의 각 장마다 성공적인 발효 식품을 만들기 위해 필요한
조건을 자세히 설명하고 있지만, 우선 기초 삼아 우리에게 도움을 주는 미
생물 군단에 대해 알아보자.

박테리아

원시 형태의 생명체에 속하는 박테리아는 지구상의 거의 모든 곳에 셀 수 없을 정도로 많이 존재하는 단세포 유기체다. 과학적으로 밝혀진 것은 극히 일부분에 불과하다. 저보다 훨씬 큰 유기체도 죽일 수 있는 독소를 생산하는 악성 박테리아도 있다. 하지만 우리 신체의 안팎에는 수십 억 마리의 유익한 박테리아가 생존하고 있다. 즉 결론적으로 대다수의 박테리아는 인간에게 무해한 존재라고 할 수 있다.

젖산균(LAB)

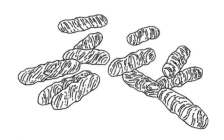

LAB는 막대 모양과 공 모양의 박테리아로 과일이나 채소 껍질, 사람의 피부에 널리 존재한다. 당을 젖산으로 전환시켜 피클과 김치 및 기타 젖산 발효 식품에 특유의 신맛을 부여하는 능력이 있어서 다양하게 활용되는 물질이다. 젖산을 생산하므로 pH가 낮은 환경에서도 거뜬히 버틴다. 또한 내염성 및 혐기성을 띠는데, 이는 염도가 높거나 산소가 없는 환경에서도 번성할 수 있다는 뜻이다.

아세트산균(AAB)

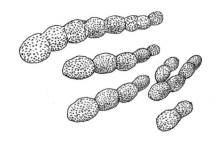

LAB와 마찬가지로 AAB도 여러 식품 표면에 언제나 존재하는 막대 모양의 박테리아다. 알코올을 아세트산으로 전환시켜서 식초와 콤부차에 날카로운 신맛을 가미한다. 우리는 주로 AAB를 먼저 당을 알코올로 전환시키는 역할을 수행하는 효모와 함께 사용한다. 스스로 생산한 산성 환경에서도 잘 버티며, 아세트산을 생성하려면 산소가 필요하므로 호기성 박테리아로 분류된다.

진균류

진균류는 단세포 효모에서 곰팡이, 공처럼 둥글고 통통한 말불버섯에 이르기까지 지구상의 수많은 생명체를 포괄하는 명칭이다. 버섯이나 곰팡이와 같은 다세포 사상균은 덩굴손처럼 생긴 균사를 통해서 식물의 뿌리처럼 영양분을 모으며 균사체라고 불리는 거미줄 같은 체계를 구축한다. 그런 다음 균사체를 통해서 효소를 분비하여 주변 환경의 먹이를 효과적으로 소화시켜 영양분을 흡수한다.

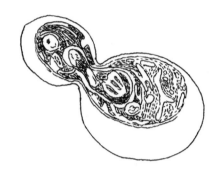

출아형 효모

매우 쓸모가 많은 효모종인 출아형 효모는 인류의 식품 유산 중 가장 중요한 세 가지 기둥이라 할 수 있는 빵과 맥주, 와인을 책임지고 있다. 우연히 발생한 발효 과정을 통해 빵과 와인을 생산한 사람들이 목격했듯이, 자연계에 풍족하게 존재하는 출아형 효모는 당을 알코올로 전환시킨다. 즉 포도당을 분해해서 생명 과정에 필요한 화학적 에너지로 활용하며 그 부산물로 이산화탄소와 에탄올을 생성한다. 각기 다른 특성을 지닌 다양한 변종과 아종 효모를 통해 다채로운 풍미가 생겨난다. 예를 들어 제빵에 사용하는 출아형 효모는 맥주와 와인 생산에 활용하기에는 바람직하지 않다. 효모는 산소가 존재해야 생존하고 증식할 수 있으나 알코올 발효 과정은 혐기성 환경에서 이루어진다. 또한 효모양진균Saccharomyces은 60℃ 이상의 온도에서는 사멸한다.

브레타노미세스속

긴 원통 모양의 효모인 브레타노미세스속brettanomyces은 대사산물로 아세트산을 생산하는 능력이 있어서 신맛이 나는 맥주를 만드는 데에 사용된다. 과일 껍질에 자생하고 있으며, '세종 효모saison yeast'라는 명칭으로 시판된다. 산소가 있어도 생존할 수 있으나 혐기성 에탄올을 생성한다. 다른 효모와 마찬가지로 60℃ 이상의 온도에서는 생존할 수 없다.

31

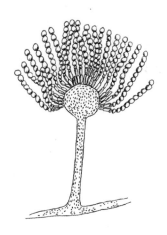

누룩곰팡이

아마도 이 책에서 가장 중요한 미생물일 누룩곰팡이는 아스페르길루스 오라이지Aspergillus oryzae라고 불리며, 형성된 포자다. 밥이나 익힌 보리 등의 곡물에 존재하는 풍부한 전분에 가미한 다음 덥고 습한 환경에 노출시키면 매우 빨리 성장하는데, 이와 같은 방식으로 수백 년간 사용되었다. (일반적으로 누룩곰팡이에 가장 이상적인 환경은 습도는 70~80%, 온도는 30℃다. 42℃ 이상의 온도에서는 사멸한다.) 누룩은 각각 단백질과 전분, 지방을 담당하여 분해하는 프로테아제, 아밀레이스, 소량의 리파아제를 분비한다. 노마에서는 이 효소를 이용하여 미소, 간장, 가룸을 생산한다.

백국균

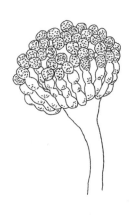

누룩곰팡이의 친척인 아스페르길루스 루추엔시스Aspergillus luchuensis, 즉 백국균은 전분과 단백질을 대사하여 부산물로 구연산을 생산한다. 한국의 소주, 일본의 아와모리 등 전통적으로 알코올을 증류시켜 구연산을 남기는 방식으로 제조하는 많은 동양식 주류 양조 과정에 사용된다. 비교적 덜 알려진 균류이나 맛이 아주 좋다.

효소

효소는 미생물이 아니며 심지어 살아 있지도 않은, 유기물 또는 유기 물질 내에서 화학적 변형을 촉진하는 생물학적 촉매다. 일반적으로 프로테아제 protease(단백질을 분해하는 효소)나 아밀레이스amylase(라틴어로 전분을 뜻하는 아밀룸amylum에서 유래했으며 정확히 그 전분을 분해하는 효소)처럼 접미사 'ase'의 존재 유무를 이용하여 식별할 수 있다. 효소는 서로 다른 특정 기능을 수행하기 위해서 진화를 통해 만들어진 단백질의 일종이다. 정확한 작동 원리는 다소 복잡한 편이지만, 이 책에서는 열쇠와 가위의 혼종 정도로 소개할 수 있다. 즉 효소는 특정 자물쇠에 꼭 맞아떨어지는 열쇠와 같아서, 정해진 한 가지 유기 분자에만 작용하고 다른 분자는 내버려둔다. 그리고 리본을 짧은 길이로 잘라내는 가위처럼 분자를 분해한다. 일반적으로 효소는 따뜻하고 유동적인 환경에서 가장 효율적으로 작용하지만 너무 높은 온도까지 가열하면 '익어서' 더 이상 기능하지 않는다.

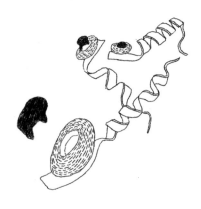

베타-아밀레이스는 전분을 그 구성 요소인 당 분자로 분해하는 효소다.

자연 발효

노마에서 진행하는 발효 과정은 다양한 자연 발효의 성질에 따라 구분할 수 있다. 말하자면 우리는 자연 발생하는 유익한 미생물의 성장을 전도하고 유해한 미생물에는 해로운 환경을 조성한다. 예를 들어 젖산 발효 식품을 만들 때는 당을 젖산 및 기타 풍미를 자아내는 대사산물로 전환시키는 모든 과정을 발효할 과일이나 채소 및 사람의 손, 공기 중에 떠다니는 것 등 주변 환경 속에 존재하는 다양한 젖산균에 온전히 의존한다. 자연이 제 할 일을 하게 만들면, 어떤 미생물을 활용할지 정확하게 통제했더라면 절대 얻어낼 수 없는 복합적이고 미묘한 층을 켜켜이 쌓아낼 수 있다. 자연 발효는 비접종 방식으로 이루어지며, 종종 아주 다양한 양상으로 발전하기도 한다. 간단하게 말하자면 이것이 발효가 처음 탄생한 방식이자 아직까지 반복되는 비법이라 할 수 있다.

콤부차와 식초, 누룩을 만들 때에는 원하는 결과물을 얻기 위해서 박테리아, 효모, 진균류를 방정식에 따라 배치하지만, 그래도 노마에서는 여전히 자연 발효를 허용하고 장려한다. 특히 젖산 발효 식품을 대량 생산할 때도 마찬가지다. 예를 들어 한 번에 아스파라거스를 수백 킬로그램씩 발효시킬 때면 절임액에 젖산균 분말을 첨가한다. 알 수 없는 이유로 자연스럽게 젖산균이 발생하지 않는다면 자칫 다른 유해한 미생물이 자리를 대신 꿰찰 위험이 있기 때문이다. 이때 젖산균을 추가로 투입하여 개체 수를 넉넉하게 확보해두면 대규모 작업을 망쳐서 아까운 음식물 쓰레기가 대량으로 발생하는 사태를 방지할 수 있다.

덧넣기

덧넣기는 발효를 위한 미생물 환경을 조성하는 필수 기술로, 이 책에서는 특히 콤부차와 식초 생산과 관련해서 수없이 등장한다. 기본적으로 동일한 발효 식품의 이전 생산물에서 일부를 덜어내어 이번 작업에 더하는 것을 뜻하며, 발효에 유익한 미생물을 증가시키는 것이 목적이다.

예를 들어 앞서 만들어둔 페리 식초를 신선한 페리 병에 부으면 수용액의 pH를 낮추면서 동시에 아세트산 박테리아(AAB)를 넉넉히 더할 수 있다. pH를 낮추면(산성화) 내산성耐酸性이 없으며 발생 자체를 막아야 하는 미생물의 번식을 정지시키거나 느리게 만들 수 있으며, 페리를 페리 식초로 발효시키는 아세트산 박테리아를 풍부하게 확보할 수 있다. 즉 덧넣기란 우리가 계속 계승시키고 싶은 미생물을 이용해서 약간의 속임수를 쓰는 작업이다.

33

물론 책에 실린 발효 식품 중 하나를 처음으로 만들 때는 당연히 덧넣기에
사용할 이전 발효 식품이 없을 텐데, 굳이 마련할 필요는 없다. 이 경우에는
비슷한 대체물을 쓰면 된다. 우리는 식초를 만들 때는 주로 무살균 사과주
식초를 대체제로 사용하기를 권장한다. 콤부차를 만들 때는 풍미가 비슷한
무살균 콤부차 또는 스코비SCOBY(콤부차를 생산하는 효모와 박테리아의 '모' 배
양체, 111쪽 참조)와 함께 동봉된 액상 재료를 사용하면 좋다. 다만 완성한 식
초나 콤부차의 순수한 풍미가 희석될 수 있다는 단점이 있다. 그러나 같은
식초나 콤부차를 다시 만들 완벽한 핑계가 되어주니 상관없다. 이번에는 처
음 만든 발효 식품을 일부 덜어서 덧넣으면 된다.

청결, 병균, 안전

청결은 우리 주방에서 작업장에 대한 자부심과 동료를 존중하는 마음을 담아 아주 심각하게 다루는 부분이다. 발효 실험실에서는 작업장의 청결과 위생을 지키는 것이 두 배로 중요해지는데, 자칫 원하지 않는 병균이 발효 식품에 침투해서 맛이 없어지거나 나빠지고 심지어 먹기 위험한 상태가 되는 것을 막아야 하기 때문이다. 노마에서는 언제나 지나치다 싶을 정도로 주의를 한다. 만일 진행 중인 발효 식품에서 이상한, 그러니까 피시 소스처럼 톡 쏘는 향기가 아니라 코를 찌르는 썩은 내가 난다면 후각을 신뢰해야 한다. 조금 덜어내서 먹어봤을 때 속이 뒤집힌다면, 우리 신체는 해로울 가능성이 있는 음식을 거부하도록 설계되었다는 점을 기억하자. 의심스러울 때는 버리는 것이 낫다. 발효한 제품이 조금이라도 미심쩍다면 언제든지 버리자. 이미 투자한 몇 주일 내지는 몇 달의 시간에 우리의 건강을 해칠 만한 가치는 없다.

우리 환경 속에는 언제나 잠재적으로 유해성을 지니고 있는 미생물이 존재한다. 박테리아는 산소가 있건 없건 온도가 4~5℃에서 50℃ 사이라면, 그리고 특히 습도가 높고 영양이 풍부한 환경이라면 신속하게 증식할 수 있다. 물론 이는 많은 발효물이 만들어지는 상태를 정확하게 표현하는 말이기도 하다. 세계보건기구WHO와 미국 농무부는 병균 오염에 민감한 식품일 경우 70℃ 이상의 온도에서 조리한 후 섭취할 것을 권장한다. 상당히 엄격한 보호 장치인데, 실제로는 그처럼 조리해서 먹는 것이 불가능한 발효물이 워낙 많다. 즉 우리는 신중하게 접근해야 하지만 너무 걱정할 필요는 없다. 그저 발효는 보람차고 신나는 작업이지만 그와 동시에 살아 있는 폭탄을 가지고 노는 일이라는 점을 늘 명심하면 된다.

이 책에서는 전반적으로 철저하게 지키기만 하면 안전하게 맛있는 발효 식품을 생산할 수 있도록 명확한 지침을 제공하기 위해 최선을 다하고 있다. 눈대중으로 계량하거나 지름길로 앞서나가려고 하지 말자. 레시피에서 특정한 소금 함량(무게의 10% 이상)이나 pH(4~5이하)를 요구하는 것은 안전한 발효 과정을 보장하기 위해서다. 물론 달갑지 않은 미생물이 발효 과정에 침투하는 것을 막으려면 무엇보다 식재료를 만지기 전에 반드시 장비와 손을 청결하게 하는 것이 우선이다. 또한 비교적 중요도가 떨어질 때도 있지만, 인큐베이션 실incubation chamber은 미생물을 접종한 곡물을 넣기 전에 반드시 제대로 소독해야 한다. 손으로 작업할 때에는 니트릴 또는 라텍스 소재의 장갑을 착용하여 오염을 방지한다. (젖산 발효처럼 피부에 자생하는 소량의 박테리아가 발효를 도울 수 있는 경우는 제외한다.)

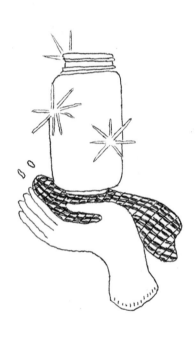

오랜 격언처럼 청결은 독실한 신앙심 다음으로 중요한 요소다. (또한 안전하고 성공적인 발효에도 필수적이다.)

자, 그렇다면 여기서 말하는 '청결'이란 무엇일까? 대학 생물학 연구소에 요구되는 청결도와 가정 및 식당 주방에서 갖춰야 하는 청결도에는 차이가 있다. 몇 가지 용어를 정의해보자. 청결이란 사물의 표면에서 눈에 띄는 먼지를 제거하는 행위를 의미한다. 비누와 물은 표면을 깨끗하게 만들지만, 이때 표면에 자생하는 미생물의 개체 수는 이로운 것이건 해로운 것이건 거의 줄어들지 않는다. 살균은 바이러스, 박테리아, 진균류 등 모든 생명체를 장비 및 작업대 표면에서(때로는 발효할 예정인 식재료에서도) 근절했다는 뜻이다. 이는 병원이나 미생물학 실험실에 요구되는 수준으로 확실해야 한다. 다만 여기 실린 레시피에 따라 살균을 하기 위해 산업용 강도의 고압 증기 멸균기 등 본격적인 장비가 필요한 것은 절대 아니다. 장비나 작업대 표면을 살균한다는 것은 대부분의 미생물학적 생명체를 제거했다는 의미다. 그 정도면 우리 목적에 충분히 부합한다. 장비를 식기 세척기에 넣어서 뜨거운 물로 세척하거나, 뜨거운 증기를 쬐거나 삶는 등의 과정을 거쳐서 깨끗하고 살균된 상태로 만들자. 장비가 내열성이라면 건열 살균을 해도 좋다. 도기, 유리병, 금속 용기 및 도구는 160℃로 예열한 오븐에 2시간 동안 가열해서 오염 물질을 확실하게 제거한다.

식기 세척기에 넣을 수 없는 장비나 작업대를 살균하려면 식품 생산 및 발효 준비용으로 나온 시판 살균제를 사용한다. 스타산StarSan(많은 수제 양조 전문점에서 구입할 수 있다), 희석한 백식초(전 세계의 할머니들이 선호하는 살균제다), 심지어는 가정용 표백제를 20mL당 물 1L의 비율로 희석한 것(사용 후에 반드시 담수로 헹궈야 한다)을 사용해도 좋다. 노마에서는 항아리나 양동이 등 대형 물건을 사용할 경우 에탄올에 여과한 물을 더해서 알코올 도수 60%로 희석한 것(에탄올 60mL당 물 40mL의 비율)을 이용해서 소독한다. (에탄올의 도수가 너무 높으면 실제로 많은 미생물의 세포벽을 구성하는 단백질이 응고되어서 사멸하지 않을 수 있기 때문에 반드시 희석해야 한다.) 희석한 에탄올을 분무기에 담고 살균해야 하는 모든 부위에 분무한 다음 10~15분 동안 그대로 두었다가 종이 타월로 닦아낸다.

마지막으로 발효를 담당하는 놀라운 미생물을 다루는 데에도 시간이 많이 필요하지만, 결과물을 옆길로 새게 만드는 병원성 박테리아와 곰팡이 등의 미생물이 견딜 수 있는 조건 등을 철저하게 파악하고 숙지하여 발효 식품으로부터 멀리할 수 있도록 꼼꼼하게 준비하는 것도 비등하게 중요한 과정이라는 점을 명심하자.

37

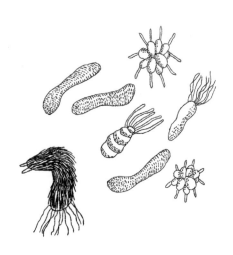

미생물 중에는 유익한 것이 많고 대다수는 무해하지만, 그래도 질병을 일으킬 수 있는 해로운 미생물이 일부 존재한다.

보툴리누스균

보툴리누스는 보툴리누스 중독을 일으키는 포자 박테리아다. 영양이 풍부하고 따뜻한 환경에서 번성하는 혐기성 박테리아에 속한다. 보통 토양과 물에서 강력한 신경독을 방출하고 전파할 여건을 기다리는 휴면 상태로 발견된다. 보툴리누스 독소는 1마이크로그램만 섭취해도 심각한 질병을 일으킬 수 있다. 그러나 맛을 보거나 냄새를 맡아서 식별할 수 없으므로 모범 사례에 최대한 주의를 기울이는 것이 안전을 보장하는 유일한 방법이다.

보툴리누스 중독은 드물게 일어나기는 하지만, 주로 제대로 냉장 보관하지 않은 동물성 제품이나 올바른 통조림 과정을 거치지 않은 식물성 제품(통조림 과정의 온도가 충분히 높지 않았거나 절임액의 산도가 높지 않았을 경우)이 원인이 된다. 토양에서 자주 발견되는 박테리아라는 점을 고려하면 뿌리채소, 알뿌리, 덩이줄기 식재료를 다룰 때는 특별히 주의를 기울여야 한다. 예를 들어 흑마늘을 만들 때는 뿌리채소를 온도가 따뜻한 혐기성 환경에 보관하게 된다. 보툴리누스균은 60℃의 온도가 지속되는 환경에서는 생존할 수 없다. 우리의 책임은 난방실의 온도가 그 한계점 이하로 내려가지 않도록 보장하는 것이다.

또한 보툴리누스는 수분 활성도가 0.97 이하(염도 5% 이상을 확보하면 달성할 수 있다)이거나 pH가 4.6 이하인 산성 액체에서는 생육하기 매우 어렵다. 이 책의 많은 발효 식품은 소금 농도가 5% 이하이며, pH 농도는 4.6 이상부터 시작한다. 그러나 적당한 수준의 소금 양과 서서히 낮아지는 pH 환경이 결합하면 대체로 유해한 박테리아를 충분히 막을 수 있다. 예를 들어 염분 2%의 채소 절임액은 유익한 젖산균이 pH를 낮추는 동안 보툴리누스균이 생겨나는 것을 막을 수 있을 정도로 염분 함량이 충분히 높은 상태다. 발효가 처음 2일 이내에 pH 5 이하에 도달하고 완료 시점까지 4.6 미만으로 끝나면 일반적으로 안전하다고 판단한다.

대장균

변종 대장균 중에는 실제로 무해하고 정상적인 장내 세균의 일부를 이루는 것이 많지만, 일부는 심각한 식중독을 일으킨다. 이러한 박테리아는 일반적으로 열악한 위생 환경이나 오염된 육류 제품을 통해 전염된다. 대장균 관련 질병의 가장 일반적인 원인은 작업대와 장비로 인한 교차 오염이다. 채소에 병균이 존재할 경우 찬물에 충분히 세척하면 개체 수를 크게 줄일 수 있다. 소고기 가룸 같은 발효 식품은 염도가 10% 이상일 경우 미생물을 사멸시킬 수 있다. 또한 가룸을 발효시키는 높은 온도가 대장균을 막는 문지기 역할을 더한다.

살모넬라

살모넬라는 날것인 가금류 제품과 비살균 우유 및 씻지 않은 과일과 채소에서 주로 발견되는 막대 모양의 박테리아속이다. 살모넬라 식중독을 피하려면 무엇보다 날 가금류로 인한 교차 오염을 온 힘을 다해 막아야 한다. 예를들어 닭 날개 가룸을 만들기 위해 닭 날개를 조리할 때는 마지막으로 손질한 재료를 다시 건드리기 전에 모든 장비를 깨끗하게 세척하고 소독해야 한다. 대장균과 마찬가지로 살모넬라는 최소 수분 활성도가 0.95이므로 염도가 10% 이상이라면 사멸한다.

병원성 진균

세상에는 우리가 미처 맛보기도 전에 발효 식품을 먹어치울 기회가 엿보이면 냉큼 뛰어드는 야생 및 침입성 진균이 수천 가지는 넘게 존재한다. 공기 중에 포진한 미세한 곰팡이 포자도 많고, 물이나 곤충의 등을 타고 떠도는 것들도 있다. 그 모든 균이 전부 해롭지는 않지만 일부러 집어넣는 경우가 아니라면 곰팡이는 생기지 않는 것이 제일 좋다.

39

이 책에서는 이로운 곰팡이가 성장하기에 이상적인 환경을 조성하는 사례를 많이 소개하고 있는데, 이때 병원성 진균을 막는 최선의 예방 조치는 무엇보다 청결과 소독이다. 처음 작업에 착수할 때 원하지 않는 손님을 제거해두면 나중에 파티를 망칠 일이 없는 법이다. 또 다른 방법은 곰팡이를 압도하는 것이다. 누룩을 예로 들면 노마에서는 찐 보리에 누룩곰팡이를 넉넉하게 접종해서 경쟁자의 팔을 단숨에 꺾어버린다. 가룸이나 간장 등의 발효 식품에서는 염도를 이용해서 곰팡이의 성장을 지연시킨다. 내용물을 자주 휘젓고 용기 벽을 깨끗하게 청소하면 표면의 포자가 공기와 접촉하지 못하고 짜디짠 바다 속으로 잠겨들게 된다. 콤부차의 경우 스코비 표면에 액체를 자주 끼얹어서 촉촉한 상태를 계속해서 유지해야 산성화가 지속되며 곰팡이가 생기지 않는다. 마지막으로 곰팡이는 다른 병원체보다 발견하기 쉽다. 미소 등을 만들 때 표면에 곰팡이가 생겼다면 긁어내서 간단하게 제거할 수 있다.

페하(pH)의 잠재력

페하, 즉 pH는 화학에서 매우 중요한 측정 기준이자 발효 시에 고려해야 하는 핵심 요소다. 간단하게 말하자면 pH는 산도acidity를 측정할 수 있게 한다. pH 수치는 20세기 초엽 무렵 코펜하겐의 칼스버그 연구소에서 처음 고안된 것이다. 수용액에서 수소 이온(H^+)과 수산화 이온(OH^-) 사이의 농도 차이를 측정하여 0에서 14 사이의 숫자로 나타내며, 숫자값이 1 증가할 때마다 이온 농도는 10배 변화한다.

증류수(순수한 H_2O)에서 수소와 수산화 이온은 서로 정확한 균형을 유지한다. 이 지점이 수치의 한가운데에 위치하는 7pH로, 알칼리성도 산성도 아닌 중성을 띤다. 수산화 이온이 수소 이온보다 많으면 그 물질은 염기성 또는 알칼리성이라고 하며 pH는 7 이상이 된다. 수소 이온이 수산화 이온보다 많은 물질은 산성으로 pH가 7 미만이다. 염산(위산의 구성 성분)이나 황산(자동차 배터리에 들어 있다) 등 우리가 구할 수 있는 가장 산성인 물질은 pH가 거의 0에 가깝다. 가장 염기성인 물질인 수산화나트륨(잿물이나 배수관 세정제에 들어 있다)은 pH가 14에 가깝다.

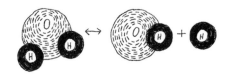

수산화 이온(음으로 하전된 것)과 수소 이온(양으로 하전된 것)의 비율이 수용액의 pH를 결정한다.

이 책에는 미생물의 번식력에서 완성된 발효 식품이 적절한 맛이 나도록 최선을 다하는 효소의 능력치에 이르기까지 모든 면에 영향을 미치는 발효물의 pH 상태를 조절하거나 변화시키려 노력하는 경우가 소개된다. 가끔은 신맛이 더 강하게 나도록 만들기 위해서 젖산이나 초산, 구연산 미생물을 생성하여 발효물의 pH를 낮추기도 한다. 또한 마사로 미소를 만들기 위해 옥수수를 수산화칼슘 용액에 삶아 낟알 내의 꽃향기와 과일 향을 추출하듯이 알칼리 용액을 활용하기도 한다.

pH 수치는 테스트 용지나 디지털 미터기 등의 도구를 이용하여 확인할 수 있다. 정교한 과정을 선호하는 사람이라면 도구의 도움을 받아도 좋으나, 사실 맛을 보는 것만큼 정확한 방법도 없다. 우리는 궁극적으로 미각을 이용하여 본인이 생각하는 '올바른' pH 상태를 감지할 수 있어야 한다.

소금과 제빵사의 백분율

소금은 안전하고 성공적인 발효를 보장하는 가장 중요한 요인으로 꼽는다. 우선 소금은 미생물과 인간 모두의 생물학적 과정을 저해하는 탁월한 능력을 가지고 있다. (바다 한가운데 좌초되었을 때 소금물을 마시면 죽게 되는 이유이기도 하다.) 소금은 나트륨과 염화물의 이온성 화합물로, 물에 녹으면 서로 떨어져서 이온의 바다로 헤엄쳐 나간다. 자연은 불균형을 해소하려는 성질이 있어서, 어디서든 가능하기만 하면 물과 소금 이온은 균일한 분포로 퍼져나가려고 한다. 소금물에 고기 한 덩어리나 세균 세포를 넣으면 양쪽이 평형을 이룰 때까지 내부의 물이 빠져나오고 물속의 소금 이온이 그 속으로 흘러들어간다. 이것이 염지가 이루어지는 원리이자 살모넬라 등의 병원균을 소금으로 죽일 수 있는 방법이다. 소금은 세균 세포가 쪼그라들어서 죽을 때까지 그 속에서 수분을 이끌어낸다(더욱 자세한 설명은 367쪽의 '소금/물' 참조). 서로 다른 미생물의 내염성 정도를 파악하면 발효를 완전히 다른 차원으로 다룰 수 있게 된다.

이런 이유로 우리는 소금 계량을 정확하게 할 것을 강조하며, 보통 무게 대비 백분율로 기재하고 있다. 노마의 발효 실험실에서는 제빵사의 백분율[6]을 활용한다. 예컨대 자두 1kg당 소금을 2%만큼 첨가하라는 말은 자두와 소금을 합친 총 무게의 2%(20.4g)가 아니라 자두 무게를 기준으로 2%(20g)를 더하라는 뜻이다. 언제나 뚜렷한 차이가 생기는 것은 아니지만, 제빵사의 백분율을 활용하면 계산이 편해진다.

---

6 밀가루를 기준으로 기타 재료의 무게를 계량하도록 기재하는 제빵 특유의 계산법을 뜻한다.

마지막으로 소금의 종류도 결과물에 영향을 미친다. 요오드는 약한 항균 성질을 갖추고 있으므로 노마에서는 비요오드 소금을 사용한다. 일반 식탁용 소금은 사용해도 발효 과정을 막지는 않으나, 유용한 미생물이 강력한 기반을 마련하는 것을 방해할 수 있다. 인근 식료품점에서 쉽게 구할 수 있는 코셔 소금[7]을 사용해도 좋다. 또한 플뢰르 드 셀Fleur de Sel[8] 등 미네랄이 풍부한 천일염은 특히 젖산 발효물의 질감 개선에 일조한다.

발효실 제작하기

누룩을 포함해서 이 책의 몇몇 레시피에서는 특정한 온도 및 습도 조건을 요구한다. 발효실은 제조할 발효물의 분량이나 얼마나 정밀한 환경을 원하는가에 따라 실로 다양한 방식으로 제작할 수 있다. 노마는 정확하고 정밀한 온도 및 습도 조절 기능을 갖춘 발효 전용 공간을 따로 마련했다. 시드니에서 팝업 레스토랑을 열었을 때는 작은 벽장을 이용해서 발효실을 제작했다. 폐품 냉장고, 비닐 덮개를 씌운 스피드랙 선반, 스티로폼 아이스박스, 나무 상자 등을 활용할 수도 있다. 좋은 발효실 내벽이 갖춰야 할 두 가지 기본 조건은 절연 및 내수성이다. 이때 통제해야 할 요소와 이를 제어해야 하는 이유는 누룩 장(211쪽)에서 따로 설명하겠다.

발효의 세계에 발만 살짝 담글 요량이라면 밥솥이나 슬로우 쿠커 같은 가전 제품만 있어도 이 책에 실린 일부 과정은 충분히 해낼 수 있다. (배양 과정이 몇 주에 걸쳐서 지속되는 조리법도 있으므로 자동 전원 차단 기능이 없는 제품을 사용해야 한다는 점을 유의하자.) 하지만 일단 발효에 푹 빠지고 말았다면 더 크고 정밀한 발효실을 제작해야 실험의 판도를 완전히 바꿔버릴 수 있다.

여기서는 온라인 쇼핑몰이나 철물점, 식당용 기구 판매소에서 구할 수 있는 재료를 이용하여 소규모 작업에 용이한 발효실을 구축하는 두 가지 방법을 소개한다. 스탠드 믹서 하나를 구입하는 것보다 저렴한 비용으로 해치울 수 있다.

---

7 요오드 등 첨가물이 들어 있지 않은 소금
8 프랑스에서 전통 방식 그대로 수작업으로 수확하는 천일염

덮개를 씌운 스피드랙 선반

발효실 제작용 준비물:

- 스피드랙 선반: 발효실의 골조. 레스토랑에서는 식재료를 담은 쟁반을 보관하거나 오븐에서 꺼낸 음식을 담아두는 용도로 사용한다. 가볍지 만 견고한 알루미늄 재질로 이루어져 있으며 난간이 장착되어 시트 팬 이나 가스트로놈 팬, 호텔 팬[9] 등을 밀어 넣고 뺄 수 있다. 높이는 1m 에서 1.75m까지 다양하다. 양쪽에 지퍼가 달려서 여닫을 수 있는 묵직 한 플라스틱 또는 비닐 덮개가 달린 것을 고르자. 덮개는 열기와 습도를 유지하는 역할을 하며 지퍼가 달려 있어야 안쪽 물건을 쉽게 꺼낼 수 있 다. 선반에 딱 맞는 크기의 시트 팬도 몇 개 마련해야 한다. 형태와 크기 는 본인이 계획하는 발효 식품 제작 분량에 맞춰 선택한다.

- 소용량 난방기: 책상 아래 넣어서 발을 따뜻하게 유지하는 용도로 사용 하는 종류를 말한다. 가능하면 팬이 달린 것을 고른다. 없으면 그냥 작 은 난방기를 골라도 무방하다.

- PID(비례 적분 미분) 제어기나 서모스탯 등의 온도 조절 장치: 외부의 영 향에 따라 달라지는 발효실의 온도를 조절하는 역할을 한다. 배선 처리 가 되어 있어 난방기에 바로 꽂을 수 있는 것을 고른다. 나름 전문 장비 에 속하지만 사용하기 복잡하거나 너무 비싸지 않다. 온도 조절 장치에 부착된 탐침을 발효실 내에 설치해서 내부 온도를 측정하거나 누룩을 만들 때처럼 발효물 자체에 삽입해서 상태를 살피는 용도로 쓴다.

- 소형 가습기(누룩 제조에만 한정): 코 막힘을 방지하기 위해서 아이 방에 설치하는 기구를 말한다. 그리고 습도를 측정할 수 있도록 간단한 습도 계를 마련한다. 오븐용 온도계와 비슷하게 생겼다. 또는 온도 조절 장치 와 비슷하게 기능하는 습도 조절기를 사용한다. 가격대는 조금 높지만 발효실 내 습도를 일정하게 조절해서 작업 난이도가 낮아진다.

---

9 가스트로놈 팬과 호텔 팬은 둘 다 주로 스테인리스로 된 직사각형 트레이를 뜻한다. 레스토랑에서 식재료를 담거나 조리를 하는 등 다양한 용도로 사용한다.

43

덮개를 씌운 스피드랙 선반으로
발효실 제작하기

1. 스피드랙 선반을 조립하고 시트 팬 한두 개를 아래 선반에 밀어 넣는다. 난방기, 가습기, 습도계 또는 습도 조절기(그리고 난방기에 팬이 장착되어 있지 않을 경우 팬)를 서로 방해되지 않게 놓을 공간을 확보한다. 모든 장치를 시트 팬 하나에 설치한 다음 전선을 스피드랙 선반 아래쪽으로 뺀다.

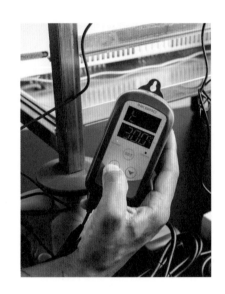

2. 온도 조절기는 발효기 외부에 두는 것이 좋다. 플러그를 꽂고 설명서에 따라 올바른 온도를 설정한다. 이 책에 실린 발효 식품을 만든다면 대체로 30℃나 60℃가 될 것이다. 온도 조절기의 탐침을 발효실에 부착한다. 난방기 플러그를 온도 조절기에 꽂는다.

3. 습도계 또는 습도 조절기 센서를 가습기의 증기가 직접 흘러가지 않는 방향으로 설치한다. 가습기에 물을 채운다. 플러그를 꽂고 중간 정도로 설정을 맞춘다. 전선을 많이 사용하는 만큼 반드시 정격 멀티탭을 사용해야 한다.

4. 플라스틱 커버를 스피드랙 선반에 뒤집어씌운 다음 지퍼를 채운다. 이때 공기는 바닥을 통해서 발효실 내부로 들어갈 수 있는데, 발효를 할 때는 대체로 공기 흐름이 중요하다. 60℃에서 발효할 경우에는 플라스틱 커버의 바닥 또는 상단에 단열층을 추가해도 좋다. 깨끗한 면 또는 모직 담요면 충분하다.

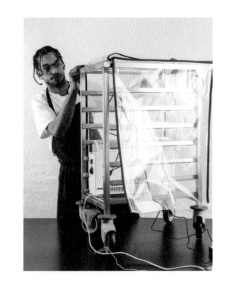

5. 덮개의 지퍼를 닫아서 발효실의 온도와 습도를 원하는 상태로 유지한다. 습도 조절기가 없다면 습도계로 상태를 확인한 다음 가습기 설정을 상하단으로 조절해서 습도를 조정한다. 온도는 온도 조절기가 관리할 것이다.

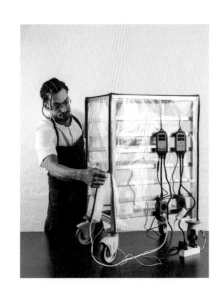

6. 발효할 재료를 넣는다. 온도 조절기를 유심히 살펴서 온도가 높아지거나 낮아지면 난방기가 제대로 꺼지고 켜지는지 확인한다. 원하는 온도보다 위아래로 1~2℃ 정도를 오가는 것은 정상이다.

46

스티로폼 아이스박스

발효실 제작용 준비물:

- 스티로폼 아이스박스: 스티로폼은 우수한 절연체이며, 스티로폼 아이스
  박스는 상당히 저렴하고 쉽게 구할 수 있다. 이 책의 사진에 등장한 아
  이스박스의 크기는 $60 \times 40 \times 30cm$다.

- 전기장판: 녹색 채소의 씨앗을 묘상에 파종해서 발아시키는 용도(묘목
  용 전기장판을 찾아보자) 또는 파충류 사육장의 온도를 따뜻하게 유지하
  는 용도('파충류 전용 전기장판')로 사용한다. 두꺼운 플라스틱 덮개 사이
  로 저항성 전기 코일이 지나가면서 넓은 표면적에 전체적으로 균일하게
  열을 전달한다. 크기는 제품마다 다양하며 대체로 방수 처리가 되어 있
  고 청소하기 쉽다.

- 온도 조절기: 스피드랙 선반 발효실과 마찬가지로 발효실 내부 온도를
  조정하는 자동 온도 조절기 역할을 한다. 대체로 작은 나사용 구멍이
  뚫려 있어서 기기 외부에 간편하게 부착할 수 있는 제품이 많다.

- 소형 가습기(누룩 제조에만 한정): 크기는 작을수록 좋다. 그리고 습도를
  측정할 수 있도록 간단한 습도계를 마련한다. 오븐용 온도계와 비슷하
  게 생겼다. 또는 온도 조절 장치와 비슷하게 기능하는 습도 조절기를 사
  용한다. 가격대는 조금 높지만 발효실 내 습도를 일정하게 조절해서 작
  업 난이도가 낮아진다.

- 삼발이 하나 또는 나사 여러 개: 대체로 발효물을 아이스박스 안에 넣
  을 때는 바닥에서 조금 떨어뜨려둬야 한다. 삼발이가 있으면 충분하지
  만, 공기 흐름을 조금 더 원활하게 하고 싶다면 아이스박스 벽을 통과할
  수 있을 정도로 길고 견고한 나사 4개를 준비해서 발효물을 담은 쟁반
  의 무게를 지탱하게 하는 것이 좋다.

스티로폼 아이스박스로
발효실 제작하기

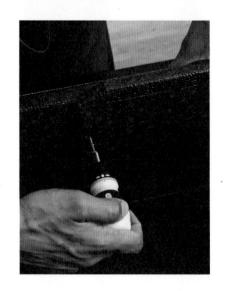

1. 스티로폼 아이스박스를 깨끗하게 청소하고 살균한다. 누룩을 만들 경우에는 누룩 쟁반의 무게를 충분히 지탱할 수 있을 정도로 길고 견고한 나사 4개를 준비하여 아이스박스 벽의 중간 정도 높이에 끼워서 고정한다.

2. 아이스박스 내부에 전기장판과 가습기를 넣는다. 가습기를 전기장판에서 떨어져 있도록 배치한 다음 전선을 상자 밖으로 꺼낸다. 가습기를 중간 정도로 설정하고 전원을 켠다. 가습기 옆에 (증기가 직접적으로 닿지 않도록 주의하면서) 습도계(사용할 경우)를 배치해서 습도를 측정할 수 있도록 한다.

3. 전기장판을 온도 조절기에 꽂은 다음 설명서에 따라 원하는 목표 온도를 설정한다. 이 책에 등장하는 발효물은 대체로 30℃나 60℃에서 발효를 진행한다. 온도 조절기의 탐침을 아이스박스에 설치한다.

4. 발효실 내부의 온도와 습도를 원하는 정도로 맞춘다. 습도 조절기가 없다면 습도계로 상태를 확인한 다음 가습기 설정을 상하단으로 조절해서 습도를 조정한다. 온도는 온도 조절기가 관리해줄 것이다.

5. 발효할 재료를 넣는다. 온도 조절기를 유심히 살펴서 온도가 높아지거나 낮아지면 난방기가 제대로 꺼지고 켜지는지 확인한다. 원하는 온도보다 위아래로 1~2℃ 정도를 오가는 것은 정상이다.

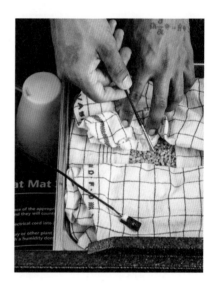

6. 발효실의 뚜껑을 닫는다. 60℃에서 발효를 진행할 경우 열기가 달아나지 않도록 뚜껑을 단단히 고정해야 한다. 누룩을 만들 때는 한쪽을 살짝 열어서 신선한 산소가 조금씩 흘러 들어갈 수 있도록 한다. 뚜껑이 꽉 닫힐 우려가 있을 경우 가장자리에 나사를 하나 박아서 받침대로 이용하면 좋다.

크라우트에서 벗어나라

우리는 독자 모두가 각 장의 설명을 읽고 해당 발효 레시피를 한두 개 따라
하고 나면 자신감을 갖고 직접 발효선의 조종간을 잡을 수 있게 되기를 바
란다. 여기서 배운 내용을 마음껏 새로운 재료에 적용해보자. 노마에서는
발효를 연구하면서 각 기술을 문화적 틀과 분리시켜서 특정 생물학적 과정
을 다른 재료에 적용하면 어떤 일이 벌어지는지 알아보고자 했다. 이는 문
화사의 중요성을 무시하는 행위가 아니라 다른 세계의 요리 전통이 우리 세
계의 요리를 어떻게 향상시킬 수 있을 것인가를 이해하고자 하는 노력이다.

예를 들어 김치와 사우어크라우트는 세상에 가장 널리 알려진 젖산 발효 식
품이다. 이는 명백한 사실이지만, 여기서 유서 깊은 음식 자체와 그것을 생
산하는 기술을 구별하는 단계가 매우 중요하다. 일단 특정 발효 과정이 식
재료를 어떻게 변화시키고 어떤 성분을 늘이거나 줄이는 등의 역할을 하는
지 이해하면 같은 과정을 어떤 다른 식재료에 적용하면 좋을지 고려할 수

있게 된다. 대체 양배추에는 어떤 특성이 있기에 효과적으로 발효되어 사우어크라우트가 되는 것일까? 비슷한 성분을 가진 다른 재료는 없을까? 젖산 발효로 인한 산도를 보완할 수 있는 부가적인 조미료는 없을까? 노마의 발효 실험실에서는 이러한 호기심을 통해서 여러 작업을 수행했으며, 덕분에 매우 성공적인 발효 식품을 만들어낼 수 있었다.

실험을 할 때는 필연적으로 실패를 맛볼 것이라는 점을 명심하자. 그렇다고 낙담할 필요는 없다! 이 책의 모든 레시피는 하나의 생각에서 시작되어 실패와 공부, 조정을 통해 훌륭한 맛으로 이르는 길에 도달하며 탄생한 것이다. 놀라움과 기쁨은 일이 계획대로 진행되지 않을 때에만 얻을 수 있는 과실이다.

시판 발효 제품으로 대체하기

설령 여기 실린 발효물을 하나도 만들어보지 않더라도, 이 책을 덮을 즈음이면 발효와 요리 세계를 훨씬 깊이 이해할 수 있게 되기를 바란다. 직접 만들지 않는다 하더라도 모든 요리사와 셰프가 발효 식품의 유용성과 가치를 인식할 수 있었으면 한다. 간장은 찍어 먹는 소스가 다가 아니며, 미소는 국만 만드는 양념이 아니다. 간장 캐러멜처럼 이 책에서 제안하는 조리법에 마음이 끌린다면 절대 간장부터 직접 만들어야 할 것 같다고 생각하지 말자. 시판 제품으로도 충분히 대체할 수 있다.

또한 이 책에서는 여러 가지 발효 식품을 결합한 조리법도 몇 가지 선보인다. 필요에 의해서 조합한 것도 있지만, 서로 다른 발효 식품이 모이면 얼마나 강력하고 풍미 깊은 상호 작용을 일으키는지 보여주고자 궁리해낸 것도 있다. 그런 경우 발효 식품 하나는 직접 만들었으나 나머지 재료를 미처 마련하지 못했을 수도 있다. 그럴 때는 시판 대체품을 사용해도 충분히 레시피를 따라 요리를 만들 수 있으며, 우리가 어떤 풍미를 추구하는지 이해할 수 있을 것이다.

안타깝게도 옥수수 미소(312쪽)나 메뚜기 가룸(393쪽)과 유사한 대체품은 권장할 만한 것을 찾을 수 없었지만, 이 책에 등장하는 다른 제품의 유용한 대체물이 궁금하다면 다음 도표에서 소위 말하는 '사촌격' 제품을 확인해 보자. 뭐든지 그렇지만 항상 품질이 중요하다. 시장에서는 언제나 더 저렴하거나 세련된 제품을 구할 수 있는데, 발효 식품은 특히 그 범위가 넓다. 본인의 판단은 물론 지인과 가게 점원의 조언을 고려하여 섬세하고 꼼꼼하게 생산된 제품을 골라보자.

51

우리의 발효 식품	시판 사촌 제품
엘더베리 와인 발사믹(201쪽)	전통 발사믹 식초
통보리 누룩(231쪽)	건조 쌀누룩
노란 완두콩 미소(289쪽)	오카상 미소[10]
호밀 미소(307쪽)	핫초 미소[11]
노란 완두콩 간장(338쪽)	날간장
소고기 가룸(373쪽)	우스터소스
장미 새우 가룸(381쪽)	피시 소스(레드 보트 제품)

무게와 계량

노마와 이 책에서는 모든 계량법에 제국법보다 훨씬 정확도가 뛰어나고 정밀한 미터법을 사용한다. 섬세한 결과물을 다룰 때는 정확성이 관건이다. 소금 함량이 단 1%만 달라져도 모두에게 자랑하고 싶은 발효물이 아무도 모르게 처리해버리고 싶은 것으로 변할 수 있다.

의심이 많은 미국 독자를 위해 설명하자면 미터법은 매우 논리적이며, 사실 대부분의 주방용 계량 도구에는 미터법 표시 및 설정이 이미 반영되어 있다. 미터법을 사용하면 무게(그램과 킬로그램)와 부피(밀리리터와 리터)를 모두 측정할 수 있다. 노마의 레시피에서는 대체로 작업의 단순화를 위해 부피보다 무게를 사용한다. 빈 그릇을 저울에 올려놓고 그릇 자체의 무게를 공제한 다음(저울의 판독값을 0으로 조정해서 용기의 무게를 제한다는 뜻이다) 필요한 재료를 원하는 무게가 될 때까지 더한다. 그러면 각 재료를 계량컵으로 일일이 계량해서 작업용 그릇에 부을 필요가 없다.

---

10 쌀로 만들어 다시마 가다랑어포 육수를 섞은 미소로 맛이 부드럽다.
11 대두와 소금만으로 만드는 미소로 짙은 갈색을 띠며 짠맛이 강하다.

이 책의 레시피를 정확하게 따르려면 1g까지 측정할 수 있는 주방용 디지털 저울이 반드시 필요하다. 다행히 그리 큰돈을 들이지 않아도 양질의 저울을 구입할 수 있다. 다만 계량하다 중간에 멈춰서 당황할 일이 없도록 꼭 여분의 배터리를 준비해두자.

마지막으로 각 레시피마다 대략적인 완성 분량을 기재하였으므로 시작하기 전에 양이 얼마나 될지 알 수 있고, 분량을 쉽게 늘리거나 줄일 수도 있다. 이때 사용하는 용기의 크기에 주의해야 한다. 경우에 따라서는 병이나 항아리 위로 약간의 공간을 남겨놔야 할 수도 있으므로, 레시피의 양을 늘릴 때는 용기 크기도 그에 맞춰서 바꾸도록 하자.

53

2.

젖산 발효한 과일과 채소

—

단맛에서 신맛으로

노마의 메뉴판에 오른 음식 중에서 처음부터 끝까지 한 입도 빠짐없이 젖산 발효 요소가 조금도 들어 있지 않은 것은 하나도 없다. 젖산 발효의 유용성은 그야말로 무한하다.

젖산 발효를 한 식품은 어디에 들어가도 과일 향과 새콤한 산미, 감칠맛을 불어넣는다. 예를 들어 포르치니 버섯을 젖산 발효하면 놀라울 정도로 강렬한 액상 양념이 생기는데, 노마에서는 이 양념을 신선한 제철 성게알에 사용한다. 성게알 한 쪽에 딱 한두 방울만 떨어뜨리면 머리카락 한 올까지 쭈뼛 서는 경험을 할 수 있다. 도저히 믿을 수 없는 방식으로 성게알의 풍미를 북돋아서 집중하게 만든다. 마치 성게알의 사진을 찍어서 채도와 콘트라스트를 높인 느낌이다. 사용한 버섯은 시럽에 담가 불린 다음 건조해서 초콜릿을 입혀 식후에 커피와 함께 곁들여 내는 당과류로 만든다.

고맙게도 젖산 발효는 대단히 직접적으로 이루어진다. 과정은 간단하다. 사용하는 재료의 무게를 잰 다음 소금을 2%만큼 계량하여 추가하고 기다린다. 발효하는 기간은 담당자가 완성한 발효물이 얼마나 시큼하기를 원하는지에 따라 달라진다.

이는 모두 젖산균, 즉 락토바킬루스Lactobacillales(이하 LAB)의 노고 덕분이다. 당을 젖산으로 변형시키는 LAB는 새콤한 사워피클과 사우어크라우트, 호밀빵, 사워도우빵, 요구르트, 사우어 맥주sour beer[12]의 뒤에 숨어 있는 비밀 요원이다. 와인과 치즈, 미소 제조 과정에도 (중요도는 다소 낮으나) 일부 관여하고 있으며, 젖산 발효 식품을 다른 많은 독특한 발효 식품과 구분 짓게 하는 미묘하고 복합적인 풍미를 발달시키는 데에 일조한다.

일반적으로 LAB는 산과 소금에 내성이 있는 막대 및 공 모양의 박테리아다. 혐기성을 띠고 있어 산소가 부재하는 환경에서도 번성할 수 있다. LAB는 주로 당 형태의 탄수화물을 섭취하며, 대사산물(자체 대사의 부산물)로 젖산을 생산한다. 어려운 화학 이야기를 빼고 설명하자면 이러한 생산 과정은 박테리아가 포도당의 화학 에너지를 이용하기 위해서 효소를 사용하여 포도당($C_6H_{12}O_6$)을 분해한 다음 각 포도당 분자를 젖산($C_3H_6O_3$) 분자 2개로 전환하는 식으로 이루어진다.

이곳은 미생물의 세계. 우리는 그저 그 안에 살고 있을 뿐이다.

---

12 신맛이 나는 것이 특징인 맥주로 람빅 맥주 등이 여기에 속한다.

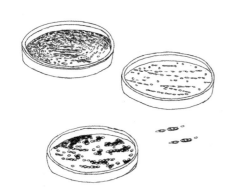

젖산균은 종류에 따라 서로 다른 풍미를 만들어낸다.

당을 젖산으로 변화시키는 것을 전문으로 삼는 LAB는 정상 발효성 homofermentative으로 분류되고, 그 외 기타 LAB는 대사산물에 젖산뿐 아니라 알코올, 이산화탄소, 아세트산 등의 다른 분자도 포함되어 있을 수 있다는 의미를 지닌 혼합 발효성heterofermentative으로 구분한다. 일부 LAB는 단백질을 아미노산으로 분해하는 특성이 있어 체더치즈나 파르미지아노 같은 치즈에 말로 표현할 수 없는 뛰어난 맛을 불어넣기도 한다.

LAB는 인간처럼 전 세계의 환경을 장악하는 데에 성공한 부지런한 생명체다. 포유류의 젖에도 존재하고 있으므로 인간은 태어나자마자 이들 박테리아와 만성적인 관계를 구축한 셈이다. 그리고 다행스럽게도 LAB는 우리가 발효시키고 싶은 온갖 종류의 채소와 과일의 껍질 및 이파리에 이미 존재하면서 본인의 필요조건이 충족되기를 이제나저제나 기다리고 있다.

노마에서는 젖산 발효를 할 때 대체로 '야생 발효'를 적용해서 식재료에 이미 서식하고 있는 정상 박테리아 무리를 발효 과정에 시동을 거는 요인으로 이용하고 있다. 야생 발효에서는 여러 종류의 박테리아가 서로 경쟁하면서 저마다 다른 속도로 피고 지며 풍미의 합창에 고유의 목소리를 덧입힌다. 이처럼 서로 다른 LAB의 상호 작용으로 드러나는 복잡성 덕분에 야생 발효는 더욱 맛있어진다.

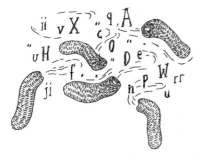

박테리아는 실제로 화학적 변화라는 언어를 통해 서로 소통할 수 있다.

한번은 노마의 오랜 친구 중 한 명인 패트릭 조핸슨(일명 버터 바이킹)이 분석을 위해 직접 식품 실험실에서 제작한 야생 발효 버터 샘플을 보내준 적이 있는데, 그 속에는 각기 다른 LAB 12종이 동거하고 있었다. 상업 제조 과정에서는 종종 시간에 따른 발효 온도 등의 요인을 조작하고 온도는 물론 영양소나 서식균의 밀도, 이웃한 균류의 정체 등 이용 가능성에 따라 서로 다르게 적용되는 조건을 미세하게 조정하면서 야생 발효물의 복잡한 특성을 재현하려고 노력한다. 미생물은 서로 화학적 신호를 통해서 성장 패턴에서 번식 속도에 이르기까지 모든 정보를 공유할 수 있다.

오이를 넘어서자

서양에서 가장 흔하게 접할 수 있는 젖산 발효 채소는 소금물에 담가서 젖산 발효하여 만든 일반적인 사워 오이 피클이다. 노마에서는 젖산 발효할 채소의 범위를 훨씬 넓게 잡지만, 그래도 기본 딜 피클 특유의 먹기 좋은 느낌을 언제나 염두에 두고 있다. 우리는 첫째로 날것인 상태일 때도 맛이 좋고, 둘째로 즙이 풍부하지만 무르지는 않은 채소를 구한다. 후자의 특성은 피클의 아삭한 매력을 돋보이게 만들기 때문에 아주 중요하다. (스칸디나비아인이라면 누구나 공감하듯이 채소 피클을 장식한 저민 생선 절임은 살면서 접할 수 있는 가장 위대한 질감의 조화 중 하나다.) 우리는 흰 아스파라거스와 작은 호박, 비트, 양배추 심으로 놀라울 정도로 성공적인 젖산 발효 피클을 만들어냈다. 물냉이나 곰파 등의 녹색 잎채소는 아직…… 그다지 만족스럽지 않다.

물론 채소 피클은 젖산 발효가 지닌 한 가지 가능성일 뿐이다. 일단 당이 함유된 것이라면 무엇이든 젖산 발효할 수 있다는 사실을 깨달으면 잠재력의 세계가 활짝 펼쳐진다. 너무나 기본적인 깨우침인데도 불구하고 일단 한 번 터득하면 생각하기를 멈출 수가 없다. '또 뭘 젖산 발효할 수 있을까?'

오직 소금의 도움만 받아서, LAB는 놀라운 변화를 이끌어낼 수 있다.

베리류의 제철이 끝물을 맞이하는 매해 9월이면 노마에서는 블루베리, 라즈베리, 멀베리, 블랙베리, 화이트 커런트, 그 외 구할 수 있는 부드러운 과일은 거의 무엇이든지 젖산 발효를 한다. 비록 발효한 뿌리채소처럼 아삭한 질감을 자랑하지는 않지만, 퓌레와 비슷한 느낌의 완성물에서는 단맛과 짠맛, 켜켜이 쌓인 신맛이 놀랍도록 복합적으로 느껴진다.

LAB가 당을 발효시키면서 생성한 젖산은 과일에 내재되어 있던 산미와 어우러진다. 대체로 감귤류에서 발견되나 기타 많은 과일과 베리류에서도 찾아볼 수 있는 구연산은 상당히 새콤해서 거의 불타는 듯한 느낌을 주기도 한다. 포도와 사과에서 발견되는 말산(그래니 스미스 사과의 새콤한 맛을 떠올려 보자)은 훨씬 부드럽고 입에 침이 고이게 한다. 아스코르빈산은 날카롭고 직접적이며 바나나에서 구아바에 이르기까지 모든 열대 과일에서 찾아볼 수 있다. 서로 다른 산의 상호 작용은 발효한 과일에서 접할 수 있는 매우 흥미롭고 아름다운 요소 중 하나다.

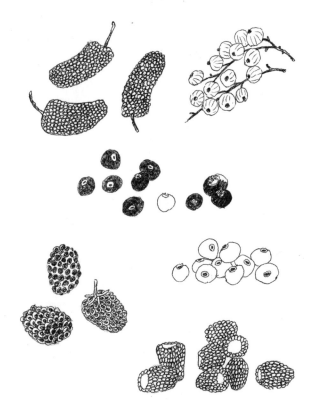

젖산 발효한 베리류는 풍미를 내는 원천이 된다.

젖산 발효한 과일과 채소

베리류를 젖산 발효하면 대체로 모양과 질감이 사라지기 때문에 압착 주서기로 즙을 추출하기도 한다. 발효한 베리즙에서는 감탄스러울 정도로 질감과 탄산감, 짠맛, 단맛, 신맛이 멋지게 느껴진다. 발효한 라즈베리즙에 맵싸한 올리브 오일을 섞고 필발long pepper[13]이나 분홍 후추 등 꽃향기가 나는 향신료를 살짝 갈아 넣어 비네그레트를 만든 다음 잘 익은 비프스테이크 토마토를 두껍게 썰어서 그 위에 둘러보자. 천일염과 설탕, 그리고 마저럼잎을 몇 장 찢어서 뿌리면 완벽한 늦여름의 정수가 완성된다. 압착하고 남은 베리 과육도 버리지 말자. 신선한 베리류 한 그릇에 더한 다음 방금 보송하게 거품 낸 크림을 얹으면 은은하고 화사한 매력을 가미할 수 있다.

LAB 활성화하기

앞서 언급했듯이 LAB는 사실상 어디에서나 발견되는 물질이기 때문에 젖산 발효는 근사하게 느껴질 정도로 간단하다. 즉 LAB가 멋지게 제 역할을 수행하기 위해서는 몇 가지 기본 조건만 갖추면 된다(마치 록스타 같다). 젖산 발효를 성공적으로 마치기 위한 조건은 다음과 같다.

공기를 제거한다

LAB는 산소가 없는 환경을 제일 좋아한다. 많은 전통 젖산 발효법에서 그러하듯이 LAB가 행복할 수 있도록 공기를 제대로 차단하려면 액체로 치환하는 과정이 필요하다. 사우어크라우트를 예로 들어보자. 양배추를 채 썰면 이파리의 세포가 파괴되면서 수분이 방출된다. 소금은 삼투압을 통해서 이파리 속의 수분을 더 많이 끌어내며, 이때 양배추 위에 누름돌을 얹으면 자체적으로 발생한 수분 속에 채 썬 잎들이 푹 가라앉으며 LAB가 제 할 일에 돌입할 수 있게 된다.

하지만 노마에서는 완성한 발효 과일 및 채소가 제 모양 그대로 음식 접시 위에서 아름다운 모습을 유지할 수 있도록 최선을 다하므로, 언제나 채소를 누름돌로 뭉갤 수만은 없다. 그래서 비닐봉지와 진공용 봉지를 사용해 LAB가 산소와 접촉하지 않게 한다.

또한 LAB 환경에서 산소를 제거하기로 결정하면 박테리아의 발효 작업을 도울 수 있는 것은 물론 잠재적인 병균까지 배제할 수 있다. 산소를 배제하면 세포 호흡을 위해 공기를 필요로 하는 쓸데없는 곰팡이의 번식을 방해할 수 있기 때문이다.

식재료를 용기에 빼곡하게 채워야 공기가 제거되어서 부패를 방지할 수 있다.

---

13 후추과에 속하는 필발의 덜 익은 열매 이삭을 말린 것으로 우리나라에서는 주로 약재로 사용한다.

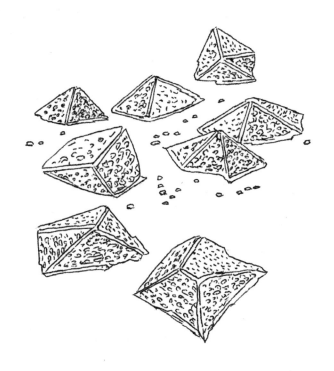

소금을 충분히 사용한다

LAB이 번식하는 데 소금이 필수적이지는 않지만, 내염성이 있기 때문에 젖
산 발효 과정 중에 소금을 더하면 달갑지 않은 외부 위험 요인을 차단하는
추가 보험을 드는 셈이다. 예를 들어서 보툴리누스균은 혐기성(산소를 배제한
환경에서 번식하는 미생물)이지만 소금이나 산이 있으면 악전고투하는데, 보툴
리누스 중독을 일으키는 박테리아인 만큼 이는 아주 반가운 소식이다.

LAB는 종류에 따라서 내염성에 차이를 보이지만, 일부 종은 중량 대비 최
대 8%의 소금 농도에서도 발효 작업을 수행할 수 있다. 노마에서는 2%의
소금으로 젖산 발효를 시작한다. 2%는 해로운 박테리아는 막을 수 있지만
불쾌할 정도로 짠맛이 나게 만들지는 않는 적정한 농도다.

염지액을 이용해서 발효를 진행하면 산소가 배제되고 염분은 풍부한 환경
을 조성할 수 있다. 수 세기에 걸쳐 사워 피클 등 많은 전통 발효법에서 고수
하는 방법이기도 하다. 부드러운 과일은 며칠이 지나면 염지액에 녹아들기
시작하지만, 적당한 크기로 손질한 아삭한 채소(비트, 래디시 또는 어린 당근)
는 소금물에 담가두기 아주 좋다.

완두콩, 우유 커드와 저민 다시마, 노마, 2015

대형 다시마 조각을 말린 버섯과 베리류, 젖산 발효
포르치니 버섯즙으로 만든 국물에 3일간 익힌 다음
얇게 저며서 완두콩 옆에 담은 신선한 우유 커드에
살며시 얹는다.

염지액으로 젖산 발효를 할 때는 일단 저울에 빈 항아리나 병을 올린 다음
해당 용기의 무게를 제한다. 이어서 용기 안에 손질한 채소를 으깨지지 않
도록 빈틈없이 잘 채워 넣는다. 채소가 완전히 물에 잠길 정도로 물을 부은
다음 내용물의 총 무게를 기록한다. 그 무게의 2%만큼 소금을 계량한 다음
빈 믹싱볼에 넣는다. 용기 속의 물을 소금 볼에 따라내고 휘저어 소금을 완
전히 녹인 다음 다시 용기에 붓는다. 이렇게 계량한 소금 농도는 언제나 노
마의 표준 염도인 2%보다 높다는 점을 알아두자. 예를 들어 콜리플라워 줄
기 1kg이 완전히 잠기도록 물 약 1kg을 부었을 경우 물에 소금 40g을 녹여
서 염도 4%의 소금물을 만들게 된다. 하지만 시간이 지날수록 염분이 과일
이나 채소에 흡수되면서 수분을 끌어낸다. 소금물과 절일 재료의 비율을
위와 같이 조정하면 처음 4%였던 소금 농도가 발효가 완료될 즈음에는 2%
에 가까워지며 완벽한 피클을 만들어낸다.

목 부분이 살짝 가느다란 절임용 병을 사용하면 발효 과정 중에 수면 위로
재료들이 둥둥 떠오르는 것을 막을 수 있다. 아니면 일종의 누름돌이나 장
벽을 설치해서 채소가 푹 잠기도록 해야 한다. 위쪽에 몇 센티미터 정도의
빈 공간을 남긴 다음 뚜껑을 살짝 느슨하게 돌려 닫아서 이물질은 들어가지
않지만 가스는 쉽게 통과할 수 있게 한다.

재료를 신중하게 고른다(그리고 살짝 씻는다)

왁스 코팅이나 살충제 또는 방사선 처리를 한 과일이나 채소는 사용하지
않는다. 모든 상자를 확인해서 유기농 상품인지 꼼꼼하게 따져보자. 야생
LAB를 충분히 확보하려면 사용할 재료를 너무 철저하게 씻지 않는 것이 좋
다. 흙먼지가 눈에 보일 정도라면 찬물에 가볍게 씻어내자. 문지르거나 과일
또는 채소용 세제를 사용해서는 안 된다.

이미 곰팡이가 피었거나 썩은 것은 절대 발효에 사용하지 않는다. 발효는 상
당히 마법 같은 과정이지만, 썩은 사과를 다시 되돌릴 수는 없다. 그리고 초
반에 원하지 않는 미생물이 들어가면 LAB가 충분히 활약하지 못한다. 물
론 젖산 발효에 사용하지 못한다고 버려야 할까 두려워할 필요는 없다. 딸기
와 체리가 남았다면 잘게 썰어서 소금 약간에 버무린 후 유리 저장 용기에
담아두자. 일주일 후면 요구르트 아이스크림에 얹어 먹기 딱 좋은 토핑이
완성된다.

63

64

토종 재규어 코코아와 믹세 고추 초콜릿. 노마 멕시코, 2017

파시야 믹세 고추를 젖산 발효 망고 향 꿀에 조린 다음 초콜릿 소르베를 채웠다.

환경 조건을 통제한다

젖산 발효는 대체로 실온이 약 21℃인 환경이라면 충분히 제대로 기능하지만, 노마에서는 모든 젖산 발효물을 28℃로 설정한 발효실에 보관한다. 발효가 신속하게 진행되지만 동시에 박테리아 활동이 너무 과해서 맛을 해치지는 않을 정도의 이상적인 온도. 냉장고에 보관하더라도 속도는 조금 느려지지만 젖산 발효는 문제없이 이루어진다.

한 가지 주의할 점이 있다. 피클이 무르지 않도록 하려면 열에 노출시키지 않아야 한다. 채소의 천연 효소는 고온에 노출될 경우 빠른 속도로 분해된다. 특히 피클의 아삭한 맛을 유지하고 싶다면 포도잎이나 홀스래디시잎 등 탄닌이 들어간 식물의 이파리를 염지액에 더하거나 정제 과정을 덜 거쳐서 미네랄이 풍부한 천일염을 사용해도 좋으며, 명반을 추가하면 식물 세포벽의 펙틴을 강화해서 아삭한 상태를 유지하는 데에 도움이 된다.

첨가물을 넣는다

노마의 레시피에는 많은 요소가 들어가기 때문에 발효 식품은 최대한 활용도가 높도록 상대적으로 순수한 풍미를 유지하려고 노력하고 있다. 예를 들어 피클에 월계수잎으로 풍미를 낸다면 오로지 월계수가 어울리는 곳에만 사용할 수 있게 될 것이다. 하지만 그렇다고 우리 모두가 발효 과정에 아무런 첨가물도 못 쓸 이유는 없다. 일반적으로 새콤한 발효 식품에는 월계수 잎이나 머스터드씨 같은 건조 향신료를 많이 사용하지만, 그 외에도 많은 방법이 있다. 염지액에 사용하는 물의 5~10%가량을 과일즙으로 대체해서, LAB가 발효시킬 수 있는 여분의 당을 공급하면서 전체적으로 화사한 매력을 주입해보자. 버베나나 레몬밤처럼 향이 뚜렷한 생허브를 염지액에 미리 재워두거나, 마른 허브를 발효가 완전히 끝난 후에 추가해도 좋다. 매콤한 자극을 원한다면 홀스래디시 한 덩어리나 반으로 자른 고추 하나를 더하자. 진공 상태로 발효할 때에도 봉지 안이나 용기 속에 추가 조미료를 가미할 수 있지만, 그럴 경우에는 반드시 추가한 재료의 무게까지 감안해서 소금을 계량해야 한다.

65

같은 염지액에 서로 다른 채소를 넣으면 각자의 풍미를 공유하기도 한다. 콜리플라워와 서양 우엉은 실로 잘 어울리는 짝꿍이다. 양파와 순무를 젖산 발효할 때 레몬 타임이나 오렌지꽃 등 향긋한 허브를 한 줌 추가하면 꽃향기와 아삭한 질감의 대비가 살아나 한층 품격 높은 세비체 요리를 선보일 수 있다. 서로 다른 재료를 섞어서 발효를 할 때는 기본 상식을 활용해야 한다. 블루베리와 루타바가를 섞으면서 질감의 조화를 기대해서는 안 된다. 하지만 발효의 가장 훌륭하고 예측할 수 없는 면은 날 재료에서 완전히 새로운 풍미를 이끌어낸다는 것이다. 박테리아와 소금, 산, 시간이 어우러져 복합적인 작품이 완성되면 의외로 즐거운 단짝 조합이 발견될 수도 있다.

적시(타이밍)를 살핀다

발효 식품은 제때 꺼내는 것이 중요하다. 일단 과일이나 채소를 짭짤한 환경에 담가두는 순간 맛은 한 방향으로 일정하게 변화하기 시작한다. 즉 단맛에서 신맛으로 바뀌는 것이다. 발효가 덜 된 채소에서는 기본적으로 날것의 맛이 나지만, 순식간에 너무 시큼해질 수 있는 것이 바로 발효다. 과일이나 채소가 과발효되면 기존의 특징과 풍미가 날카로운 신맛에 휩쓸려서 전부 똑같은 맛이 난다.

발효가 충분히 되었는지 확인하는 방법은 파스타가 완벽한 알 덴테 상태인지 또는 브로콜리가 제대로 데쳐졌는지 확인하는 법과 동일하다. 토머스 켈러가 말하듯이, "입에 넣어서 먹어보라." 젖산 발효의 진행 상태를 확인하는 유일한 방법은 맛을 보는 것이다. 이상적인 젖산 발효 식품에서는 원재료의 본질적인 매력이 남아 있으면서 신맛과 감칠맛, 깊은 풍미가 느껴진다.

발효는 적시적기의 관습이다. 발효의 '완성'을 결정하는 것은 여러분에게 달려 있다.

잠깐! 버리지 말자

이 마지막 단계는 성공적인 젖산 발효를 보장하는 필수 요소는 아니지만, 전체 프로젝트의 성공 여부를 결정하는 데에는 도움이 될 수 있다.

앞서 여러 번 언급했듯이 발효는 자칫 버리기 쉬운 자투리 식재료의 수명을 연장시키는 환상적인 수단이다. 하지만 젖산 발효 과정에서도 주의를 기울이지 않으면 버리기 쉬운 아주 유용한 부산물이 생성된다. 세상에서 가장 강렬하고 맛있는 조미료 중에도 발효의 부산물로 탄생한 것이 있다. 맥주 생산 과정의 잔재인 마마이트와 베지마이트다. 청주 생산 과정에서 생겨나는 쌀 찌꺼기인 술지게미는 일본 요리에 다양하게 쓰이는데, 특히 새콤달콤한 술지게미 채소 절임(가스즈케)이 유명하다.

완성한 발효 식품을 꺼낸 다음 남은 절임액이나 젖산 발효 자두의 즙 등은 버리기 전에 수프나 비네그레트 등으로 사용할 수 있을지 확인해보자. 밀폐 용기나 깨끗하게 씻은 양념통을 재사용해서 담은 후 냉장고에 보관한다. 젖산 발효한 과일이나 채소가 생각보다 맛이 떨어진다 하더라도 짭짤하고 새콤한 발효액의 정수가 훌륭한 위로 겸 보상이 되어줄 것이다.

반으로 자른 다음 소금을 뿌려서 발효할 준비를 마친 자두

젖산 발효 자두

Lacto Plums

분량 젖산 발효 자두와 즙 1kg

잘 익은 탄탄한 자두 1kg
비요오드 소금

젖산 발효는 발효의 세계로 안내하는 친절하고 다정한 입문처로, 훨씬 복잡한 프로젝트에 발을 깊숙이 담그기 직전에 딛는 발판 같은 존재다. 간단하고 신속하며 대체로 일주일 이내에 보상을 얻을 수 있다. 특히 자두는 많은 곳에서 쉽게 구할 수 있으며 가지고 있는 도구나 완성한 발효 식품을 어떻게 사용할 것인가, 즉 통자두나 퓌레, 덩어리, 조각 등 향후 원하는 모양에 따라 다양한 방식으로 발효할 수 있으므로 젖산 발효 자두는 실로 처음 시작하기에 매우 훌륭한 대상이라 할 수 있다.

장비 참고

젖산 발효에는 두 가지 방식이 있다. 날 재료를 비닐봉지에 담아서 진공 포장하거나, 용기에 담아 누름돌을 얹어서 발효하는 것이다. 진공 포장 기계가 있으면 젖산 발효를 아주 간편하고 일관성 있게 진행할 수 있다. 약간 투자를 해야 하지만 그래도 이 책의 레시피 전체적으로 대단히 유용하게 쓰이는 기계다. 하지만 이미 유효성이 검증된 유리병이나 도기 용기를 이용해도 무방하다. 이때 자두가 절임액 위로 둥둥 떠오르지 않게 하려면 푹 잠기게 만들 일종의 누름돌이 있어야 한다. 작은 발효용 도기나 유리 누름돌을 이용할 수도 있지만 작은 용기를 사용할 경우에는 맞는 크기를 찾기 어렵다. 그럴 때는 물을 채운 지퍼백을 이용하면 어떤 용기에든 맞춤형으로 사용할 수 있다.

또한 이 책 여기저기에서는 경쟁 관계인 미생물이 발효물을 오염시키지 않도록 장갑을 착용할 것을 권고한다. 그러나 젖산 발효를 할 때는 물론 손을

잘 익었지만 아직 탄탄한 상태를 유지하는 자두

1일차

2일차

3일차

4일차

5일차

6일차

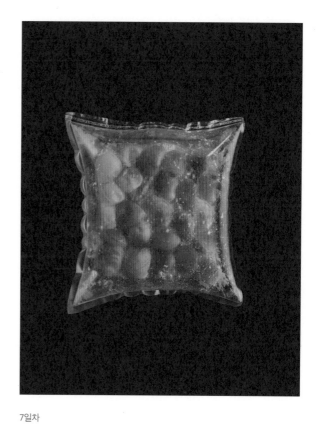

7일차

유리병이냐 도기냐

아마 지금쯤이면 이 책에 실린 모든 발효물은 유리병이나 투명한 용기에 담겨 있다는 사실을 눈치챘을 것이다. 이는 용기 내부에서 일어나는 현상을 제대로 보여주기 위해서다. 하지만 자외선에 장기간 노출되면 발효 상태에 영향을 미칠 수 있다는 점을 기억하자. 유리병이 직사광선을 받는 환경에서 발효를 하면 내부의 유익한 미생물이 죽어버릴 수 있다. 예를 들어 창문에서 떨어진 주방 공간 등 간접적인 빛에 노출되는 것은 전혀 상관없다.

저속 촬영 사진

이 책에서는 최대한 많은 시각 정보를 제공하고자 일련의 저속 촬영 사진을 통해 발효 과정의 경과를 보여준다. 매일, 또는 매주 큰 차이가 느껴지지 않는 경우도 있다. 하지만 사진을 통해 확인하면 미묘한 차이를 구분할 수 있을 것이다.

깨끗하게 씻는 것이 중요하지만 장갑을 낄 필요는 없다. LAB는 사람의 피부를 포함하여 어디에나 존재한다. 음식에 손을 대면 사실 나만의 '테루아'를 발효물에 첨가하게 된다.

상세 설명

잘 익었지만 탄탄해서 날것인 채로 먹으면 단맛이 돌면서 살짝 아삭한 질감이 느껴지는 자두를 고른다. 덜 익은 자두는 LAB에 충분한 당분을 공급할 수 없으므로 단맛이 부족해서 젖산과 균형이 맞지 않는 반쪽짜리 발효 과일이 되고 만다. 반면 과숙한 자두는 분해되어버릴 것이다.

자두가 눈에 띄게 지저분하면 찬물에 가볍게 씻되 박박 문지르지 않는다. 과일 표면에 서식하는 야생 박테리아는 성공적인 발효를 보장하는 열쇠다. 과도를 이용해서 자두를 세로로 반 자른다. 양쪽을 잡고 가볍게 비틀어서 떼어낸 다음 씨 끝부분에 칼날을 밀어 넣어서 조심스럽게 들어 올린다. 씨가 단단하게 붙어 있으면 잘라내야 할 수도 있다.

씨를 제거한 자두의 무게를 측정한 다음 해당 무게의 2%를 계산한다. 이 수치가 후에 더할 소금 분량이 된다. 예를 들어 씨를 제거한 자두의 무게가 950g이라면 소금은 19g을 계량한다.

여기서부터는 사용하는 도구의 종류에 따라 두 가지 방법으로 진행할 수 있다.

진공용 봉지로 발효할 경우: 모든 과일을 한 켜로 펼칠 수 있을 정도로 큰 진공 봉지에 반으로 자른 자두를 담는다. 봉지에 계량한 소금을 더한 다음 봉지 윗부분을 가볍게 쥐고 내용물을 천천히 흔들어 소금이 골고루 퍼지도록 한다.

봉지를 평평한 작업대에 올린다. 손을 봉지에 넣고 손가락을 이용해서 자두를 단면이 아래로 가도록 한 켜로 깔끔하게 정렬한다. 자두가 전부 평평하게 누워 있는 상태에서 진공 포장 기계의 전원을 켠 다음 최대 흡입력으로 봉지 속 공기를 최대한 빼낸다. 자두 위로 남은 봉지 공간을 넉넉히 확보해두어야 이후 봉지를 여러 번 열었다 닫을 때 여유롭게 작업할 수 있다.

젖산 발효 자두, 1일차(유리병)

4일차

7일차

병이나 항아리로 발효할 경우: 자두를 두 번 더 반으로 잘라서 총 8등분한다. 그러면 발효용 용기에 자두를 넣을 때 틈새로 공기가 들어가지 않도록 빼곡하게 담을 수 있다. 볼에 자두를 담고 계량한 소금을 더해서 골고루 버무린다. 고무 스패출러를 이용해서 준비한 발효용 용기에 자두와 소금을 남김없이 긁어 넣는다. 즙과 소금까지 모조리 깨끗하게 닦아 넣어야 한다.

자두에 누름돌을 얹어서 즙이 배어나오게 해야 짭짤한 염지액에 과육이 푹 잠겨 있게 만들 수 있다. 제일 간단한 방법은 플라스틱 지퍼백을 이용하는 것이다. 지퍼백에 물을 일부 채운 다음 공기를 빼내고 밀봉한다. 안전성을 높이기 위해서(물이 새어나올 때를 대비하여) 물을 담은 지퍼백을 다른 지퍼백에 넣어 다시 밀봉한다. 완성한 물주머니를 병이나 항아리에 넣고 살살 흔들어서 자두 윗면을 완전히 덮도록 한다. 병이나 항아리의 뚜껑을 닫되 너무 꽉 닫지 말고 살짝 느슨하게 돌려 가스가 빠져 나올 여지를 남겨둔다. 사진과 같은 밀폐용기를 사용할 때에는 뚜껑을 닫기 전에 고무 개스킷을 제거해야 한다.

어떤 방법을 택하든 이제 밀봉한 자두를 발효하는 단계에 들어간다. 젖산 발효는 21℃의 실온에서도 별 문제 없이 진행되지만, 노마에서는 살짝 따뜻한 28℃로 설정한 발효실을 이용한다. 28℃는 발효 진행을 가속화할 정도로 따뜻하지만 가끔 발생하곤 하는 과발효 현상 때문에 달갑지 않은 풍미가 발달할 정도로 뜨겁지는 않다. 약 4℃ 정도인 냉장고에서도 성공적으로 젖산 발효를 진행할 수 있지만 아주, 아주 오래 걸리기 때문에 젖산이 충분히 생성되기 전에 과일이 분해되어 갈변될 위험이 높아진다. 이 모든 사항을 고려할 때 가능하면 실온이나 조금 더 따뜻한 곳에서 자두를 발효할 것을 강력하게 권장한다.

노마의 젖산 발효 자두는 28℃에서 이상적인 풍미로 발효될 때까지 대체로 5일 정도가 소요된다. 21℃에서는 아마 6~7일 정도가 걸릴 것이나 궁극적으로 직접 맛을 보고 스스로 판단해야 한다. 자두가 발효되면 혼합 발효성 박테리아가 이산화탄소를 생성한다. 이때 만일 자두를 진공 포장했다면 봉지가 풍선처럼 부풀어 오른다. 거의 터지기 직전까지 부풀어 오르면 '트림'을 시켜야 한다. 봉지 한쪽 끄트머리를 잘라내서 가스를 빼내고 진공 포장 기계로 다시 밀봉한다(이때 자두 즙이 줄줄 흘러나오지 않도록 주의한다). 다시 밀봉하는 과정에서 자두가 압착되면서 박테리아가 풍부한 즙이 다시 과육으로 파고들어 발효 속도가 빨라진다.

73

작은 유리 또는 도기 누름돌을 구할 수 없을 경우에는 소형 지퍼백에 물을 채워서 완벽한 발효용 누름돌로 활용할 수 있다.

자두 봉지의 공기를 뺄 때는 발효물의 맛을 보고 진행 상황을 살필 기회라고 생각하자. 사실 이상적으로는 자두를 매일 맛보는 것이 좋다. 그러려면 진공 봉지보다 항아리나 유리 용기를 사용하는 쪽이 훨씬 편하지만, 진공 봉지 상단에 공간이 충분히 남아 있다면 열었다가 다시 밀봉하는 과정을 여러 번 반복해도 무방하다.

항아리나 유리 용기에서 발효를 할 때는 절임액 표면과 과일 가장자리에 성긴 흰색 물질이 생성되지 않는지 잘 살펴야 한다. 이는 캄kahm 효모라는 물질로, 과일이 완전히 발효되어 즙이 산성화되기 전에 번식할 가능성이 있는 국소 곰팡이가 핀 것이다. 인체에 무해하지만 절임액에 섞여 들어갈 경우 맛을 버릴 수 있다. 캄 효모를 발견했다면 조심스럽게 숟가락으로 떠내서 제거하자.

발효가 진행되면 과육은 부드러워지고 자두의 단맛이 산뜻한 신맛으로 변화하며 혀의 측면과 뒷면을 부드럽게 자극하여 살짝 침이 고이게 만든다. 발효 기간이 길어질수록 신맛이 강해진다. 너무 오래 발효하면 과일 풍미가 사라지고 신맛만 남아 압도할 것이다. 자두의 맛을 매일 확인하면 과발효될 위험을 막을 수 있다. 마지막으로 젖산 발효를 할 경우 LAB가 생성한 이산화탄소가 과육에 녹아들어서 약간의 탄산감이 느껴질 수 있는데, 아주 좋은 현상이라 할 수 있다.

자두가 완전히 발효되면 봉지나 발효용 용기에서 꺼낸 다음 체에 밭쳐서 즙을 걸러내어 작은 용기나 비닐봉지에 옮겨 담는다. 자두의 숙성도에 따라 125mL 정도의 즙이 남을 것이다. 이미 반 정도 완벽한 비네그레트의 조건을 갖춘 환상적인 제품이라 할 수 있다. 냉장고에 일주일간, 또는 밀폐용기에 담아서 냉동고에 장기간 보관할 수 있다.

젖산 발효 자두를 보관하려면 뚜껑이 있는 용기 또는 재밀봉 가능한 봉지에 담는다. 냉장고에서 일주일까지는 맛을 그대로 유지하며 보관할 수 있지만 바로 사용하지 않을 경우에는 냉동 보관해야 발효가 계속 진행되는 것을 막을 수 있다. 발효한 과일은 신선한 것보다 냉동 보관이 훨씬 용이하다. 자두를 반으로 잘라 발효했다면 유산지를 깐 트레이에 단면이 아래로 가도록 엎고 단단하게 냉동한 다음 진공용 봉지에 넣어서 밀봉하여 냉동고에 보관한다(이 방법은 개별 급속 냉동법IQF이라 칭한다). 냉동으로 인한 변질을 막으려면 진공 포장이 제일 효과적이지만 일반 냉동용 봉지를 사용해도 무방하다.

완성된 젖산 발효 자두: 새콤달콤하고 짭짤하며 과일 향이 감돈다.

젖산 발효한 과일과 채소

1.   자두와 소금을 준비한다.

2.   과도로 자두를 반으로 자른다.

3.   조심스럽게 씨를 발라내서 제거한다.

4. 반으로 잘라 씨를 제거한 자두의 무게를 잰 다음 소금을 자두 무게의 2%에 해당하는 양만큼 계량하여 자두와 함께 넣고 골고루 섞는다.

5. 최대 흡입력으로 봉지 속 공기를 최대한 빼내 진공 포장한다. 이때 자두 위로 남은 봉지 공간을 넉넉히 확보해둔다.

6. 원하는 맛이 날 때까지 5~7일간 발효시킨다.

7. 봉지 귀퉁이에 작게 구멍을 뚫어서 공기를 빼내며 '트림'시킨다. 자두를 맛보아 진행 상태를 확인한 다음 봉지를 다시 밀봉한다.

8. 5~7일 정도면 자두가 완성된다. 즙을 걸러내서 따로 보관 한다.

9. 자두는 밀폐용기에 옮겨서 냉장 보관하거나, 모양이 유지되도 록 한 켜로 펼쳐서 냉동 보관한다.

젖산 발효 자두의 껍질은 말려서 곱게 갈아 새콤
하고 짭짤한 향신료로 사용할 수 있다.

다양한 활용법

쫀득한 건조 젖산 발효 자두

젖산 발효한 자두의 과육을 건조하면 반가운 쫀득한 매력이 살아나면서 맛
이 강화되어 훨씬 다재다능하게 활용할 수 있다. 껍질을 벗긴 젖산 발효 자
두(반으로 자른 것이 제일 좋다)를 유산지를 깐 베이킹 시트나 건조기의 선반에
얹어서 가급적 40℃에 가까운 온도에서 말린다. 말린 살구와 비슷한 질감이
되어야 한다.

말린 자두를 요리에 사용할 때는 톡 쏘는 맛은 덜하고 과일 향이 진한 말린
안초비라고 생각해보자. 팬에 버터 한 조각을 넣고 갈색을 띌 때까지 가열한
다음 세이지잎 찢은 것 작게 한 줌 분량과 말린 자두 저민 것 두어 숟갈을
더한다. 잘게 부숴서 구워 기름기를 제거한 펜넬 소시지를 넣고 삶은 파스
타를 더해서 버무리면 간단한 식사가 완성된다. 또는 이 버터와 자두, 세이
지 조합을 팬에 구운 콜리플라워 송이나 그릴에 구운 흰 아스파라거스에 끼
얹어도 좋다.

자두 껍질 칩

젖산 발효 자두 껍질을 건조기나 낮은 온도의 오븐에서 천천히 말리면 바삭
한 칩을 만들 수 있다. 노마에서는 약 40℃로 설정한 건조기에서 자두 껍질
을 말린다. 오븐을 사용할 경우 가능하다면 60℃로 예열한다. 껍질을 건조
기 선반이나 유산지를 깐 베이킹 시트에 한 켜로 펼쳐서 말린다. 어떤 기구
를 사용하는가에 따라 껍질이 건조되기까지 걸리는 시간이 달라지며, 껍질
이 깔끔하게 탁 부러질 정도로 말려야 한다. 식을수록 더욱 바삭해진다.

젖산 발효 자두 가루

말린 젖산 발효 자두 껍질을 향신료 전용 그라인더로 빻아 고운 가루를 만든다. 그릴에 스테이크를 구운 다음 휴지하는 동안 마늘 한 쪽을 문지른다. 자두 껍질 가루를 한 꼬집 뿌린 다음 검은 후추를 고기 위에 몇 번 골고루 갈아 뿌린다. 자두 껍질 가루가 스테이크의 표면에 녹아들면서 케이퍼처럼 날카로운 산미를 가미하여 맛있는 소고기의 기름진 맛을 깔끔하게 정리한다.

저녁 식사로 신선한 완두콩 리소토를 만들 생각이라면? 마무리로 레몬즙을 짜서 뿌리는 대신 자두 껍질 가루를 고운체에 내려서 골고루 뿌려보자. 이 가루는 북아프리카 향신료와 조합해도 잘 어우러진다. 가지 세몰라 그릇을 식탁에 내기 직전에 자두 껍질 가루를 뿌려서 활력 넘치는 맛을 더욱 강화해보자.

젖산 발효 자두즙 미뇨네트

젖산 발효 자두즙은 신선한 해산물에 곁들이면 놀랍도록 새콤하고 짭짤하게 입맛을 돋우는 역할을 한다. 사실 미뇨네트[14]의 자리를 대신하기에 최적이다. 다음에 생굴을 까먹을 기회가 생기면 레몬 조각이나 샴페인 식초 드레싱 대신 젖산 발효 자두즙 종지를 곁들여 내보자. 굴 하나당 1/2작은술만 뿌리면 놀라운 풍미의 선율을 즐길 수 있다.

자두 커스터드

젖산 발효 자두즙은 달콤한 요리에도 아주 매력적이다. 예를 들어 발효즙으로 풍미를 가미한 커스터드 타르트를 만들어보자. 냄비에 크림 100g과 우유(전지유) 100g을 한소끔 끓인다. 그 사이 볼에 달걀노른자 5개와 설탕 50g을 담아 연한 색을 띨 때까지 거품기로 친 다음 발효 자두즙 75g을 더한다. 우유와 크림이 끓으면 몇 숟갈 떠내서 달걀 혼합물에 더하여 잘 섞은 다음 나머지를 천천히 부으면서 거품기로 마저 골고루 섞는다. 커스터드를 체에 내린 다음 개별용 타르트 틀에 채운다. 170℃의 오븐에서 커스터드가 굳을 때까지 구운 다음 실온으로 식히면 살짝 새콤하고, 짭짤하며, 달콤한 맛이 감도는 고전적인 페이스트리 디저트가 완성된다. 완성한 타르트에 자두 껍질 가루를 뿌려서 자두 풍미를 두 배로 강화해보자.

---

14 식초나 후추, 허브 등을 이용해서 만든 소스로 주로 굴에 곁들여 낸다.

젖산 발효 자두즙은 달걀과 크림, 우유로 만든
커스터드에 화사한 매력과 깊이 있는 맛을 가미
한다.

위: 젖산 발효 포르치니 버섯을 통해 버섯 자체와 놀라운 버섯즙
이라는 두 가지 제품을 생산할 수 있다.
옆 페이지: 야생 포르치니 버섯을 구하기 가장 좋은 곳은 늦여름
의 북반구다.

젖산 발효 포르치니 버섯

Lacto Cep Mushrooms

분량 젖산 발효 버섯과 즙 1kg

깨끗하게 손질한 포르치니 버섯 최소 24시간
  동안 냉동한 것 1kg
비요오드 소금 20g

이 레시피의 진정한 보상은 포르치니 버섯에서 배어나온 발효된 즙이다. 노마의 주방에서는 이 발효 버섯즙을 회향 차에서 아귀 간에 이르기까지 온갖 요리에 마치 스위스 군용 칼처럼 사용한다. 균형 만점의 톡 쏘는 풍미가 스쳐 지나간 모든 것을 감화시키기 때문이다.

우리는 즙을 최대한 많이 추출해내기 위해서 버섯을 발효하기 전에 미리 냉동하여 세포벽의 구조를 파괴한다. 즉 이 레시피에는 신선한 버섯 대신 냉동 버섯을 사용해도 전혀 상관없다는 뜻이다. 포르치니 버섯을 구하기 힘들다면 발효가 잘 되고 제각기 독특한 특징을 드러내는 느타리버섯, 꾀꼬리버섯, 가지버섯 등을 사용하자. 흥미로운 매력은 덜하지만 일반 양송이버섯이나 갈색 양송이버섯으로 만들어도 좋다.

젖산 발효 자두(69쪽)의 상세 설명은 이 장에서 소개하는 모든 젖산 발효 레시피의 견본이다. 아래 레시피를 읽기 전에 먼저 젖산 발효 자두 레시피를 확인하고 오기를 권장한다.

진공용 봉지로 발효할 경우: 냉동한 버섯과 소금을 진공용 봉지에 담고 골고루 버무린다. 버섯을 한 켜로 펼친 다음 최대 흡입력으로 봉지를 진공 포장한다. 최대한 봉지 입구 가까운 부분을 밀봉해서 버섯 위로 남은 봉지 공간을 넉넉히 확보해두어야 이후 봉지를 여러 번 열었다 닫을 때에 여유롭게 작업할 수 있다.

83

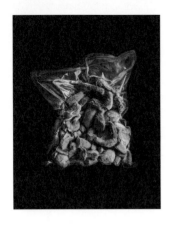

젖산 발효 포르치니 버섯, 1일차
(진공용 봉지)

4일차

7일차

병이나 항아리로 발효할 경우: 볼에 소금과 버섯을 담아서 골고루 섞은 다음 발효용 용기에 담는다. 이때 그릇에 묻은 소금을 모조리 긁어내서 옮겨 넣어야 한다. 누름돌을 얹어서 혼합물을 꾹 누른다. (물을 채운 묵직한 지퍼백을 사용해도 좋다.) 병이나 항아리의 뚜껑을 닫되 가스가 빠져나올 수 있도록 너무 꽉 닫지 않는다.

따뜻한 장소에 두고, 즙이 배어나오고 버섯이 살짝 노란 빛을 띠며 맛있게 새콤해질 때까지 발효시킨다. 28℃에서는 5~6일, 실온에서는 그보다 며칠이 더 소요된다. 기본적으로 처음 며칠이 지나고 나면 버섯을 맛보기 시작해야 한다. 진공용 봉지에서 발효를 할 때 봉지가 풍선처럼 부풀어 오르면 '트림'을 시켜줘야 한다. (다른 식재료에 비해 버섯에서는 이런 문제가 덜 발생하는 편이다.) 봉지 한쪽 끄트머리를 잘라내서 가스를 빼내고 버섯을 맛본 다음 봉지를 다시 밀봉한다.

일단 버섯이 원하는 만큼 새콤해지고 흙 내음이 나면 조심스럽게 봉지나 발효용 용기에서 건져낸다. 고운체에 밭쳐서 즙을 거른다. 버섯과 버섯즙은 각각 다른 용기에 담아서 냉장고에 보관하면 수일간 맛을 유지할 수 있다. 다만 발효가 더 진행되지 않도록 하려면 버섯을 쟁반에 개별적으로 얹어서 냉동한 다음 진공용 봉지나 지퍼백에 옮겨 담아서 공기를 제거한 다음 냉동 보관한다.

받아낸 버섯즙은 맑은 액체로 정제해서 풍미가 강렬한 조미료를 만들 수 있다. 즙을 정제하려면 우선 냉동용 용기에 담아서 뚜껑을 닫고 냉동한다. 버섯즙이 단단하게 얼면 면포를 깐 채반에 담고 아래에 용기를 받쳐서 떨어지는 액체를 받는다. 뚜껑을 닫거나 랩을 씌워서 냉장고에 넣어 완전히 해동한다. 완전히 거르고 나서 면포를 꽉 짜면 버섯 입자가 빠져나가서 액체가 흐려지므로 주의한다. 정제한 맑은 버섯즙은 사용하기 전까지 다시 냉동 보관한다.

젖산 발효 포르치니 버섯, 1일차
(유리병)

4일차

7일차

다양한 활용법

당절임 버섯 미냐르디즈

노마에서는 통째로 발효한 포르치니 버섯을 동량의 자작나무(또는 메이플) 시럽에 담가서 냉장고에 2일간 재워 디저트를 만든다. 새콤달콤하고 짭짤한 맛이 되면 40℃의 건조기에 넣고 토피처럼 쫀득한 질감이 될 때까지 천천히 말린다. 템퍼링한 초콜릿에 담갔다 빼면 절묘한 미냐르디즈mignardises[15]가 된다.

버섯 베이컨 비네그레트

젖산 발효 버섯즙은 노마에서 자주 사용하는 다목적 조미료다. 화사하게 톡 쏘는 매력이 있어서 특정한 재료를 멋지게 고양시킨다. 그 저력을 느껴보려면 간단하게 따뜻한 비네그레트를 만들어보자. 젖산 발효 버섯즙과 즉석에서 정제한 베이컨 지방을 동량으로 섞어 거품기로 휘젓는다. 그릴에 구운 느타리버섯이나 천천히 구운 콜리플라워, 유병목 조개 등에 두른다.

포르치니 버섯 오일

포르치니 버섯 오일은 젖산 발효 버섯즙을 완벽하게 돋보이도록 해준다. 포르치니 버섯 오일을 만들려면 냄비에 유채씨 오일 500g과 신선한 포르치니 버섯 250g을 담고 보글거리기 시작할 때까지 가열한다. 약 10분 후에 불에서 내린 다음 뚜껑을 닫고 오일을 실온으로 식힌다. 냄비를 냉장고에 넣어서 하룻밤 동안 재운다. 다음 날 오일을 체에 거르고, 콩피된 버섯은 따로 보관했다가 다른 용도로 사용한다. 포르치니 버섯 오일과 젖산 발효 버섯즙을 동량으로 섞어서 거품기로 휘저은 다음 곱게 다진 샬롯 또는 송송 썬 마늘종을 더해 버무리면 생가리비나 가볍게 데친 새우에 딱 어울리는 날카롭게 새콤하고 짭짤한 드레싱이 완성된다.

---

15 작은 케이크나 페이스트리류를 다양하게 조합한 것을 통칭하는 프랑스어

위: 토마토를 젖산 발효하면 산도와 감칠맛이 두 배로 늘어난다.
옆 페이지: 젖산 발효 토마토를 체에 밭쳐서 천천히 거르면 과육
과 토마토수를 분리할 수 있다

젖산 발효 토마토수

Lacto Tomato Water

분량 젖산 발효 토마토와 토마토수 1kg

잘 익은 토마토 1kg
비요오드 소금 20g

토마토는 이미 감칠맛이 풍부하고 새콤한 과일이므로 젖산 발효를 할 때는 산미가 너무 강해지지 않도록 주의하면서 균형 잡힌 새콤달콤한 맛을 구현하여 마치 조리한 토마토소스를 먹는 기분이 들게 만드는 것을 목표로 삼는다. 다른 젖산 발효 식품과 마찬가지로 젖산 발효 토마토에서 걸러낸 토마토수는 드레싱과 소스 등에 실로 유용하게 사용할 수 있다. 그렇다고 과육을 버려야 한다는 뜻은 아니다! 곱게 다져서 페이스트 상태로 만든 다음 양고기 타르타르에 섞거나 토스트에 신선한 치즈와 함께 바르고, 리코타 치즈에 섞어서 라자냐 속으로 사용할 수 있다.

젖산 발효 자두(69쪽)의 상세 설명은 이 장에서 소개하는 모든 젖산 발효 레시피의 견본이다. 아래 레시피를 읽기 전에 먼저 젖산 발효 자두 레시피를 확인하고 오기를 권장한다.

토마토는 심을 제거한 다음 작은 것은 4등분, 큰 것은 8등분한다.

진공용 봉지로 발효할 경우: 진공용 봉지에 토마토와 소금을 담고 골고루 버무려서 완전히 섞는다. 토마토 조각을 한 켜로 펼친 다음 최대 흡입력으로 봉지를 진공 포장한다. 최대한 봉지 입구 가까운 부분을 밀봉해서 토마토 위로 남은 봉지 공간을 넉넉히 확보해두어야 이후 봉지를 여러 번 열었다 닫을 때에 여유롭게 작업할 수 있다.

젖산 발효 토마토수, 1일차
(진공용 봉지)

4일차

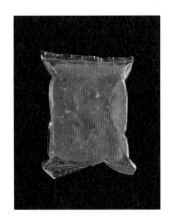

7일차

병이나 항아리로 발효할 경우: 볼에 소금과 토마토를 담아서 골고루 섞은 다음 발효용 용기에 담는다. 이때 그릇에 묻은 소금을 모조리 긁어서 옮겨 넣어야 한다. 누름돌을 얹어서 혼합물을 꾹 누른다. (물을 채운 묵직한 지퍼백을 사용해도 좋다.) 병이나 항아리의 뚜껑을 닫되 가스가 빠져나올 수 있게 너무 꽉 닫지 않는다.

따뜻한 장소에서, 토마토가 수분이 거의 빠져나와서 상당히 부드러워질 때까지 발효시킨다. 28℃에서는 4~5일, 실온에서는 그보다 며칠이 더 소요된다. 기본적으로 처음 며칠이 지나고 나면 토마토를 맛보기 시작해야 한다. 진공용 봉지로 발효할 경우 봉지가 풍선처럼 부풀어 오르면 '트림'을 시켜줘야 한다. 봉지 한쪽 끄트머리를 잘라내서 가스를 빼내고 토마토를 맛본 다음 봉지를 다시 밀봉한다.

토마토가 만족스럽게 발효되었으면, 고운체에 면포를 깔고 볼 위에 얹는다. 젖산 발효 토마토와 배어나온 국물을 전부 붓고 전체적으로 랩을 꼼꼼하게 덮은 다음 냉장고에서 하룻밤 동안 거른다. 다음 날 체를 손으로 탕탕 두드려서 수분을 모두 빼내되 절대 과육을 눌러 짜지 않는다.

토마토수와 과육은 각각 다른 용기에 담아서 냉장 보관하면 수일간 맛을 그대로 유지할 수 있다. 다만 발효가 더 진행되지 않도록 하려면 각각 다른 진공용 봉지나 지퍼백에 담아서 공기를 제거한 다음 냉동 보관한다.

젖산 발효 토마토수, 1일차
(유리병)

4일차

7일차

다양한 활용법

젖산 발효 토마토와 해산물

젖산 발효를 통해 얻은 액체류는 거의 대부분 해산물을 재우거나 그 위에 뿌리는 드레싱 용도로 사용할 수 있는데, 젖산 발효 토마토수도 예외가 아니다. 젖산 발효 토마토수에 딜이나 차이브, 바질, 시소 등 원하는 허브를 잘게 다져서 섞은 다음 올리브 오일을 두 숟갈 더해서 거품기로 휘저어 마무리하자. 원한다면 간장을 살짝 뿌려서 감칠맛을 더하고 맛의 강도를 올릴 수 있지만 넣지 않는 쪽이 훨씬 신선한 풍미가 살아난다. 생굴이나 대합, 얇게 저민 신선한 농어류에 드레싱으로 뿌려보자.

젖산 발효액은 해산물 요리뿐만 아니라 강력한 조리용 국물 등으로 쓰이기도 한다. 홍합을 찔 때 보통 사용하는 화이트 와인 대신 새콤하고 짭짤한 젖산 발효 토마토수를 넣어서 젖산 발효 토마토수 홍합찜을 만들어보자.

토마토수 피클

젖산 발효 토마토수는 산도가 높기 때문에 간단하게 신선한 피클을 만들 수 있다. 친구들과 함께 바비큐나 가든파티를 열게 되면 당근이나 래디시, 셀러리 등 좋아하는 아삭아삭한 채소를 송송 썰어서 그 위에 젖산 발효 토마토수를 푹 잠기도록 부어보자. 소금을 살짝 뿌린 다음 냉장고에서 최소 2시간, 가능하면 하룻밤 동안 재운다. 물기를 거른 다음 가볍게 절여진 채소 피클을 식탁에 차려서, 나머지 요리를 준비하는 동안 손님들이 주전부리로 삼을 수 있게 하자. 아이들이 이런 채소 피클에 맛을 들이면 언제든지 간식 삼아 손쉽게 내어주기 좋다.

89

토마토소스

젓산 발효 토마토의 과육을 시판 토마토소스 대신이라고 생각하자. 새콤하고 짭짤한 맛이 세지만 진한 맛도 그만큼 강하다. 라구 볼로네제를 만들 때 으깬 통조림 토마토의 4분의 1 분량을 젓산 발효 토마토 과육으로 대체해보자. 신맛이 너무 강하다면 꿀을 한 숟갈 더해서 균형을 잡아준다.

또는 프라이팬에 올리브 오일을 넉넉히 두르고 시골빵을 앞뒤로 구운 다음 소금으로 간을 한다. 빵이 아직 따뜻할 때 젓산 발효 토마토 과육을 넉넉하게 한 숟갈 펴 바른다. 이 정도로도 이미 흠잡을 데 없는 브루스케타라 할 수 있지만, 바질잎을 뜯어서 장식하거나 저며낸 파르미지아노 치즈를 얹어도 좋다. 굳이 사족을 더 달고 싶다면 얇은 햄을 한 장 얹어보자.

젓산 발효 토마토 쫀득이

젓산 발효 토마토 과육을 말리면 환상적인 주전부리가 된다. 과육을 고속으로 곱게 간다. 이때 씨까지 전부 넣어야 펙틴이 더해져서 쫀득이다운 질감이 생긴다. 퓌레를 고운체에 내린 다음 실리콘 매트를 깐 시트 팬에 얇게 한 켜 펴 바른다. 낮은 온도의 오븐(약 50℃)에서 쫀득한 가죽 같은 질감이 될 때까지 말린 다음 식혀서 시트에서 떼어낸다. 건조기를 사용해도 좋다. 그대로 먹거나 주방용 솔로 꿀을 약간 바른다.

젖산 발효 토마토수에 신선한 딜을 섞으면 짭짤하고 허브 향이
가득한 해산물용 드레싱이 완성된다.

젖산 발효한 흰 아스파라거스에서는 이상적인 아삭한
질감은 물론 쓴맛과 신맛, 감칠맛의 균형 잡힌 풍미를
느낄 수 있다.

젖산 발효 흰 아스파라거스

Lacto White Asparagus

분량 500g

물
비요오드 소금
흰색 아스파라거스 손질한 것 500g
레몬 0.5cm 두께로 저민 것 1/2개 분량

흰 아스파라거스는 매년 봄마다 손꼽아 기다리는 진미지만, 제철이 너무나 짧다. 거의 주방에 나타나자마자 사라지는 느낌이다. 하지만 아스파라거스를 발효시키면 영생을 얻어서 우리가 일 년 내내 추운 날씨까지 이겨낼 수 있게 하는 버팀목이 되어준다.

다음 레시피는 우리의 오랜 친구이자 무정부주의 농부인 소런 위프Soren Wiuff에게서 배운 것이다. 아스파라거스의 은은한 쓴맛이 레몬의 구연산 및 발효 중에 형성된 젖산과 교합하며 완벽하게 익은 자몽에서나 느낄 수 있는 조화를 선보인다. 젖산 발효 아스파라거스를 길게 반으로 자른 다음 샤르퀴트리와 함께 곁들여 내거나 얇은 동전 모양으로 송송 썰어 샐러드에 뿌리면 화사한 맛과 아삭아삭한 질감을 살릴 수 있다.

노마에서는 풍미가 섬세한 흰 아스파라거스를 사용하지만 녹색 아스파라거스로도 문제없이 만들 수 있다.

이 레시피에 필요한 소금과 물의 양은 사용하는 용기의 크기에 따라 달라진다. 아스파라거스 500g을 사용할 때는 2L들이 유리 보존 용기를 사용하는 것이 좋다. 소금과 물의 적정량을 파악하려면 먼저 저울에 빈 항아리나 병을 올린 다음 해당 용기의 무게를 공제한다(저울의 판독값을 0으로 조정해서 용기의 무게를 제한다는 뜻이다). 용기에 아스파라거스를 똑바로 세워 담는다. 상당히 빼곡하게 채워 담아야 한다. 아스파라거스가 푹 잠길 만큼 물을 부은 다음 물과 아스파라거스의 총 무게를 잰다.

젖산 발효 흰 아스파라거스, 1일차

7일차

14일차

그 무게의 3%를 계산한 다음 빈 믹싱볼에 소금을 해당 무게만큼 계량한다. 용기 속의 물을 소금 볼에 따라낸다. 골고루 휘저어서 소금을 완전히 녹인다. 소금물을 다시 아스파라거스 용기에 부은 다음 저민 레몬을 그 위에 골고루 얹는다. 아스파라거스가 절임액 수면 아래 충분히 잠길 수 있도록 물을 채운 지퍼백이나 발효용 누름돌, 기타 병이나 항아리 목 아래 눌러놓을 수 있는 깨끗한 물체를 얹는다. 병이나 항아리의 뚜껑을 닫되 가스가 빠져나올 수 있도록 너무 꽉 닫지 않는다.

아스파라거스를 따뜻한 장소(약 21℃)에서 2주간 발효시킨다. 1~2일 후부터 맛을 보기 시작한다. 레몬 외에 살짝 새콤한 맛이 느껴진다면 제대로 발효되고 있는 것이다. 일단 아스파라거스가 원하는 만큼 발효되면 절임액에 담근 채로 용기를 밀봉한 다음 냉장고로 옮긴다. 그대로 수개월간 보관할 수 있다.

다양한 활용법

새로운 피클

우리는 젖산 발효 아스파라거스를 오이 피클처럼 입맛을 산뜻하게 환기시키는 용도나 새콤한 고명으로 즐겨 활용한다. 라자냐나 갈비 그릴 구이 등으로 저녁 식사를 차릴 때 올리브 오일만 살짝 두른 젖산 발효 아스파라거스를 곁들여보자. 또는 햄버거를 만들 때 젖산 발효 아스파라거스 하나를 얇게 저며서 익힌 패티 위에 얹은 다음 나머지 재료를 차곡차곡 쌓는다. 다시 흰 아스파라거스가 제철을 맞이하기만을 손꼽아 기다리게 될 것이다.

아스파라거스를 용기에 빼곡하게 담되 상처가 날 정도로
꽉 채우지는 않도록 주의한다.

블루베리 위에 소금을 골고루 뿌려서 너무 많이 휘젓지 않아도 섞
이도록 한다. 블루베리에 소금이 묻지 않은 부분이 생기면 발효가
제대로 이루어지지 않는다.

젖산 발효 블루베리

Lacto Bluberries

분량 1kg

블루베리 1kg
비요오드 소금 20g

젖산 발효 블루베리는 이 장에 소개한 레시피 중에서 가장 간단하고 제일 다재다능한 식품이다. 재빠르게 헹궈내는 것 말고는 손질할 필요가 없으며 완성한 후에는 어디에나 척척 집어넣기 좋다. 아침 식사로 요구르트와 그래놀라를 먹을 때 뿌리거나 스무디에 더하고, 아이스크림이나 생치즈 위에 두르는 용도로 과일과 과즙을 몽땅 갈아내 달콤하면서 짭짤한 쿨리 퓌레를 만들 수도 있다. 또한 발효 후에도 냉동 보관이 용이하고 해동 속도가 빨라서 보관해두었다가 언제든지 사용할 수 있다.

젖산 발효 자두(69쪽)의 상세 설명은 이 장에 소개한 모든 젖산 발효 레시피의 견본이다. 아래 레시피를 읽기 전에 먼저 젖산 발효 자두 레시피를 확인하고 오기를 권장한다.

진공용 봉지로 발효할 경우: 블루베리와 소금을 진공용 봉지에 담고 골고루 버무린다. 블루베리를 최대한 한 켜로 펼친 다음 최대 흡입력으로 봉지를 진공 포장한다. 조심스럽게 작업해야 블루베리가 발효 과정 내내 제 형태를 유지할 수 있다. 가능한 한 봉지 입구 가까운 부분을 밀봉해서 블루베리 위로 남은 공간을 넉넉히 확보해두어야 이후 봉지를 여러 번 열었다 닫을 때에 여유롭게 작업할 수 있다.

병이나 항아리로 발효할 경우: 볼에 소금과 블루베리를 담아서 골고루 섞은 다음 발효용 용기에 담는다. 이때 그릇에 묻은 소금을 모조리 긁어서 옮겨 넣어야 한다. 누름돌을 얹어서 혼합물을 꾹 누른다.

97

젖산 발효 블루베리, 1일차
(진공용 봉지)

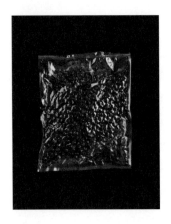

4일차

7일차

(물을 채운 묵직한 지퍼백을 사용해도 좋다.) 병이나 항아리의 뚜껑을 닫되 가스가 빠져나올 수 있도록 너무 꽉 닫지 않는다.

블루베리를 따뜻한 장소에서 살짝 새콤한 맛이 돌지만 단맛과 과일 향은 아직 남아 있을 정도로 발효시킨다. 28℃에서는 4~5일, 실온에서는 그보다 며칠이 더 소요된다. 기본적으로 처음 며칠이 지나고 나면 블루베리를 맛보기 시작해야 한다. 진공용 봉지에서 발효를 할 때 봉지가 풍선처럼 부풀어 오르면 '트림'을 시켜줘야 한다. 봉지 한쪽 끄트머리를 잘라내서 가스를 빼내고 블루베리를 맛본 다음 봉지를 다시 밀봉한다.

일단 블루베리가 원하는 만큼 새콤한 맛을 갖추면 조심스럽게 봉지나 발효용 용기에서 건져낸다. 고운체에 밭쳐서 즙을 거른다. 블루베리와 블루베리 즙은 각각 다른 용기에 담아서 냉장고에 보관하면 수일간 맛을 그대로 유지할 수 있다. 다만 발효가 더 진행되지 않도록 하려면 각각 다른 진공용 봉지나 지퍼백에 담아서 공기를 제거한 다음 냉동 보관한다.

다양한 활용법

아침 식사용 토핑

노마에서는 젖산 발효 블루베리가 짭짤한 요리에서 큰 역할을 담당하지만, 보통 블루베리에 대한 인식은 달콤한 간식이나 아침 식사용 요구르트 토핑 정도다. 젖산 발효 블루베리는 단순한 아침 식사를 더없이 우아한 정식으로 격상시킨다. 플레인 요구르트를 넉넉히 담고 젖산 발효 블루베리 한 숟갈을 얹은 다음 꿀을 한 바퀴 두르면 점심시간까지 버틸 기운을 얻을 수 있다.

젖산 발효 블루베리, 1일차
(유리병)

4일차

7일차

양념용 젖산 발효 블루베리 페이스트

젖산 발효 블루베리의 과육을 곱게 갈아서 체에 내리면 채소나 고기 요리에 사용하기 좋은 새콤하고 짭짤한 양념이 된다. 특히 조리용 솔로 버터와 함께 신선한 통옥수수에 쓱쓱 바르거나 로스트비프와 버무리면 환상적인 맛이 난다. 바비큐 립이나 폭찹을 그릴에 굽기 전이나 후에 젖산 발효 블루베리 페이스트를 바르거나, 좋아하는 바비큐 소스 레시피에서 토마토 페이스트 또는 케첩 대신 사용해보자.

젖산 발효 블루베리를 곱게 갈아 퓌레를
만든 다음 옥수수에 발라보자.

99

열대 과일과 고추는 덴마크에서 구하기 쉽지 않은 재료지만,
노마에서는 손에 넣을 때마다 즐겁게 요리에 사용하곤 한다.

100

젖산 발효 망고 향 꿀

Lacto Mango-Scented Honey

분량 700g

물 375g
비요오드 소금 20g
꿀 375g
생고추 송송 썬 것 5g
망고 껍질째 깍둑 썬 것 250g

꿀은 다소 비활성적인 면이 있어서 아무리 찬장에 오래 보관해도 절대 변질되지 않는데, 동시에 자연 상태에서는 결코 발효되지 않는다. 기본적으로 박테리아와 효모를 수없이 함유하고 있지만 단순히 당도가 너무 높기 때문에 미생물 활동이 억제된 상태다. 우리는 꿀을 희석해서 LAB가 활성화될 수 있을 정도로 당도를 낮추는 방식으로 이 문제를 해결했다. 그리고 따뜻한 기후 지역으로 모험을 떠날 때마다 이 조리법을 활용했다. 호주와 멕시코에서 팝업 레스토랑을 진행할 때 메뉴에 디저트로 오른 재료이기도 하다.

젖산 발효 자두(69쪽)의 상세 설명은 이 장에 소개한 모든 젖산 발효 레시피의 견본이다. 아래 레시피를 읽기 전에 먼저 젖산 발효 자두 레시피를 확인하고 오기를 권장한다.

물과 소금을 섞어서 골고루 휘저어 소금을 완전히 녹인다. 꿀을 더해서 휘저어 완전히 녹인다.

진공용 봉지로 발효할 경우: 꿀 혼합물을 고추, 망고와 함께 진공용 봉지에 담고 최대 흡입력으로 봉지를 진공 포장한다. 최대한 봉지 입구 가까운 부분을 밀봉해서 꿀 위로 남은 공간을 넉넉히 확보해두어야 이후 봉지를 여러 번 열었다 닫을 때에 여유롭게 작업할 수 있다. 내용물을 부드럽게 매만져서 전체적으로 골고루 분산시킨다.

젖산 발효한 과일과 채소

젖산 발효 망고 향 꿀.
1일차(진공용 봉지)

4일차

7일차

병이나 항아리로 발효할 경우: 꿀 혼합물을 발효용 용기에 담고 고추와 망고를 더한 다음 숟가락이나 스패츌러로 가볍게 눌러 으깬다. 랩 한 장을 표면에 닿도록 가장자리까지 꼼꼼하게 펼쳐 덮은 다음 병이나 항아리의 뚜껑을 닫되 가스가 빠져나올 수 있도록 너무 꽉 닫지 않는다.

꿀을 따뜻한 장소에서 살짝 산미가 돌고 고추의 매운 맛과 망고의 향이 배어들 때까지 발효시킨다. 28℃에서는 4~5일, 실온에서는 그보다 며칠이 더 소요된다. 기본적으로 처음 며칠이 지나고 나면 꿀을 맛보기 시작해야 한다. 진공용 봉지에서 발효를 할 때 봉지가 풍선처럼 부풀어 오르면 '트림'을 시켜줘야 한다. 봉지 한쪽 끄트머리를 잘라내서 가스를 빼내고 꿀을 맛본 다음 봉지를 다시 밀봉한다.

일단 원하는 만큼 맛이 들면 꿀을 고운체에 걸러서 망고와 고추를 제거한다. 건져낸 망고와 고추는 다른 용도로 사용할 수 있다(매콤한 처트니 등). 꿀은 냉장고에서 수 주일간 보관할 수 있으며 진공용 봉지나 지퍼백에 옮겨 담아서 공기를 제거한 다음 냉동고에 넣으면 더 오래 보관할 수 있다.

102

젖산 발효 망고 향 꿀,
1일차(유리 용기)

4일차

7일차

다양한 활용법

설탕 대용품

아마 젖산 발효한 꿀의 제일 당연한 용도는 (훨씬 맛있고 흥미로운) 설탕 대용
품일 것이다. 젖산 발효한 꿀은 과일 본연의 맛을 해치지 않으므로 설탕보다
콩포트나 잼에 사용하기 좋다. 또한 차나 커피에 젖산 발효한 꿀을 넣으면
아주 맛이 좋다. 특히 차가운 음료를 만들 때면 풍미가 제대로 빛을 발한다.

배 꿀조림

젖산 발효한 꿀은 거의 모든 과일과 완벽하게 어우러지지만, 특히 배와는
환상의 궁합을 자랑한다. 바닥이 넓은 냄비에 젖산 발효 꿀 500mL, 화이트
와인 500mL, 다진 생로즈메리와 타임 각 1숟갈씩을 더하여 골고루 섞는다.
탄탄하게 잘 익은 배 6개를 꿀 혼합물에 집어넣고 뚜껑을 닫아서 한소끔 끓
인다. 과일이 살짝 부드러워질 때까지 3~5분간 익힌 다음 냄비를 불에서 내
리고 실온으로 식힌다. 이 진미를 거절할 수 있는 사람은 거의 없다. 저며서
넉넉한 아이스크림에 얹어 내거나 식초를 한 방울 둘러서 경질 치즈와 짝지
어보자.

젖산 발효한 과일과 채소

젖산 발효 구스베리는 발효에 대한 노마의 탐구심에 새콤한
불꽃을 당긴 장본인이다.

104

젖산 발효 그린 구스베리

Lacto Green Gooseberries

분량 젖산 발효 구스베리와 즙 1kg

탄탄하게 잘 익은 그린 구스베리 1kg
비요오드 소금 20g

구스베리는 북유럽에서 사랑받는 과일이지만 온화한 기후라면 전 세계 어디에서나 널리 자란다. 재배되는 품종에는 보석처럼 연한 녹색에서 진홍색에 이르기까지 다양한 색상이 있으며 세로로 가늘게 펼쳐진 줄무늬가 돋보인다. 발효를 시킬 때는 살짝 덜 익어서 만져보면 탄탄한 질감이 느껴지는 그린 구스베리를 사용한다. 물론 그와 대조적으로 훨씬 달콤하고 즙이 많은 레드 구스베리로도 맛있는 젖산 발효물을 만들 수 있으며, 발효 과정도 그보다 짧다.

진공용 봉지로 발효할 경우: 구스베리와 소금을 진공용 봉지에 담고 골고루 버무린다. 구스베리를 최대한 한 켜로 펼친 다음 최대 흡입력으로 봉지를 진공 포장한다. 조심스럽게 작업해야 구스베리가 발효 과정 내내 제 형태를 유지할 수 있다. 가능한 한 봉지 입구 가까운 부분을 밀봉해서 구스베리 위로 남은 공간을 넉넉히 확보해두어야 이후 봉지를 여러 번 열었다 닫을 때에 여유롭게 작업할 수 있다.

병이나 항아리로 발효할 경우: 볼에 소금과 구스베리를 담아서 골고루 섞은 다음 발효용 용기에 담는다. 이때 그릇에 묻은 소금을 모조리 긁어서 옮겨 넣어야 한다. 누름돌을 얹어서 혼합물을 꾹 누른다. (물을 채운 묵직한 지퍼백을 사용해도 좋다.) 병이나 항아리의 뚜껑을 닫되 가스가 빠져나올 수 있도록 너무 꽉 닫지 않는다.

구스베리를 따뜻한 장소에서 원하는 만큼 새콤해질 때까지 발효시킨다. 28℃에서는 5~6일, 실온에서는 그보다 며칠이 더 소요된다. 구스베리는 새

105

젖산 발효 그린 구스베리, 1일차
(진공용 봉지)

4일차

7일차

콤하면서 끝 맛으로 가벼운 짠기가 느껴져야 하며, 기본적으로 처음 며칠이 지나고 나면 맛보기 시작해 발효가 제대로 진행되는 중인지 확인하도록 한다. 진공용 봉지에서 발효를 할 때 봉지가 풍선처럼 부풀어 오르면 '트림'을 시켜줘야 한다. 봉지 한쪽 끄트머리를 잘라내서 가스를 빼내고 구스베리를 맛본 다음 봉지를 다시 밀봉한다.

일단 구스베리가 원하는 만큼 새콤한 맛을 갖추면 조심스럽게 봉지나 발효용 용기에서 건져 낸다. 고운체에 밭쳐서 즙을 거른다. 구스베리와 구스베리즙은 각각 다른 용기에 담아서 냉장고에 보관하면 수일간 맛을 그대로 유지할 수 있다. 다만 발효가 더 진행되지 않도록 하려면 각각 다른 진공용 봉지나 지퍼백에 담아서 공기를 제거한 다음 냉동 보관한다.

다양한 활용법

구스베리 렐리시

새콤한 구스베리는 그냥 반으로 잘라 내기만 해도 해산물 차우더처럼 진하고 기름진 음식을 먹고 난 후 입맛을 산뜻하게 환기시켜준다. 하지만 젖산 발효 구스베리를 렐리시에 넣으면 맛의 중추 역할을 훌륭하게 수행한다. 발효한 구스베리 과육 100g을 곱게 다진 다음 다진 파슬리와 다진 타라곤 15g씩, 곱게 다진 마늘 1쪽 분량, 넉넉한 올리브 오일과 함께 골고루 섞는다. 필요하면 소금으로 간을 맞춘다. 맛있게 조린 쇼트 립이나 메추리 바비큐, 아스파라거스나 어린 리크 등의 채소 그릴 구이에 발라 먹어보자.

레체 데 티그레

봉지나 항아리에서 구스베리를 발효한 다음 남은 즙은 노마에서 언제나 즐겨 사용하는 조미료 중 하나다. 그 자체로 이미 새콤하고 짭짤하며 과일 향이 가득한 구스베리즙을 도미 등 살이 탄탄한 날생선을 얇게 저민 후 골고루 뿌리면 맛있는 세비체가 된다. 여기서 한 발짝 더 나아가면 완벽한 레체 데 티그레leche de tigre(호랑이 우유라는 뜻으로 세비체의 절임액을 가리키는 페루 용어다)를 만들 수 있다. 껍질을 벗긴 생새우와 젖산 발효 구스베리즙을 1대 3의 비율로 섞은 다음 스틱 블렌더로 곱게 갈아 체에 내린다. 곱게 다진 샬롯과 다진 하바네로 고추를 원하는 만큼 더한 다음 골고루 섞어서 저민 날

생선 위에 붓는다. 5분 정도 재운 다음 신선한 고수를 적당량 다져서 뿌려
낸다.

버터밀크 구스베리 드레싱

발효한 구스베리씨는 자그마하지만 맛있다. 발효 과정을 거치고도 무사히
살아남은 기분 좋은 식감에 젖산의 풍미가 더해져 매력적이다. 씨를 발라내
려면 구스베리를 비스듬하게 잘라서 단면을 도마에 대고 꾹 눌러 씨가 터져
나오도록 한다. 구스베리 한 알에 든 씨는 그리 많지 않지만, 질감과 새콤한
맛의 환상적인 조화를 생각하면 조금 품을 들일 가치가 있다. 구스베리 씨
에 버터밀크 한 숟갈을 더하고 검은 후추를 적당히 갈아 뿌리면 기름진 맛
을 깨끗하게 정리하고 어디에든 깊은 감흥을 불어넣는 토핑이 완성된다. 갓
쪄내서 깐 조개나 방어 살을 날것으로 얇게 저민 것, 생선알과 엘더플라워
크렘 프레슈(142쪽 레시피 참조)를 얹은 블리니 등에 고명으로 사용해보자.

젖산 발효 그린 구스베리. 1일차
(유리병)

4일차

7일차

젖산 발효 그린 구스베리의 씨는 과육만큼이나 맛있어서
애써 발라내 모을 가치가 충분하다.

젖산 발효한 과일과 채소

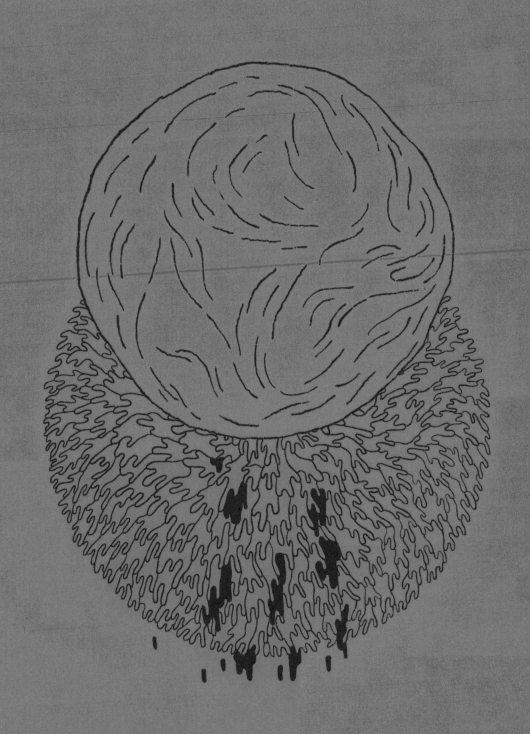

3.

콤부차

—

새롭게 돌아온 역사 깊은 음료

노마에서 처음으로 시간과 노력을 투자하여 발효를 연구하기 시작했을 때, 우리는 손에 넣을 수 있는 모든 관련 문헌을 살펴봤다. 책에서 낯선 용어를 발견할 때마다 전율이 느껴졌다. 책에서 본 내용은 이미 수 세기 전부터 존재하던 것이었지만, 지구 한 귀퉁이의 조그마한 우리들 지역에서는 실로 새로운 정보가 아닐 수 없었다. 예를 들어 10년 전까지만 해도 덴마크에서는 누구 하나 콤부차를 마시는 사람이 없었다. 처음 콤부차를 만들어보기로 결심했을 때 우리는 준비물을 구입하기 위해서 코펜하겐의 자칭 자치 히피 구역이자 관광객들이 마리화나를 사러 가는 장소인 크리스티아니아 Christiania까지 찾아가야 했다.

콤부차는 새콤하고 살짝 탄산이 들어간 발효 음료로, 전통적으로 당류을 가미한 달콤한 홍차를 이용하여 만든다. 정확하지는 않으나 기원전 약 200년에 만주(현 중국 북동부 지역) 지역에서 유래한 것으로 본다. 그곳에서 콤부Kombu라는 이름의 전설적인 한국인 의사의 노력을 통해 동쪽으로 퍼지며 일본까지 도달하기에 이른다. 그 한국인의 이름을 따서 콤부차라 불리게 되었다.

역사적으로 콤부차는 일본과 한국, 베트남, 중국, 러시아 동부 지역에서 음용했다. 하지만 현명한 마케팅과 프로바이오틱을 함유한 모든 제품에 대한 대중적인 관심이 커진 덕분에 최근 들어 북미와 서유럽에서도 인기를 얻으며 널리 퍼져 나가고 있다.

노마에서는 콤부차를 제조해서 손님들이 와인 페어링 대신 또는 함께 주문하는 주스 페어링에 일부 탄산감과 강렬한 풍미를 받쳐주는 용도로 사용했다. 콤부차는 노마의 음료 서비스의 범위를 놀라울 정도로 확장시키는 데에 큰 도움을 주었다. 우리는 메뉴에 올라가는 요리를 개발하는 것과 같은 방식으로 콤부차에 신선한 주스나 향신료, 오일, 심지어 곤충까지 섞어가면서 우아하고 균형 잡힌 음료를 만들어냈다.

콤부차는 일반적으로 설탕을 가미한 차를 이용해서 만들지만 사실상 당만 충분하다면 거의 어떤 액체라도 콤부차로 발효시킬 수 있다. 우리가 가장 좋아하는 콤부차도 본래 차에서는 발견하기 힘든 부드러운 풍미와 깊이를 느낄 수 있는 허브티나 과일 주스 등으로 만든 것이다. 우리는 캐모마일, 레몬 버베나, 엘더플라워, 사프란, 장미 등을 우려낸 허브차는 물론 사과 주스, 체리 주스, 당근 주스, 아스파라거스 주스 등으로 맛있는 콤부차를 만

콤부차는 고대 중국에서 탄생했다.

들어냈다.

우리가 추구하는 콤부차는 사람들이 몸에 좋다는 이유로 억지로 들이키는 시큼한 물과는 완전히 다른 음료다. 아주 솔직히 말하자면 시중에 나와 있는 홍차 기반 콤부차는 조금 지루한 맛이 난다. 차의 풍미는 배경 속에 녹아들어 아주 희미해져 있고, 그다지 즐길 여지가 없는 일률적인 맛이 남아 있을 뿐이다.

가장 초기의 도전작이자 콤부차의 가능성에 눈을 뜨게 만든 것은 당근 콤부차였다. 그 자체로도 완벽한 수프 같은 맛으로, 당근다운 단맛이 남아 있지만 산미가 살짝 느껴지는 차가운 국물 요리처럼 느껴졌다. 원 재료의 풍미를 흐릿하게 만들지 않으면서 빈 곳을 보완하여 새로운 차원의 무엇가로 새롭게 탄생한 것이다. 그때부터 지금까지 우리는 가능한 한 많은 재료를 이용해서 콤부차를 제조하는 사명을 이어가고 있다. 우리의 실험은 평범한 길에서 벗어나 유제품과 나무 수액, 매콤한 고추로 만든 국물 등을 이용한 도전으로 넘어가는 중이다.

노마는 가장 먼저 당근 콤부차 제조에 도전했다.

물론 노마에서는 요리에도 콤부차를 사용한다. 콤부차를 단순히 새롭게 떠오르는 건강 음료로만 보는 시각에서 벗어나면 수많은 요리의 가능성이 열린다. 오래 발효할수록 콤부차는 새콤해진다. 한동안 시간이 지나고 나면 생동감 넘치는 마리네이드나 비네그레트의 재료가 되거나 화이트 와인이나 샴페인 대신 소스에 사용하기 좋은 흥미로운 대체재가 된다. 또한 콤부차를 팬에서 졸이면 새콤달콤해서 당장이라도 팬케이크에 뿌리고 싶은 마법 같은 시럽이 탄생한다.

협동적인 발효 과정

콤부차는 먼저 당을 알코올로 변환한 다음 알코올을 아세트산(식초의 산 성분)으로 전환시키는 식으로 미생물 집단의 협동 작업을 통해 만들어진다. 미생물이 작업을 수행하면 점차 눈에 보이는 부양체가 수면 위에 형성되는데, 일반적으로는 콤부차 '배양체'라고 불리지만 때때로 혼란스럽게도 그 자체를 '콤부차'라 부르기도 한다. 엄밀히 따지면 이는 스코비SCOBY(박테리아와 효모가 공생하는 배양체Symbiotic Culture of Bacteria and Yeast의 머리글자를 딴 것)라 불리는 물체이므로 여기서는 혼란을 야기하지 않도록 완성된 발효액을 콤부차로, 배양체는 스코비로 칭한다.

111

발효 전문점에서 구입한 어린 스코비

같은 스코비를 7일간 콤부차 제조에 사용한 후의 모습

콤부차를 생산하는 미생물의 종류는 지역에 따라, 그리고 심지어는 매번 콤부차를 만들 때마다 달라지지만 주로 활동하는 것은 효모(단세포진균)와 아세트산 박테리아(줄여서 AAB)다. 효모는 주로 출아형 효모Saccharomyces cerevisiae일 경우가 많지만 워낙 변종이 다양하다. AAB는 여러 종이 섞여 있지만 그래도 글루콘아세토박터Gluconacetobacter속이나 아세토박터Acetobacter에 속하는 종류는 언제나 포함되어 있는 편이다.

일단 당이 함유된 액체류에 들어가면 스코비 내의 효모는 단당류를 소비해서 와인이나 맥주, 증류주에 존재하는 주요 알코올 성분인 에탄올과 약간의 이산화탄소를 생산하면서 발효를 시작한다. 그런 다음 함께 공존하는 AAB가 주변의 산소를 이용해서 에탄올을 아세트산으로 산화시키며 발효를 진행한다. 박테리아가 재빠르게 알코올을 아세트산으로 전환시킨다는 것은 콤부차가 와인이나 맥주만큼 알코올 함량이 높지는 않다는 의미가 되지만, 알코올이 전혀 남아 있지 않은 것은 아니다. 콤부차의 알코올 도수는 약 0.5~1% 정도다. 참고로 일반 맥주의 알코올 도수는 약 5%이며 와인은 10%를 조금 넘는다.

대략적인 참고도:

- 이상적인 조건에서 효모는 보통 2단위의 설탕을 1단위의 알코올로 발효 시킨다.
- AAB는 1단위의 알코올을 1단위보다 조금 모자란 정도의 아세트산으로 전환시킨다.

스코비의 머리글자를 따온 단어 중 제일 중요한 부분은 '공생symbiotic'으로, 보통 조화로운 협력 상태를 의미하지만 실제로는 다양한 형태의 관계를 포괄한다. 공생은 그리스어로 '함께 살다'는 의미를 지니고 있으며, 기생충이나 병원체, 공생적 유기체(다른 유기체를 해하지 않고 이익을 얻는 것)가 모두 여기 해당된다. 극단적으로 기생충은 숙주를 약화시키거나 죽인다. 반면 상리 공생 관계에서는 양측 모두 이익을 얻는다. AAB는 효모와 공생한다. 이 관계에서는 박테리아 쪽이 훨씬 이익이 크지만, 어쨌든 그렇다고 효모를 죽이지는 않는다. AAB를 돕는 효모는 산성 환경에 상당히 잘 버티는 편이라 상대방이 산성이라도 별로 거리끼지 않는다.

토종 민트를 가미한 베르가모트 콤부차, 노마 오스트레일리아, 2016

베르가모트 차로 만든 콤부차에 호주 토종 민트와 신선한 감귤류를 섞은 것으로 주스 페어링에 속한 메뉴다.

스코비의 박테리아와 효모는 조오글레아 매트zoogleal mat(앞서 언급한 배양체)라는 구조물에서 공존한다. 스코비의 박테리아는 번식해서 증가하는 과정에 셀룰로오스를 배설하여 힘없는 해파리처럼 수면 위에 둥둥 뜨는 부력이 있는 판을 형성한다. 이 판은 액체의 발효 속도와 함께 성장하면서 수면을 따라 점점 퍼져나가 용기 가장자리까지 닿고 나면 조금씩 두꺼워지기 시작한다. AAB는 이 판에서 살기 때문에 알코올을 산으로 전환시키기 위해 필요한 수면 위의 공기와 직접 접촉할 수 있다.

식초 또한 이와 비슷한 과정을 거쳐서 시큼하게 변하지만 아주 큰 차이점이 있다. 식초는 2단계 발효를 거친다. 첫 단계에서는 효모가 당을 알코올로 발효시킨다. 효모마다 본인이 생산하는 알코올에 대한 내성이 다르기 때문에 어느 정도 수준이 되면 사멸한다(또는 식초 제조사가 원하는 단계에 저온 살균을 통해 효모를 사멸시킨다).

두 번째 단계에서는 AAB가 알코올을 산으로 발효시키지만, 효모가 없으면 박테리아의 연료가 점차 사라지게 되므로 발효가 멈춘다. 식초 생산자는 효모가 알아서 사멸하게 만들거나 딱 적당한 양의 알코올을 생산하고 나면 사멸시키는 식으로 과정을 통제하면서 식초에서 신맛이 나게 한다.

반면 콤부차에서는 발효가 지속적으로 이루어진다. 효모는 당을 발효시켜서 박테리아가 아세트산으로 전환시킬 수 있는 에탄올을 계속해서 생산한다. 즉 수년 혹은 수십 년까지 숙성시켜도 살짝 가벼운 단맛이 남아 있을 수 있는 식초와 달리 콤부차는 모든 당을 전부 소비할 때까지 계속해서 시큼해진다. 딱 적당한 순간에 콤부차를 수확해서 냉장고에 넣어도 산성화는 계속된다.

그래서 일부 시판 콤부차는 과발효되어 상쾌하기보다 시큼한 맛이 난다. 잘 만든 콤부차에서는 충분히 유혹적인 은은한 단맛과 함께 산뜻한 수준의 산미가 느껴져야 한다. 당과 산의 이상적인 균형을 이룩하기 위해서는 콤부차 공생에 제삼자가 끼어들어야 한다. 바로 인간이다. 콤부차가 완전히 발효되어 건져내야 할 시기를 결정하는 것은 온전히 우리에게 달려 있다.

흥미롭게도 인간이 하는 역할은 콤부차를 만들어내는 박테리아와 효모의 진화 역사까지 널리 확장된다. 미생물학이 출현하기 전까지 스코비의 활성화를 확인할 수 있는 가장 좋은 지표는 시각적인 신호였다. 스코비가 뚜렷하게 생성되면 좋은 신호라고 할 수 있으므로 콤부차 생산자는 이를 소중하게 여기면서 대표적인 표본을 따로 선별하고 저장하는 식으로 이상적인 박테리아를 우선 취급하게 되었다. 스코비의 미생물이 기능하기 위해서 반드시 조오글레아 매트가 필요한 것은 아니지만, 인간이 개입하면서 두꺼운 배양체를 생산하여 스코비의 생존을 보장할 수 있게 되었다.

최적의 시점

이제 콤부차를 만드는 기본 과정을 살펴보자.

1. 먼저 주스나 차, 우림액을 만든다. 당을 가미한 다음 식힌다.

2. 앞서 만든 콤부차를 덧넣어서 pH를 낮춘다(33쪽 참조).

3. 스코비 하나를 통째로 또는 적당히 잘라서 넣는다. 수면의 25% 정도를 덮는 크기면 적당하다.

4. 용기의 뚜껑을 덮고 이상적으로는 실온보다 조금 따뜻한 곳에서 내용물을 발효시킨다.

5. 콤부차의 맛을 자주 확인한다. 단맛과 신맛의 균형이 이상적인 상태가 되면 스코비를 건져내서 따로 보관하고 콤부차는 체에 걸러서 차갑게 보관한다.

이처럼 이 장에서 말하는 균형과 최적의 시점을 논하기 위해서는 가장 중요한 질문의 해답을 알아야 한다. 콤부차를 만들 때는 설탕을 얼마나 넣어야 하는가?

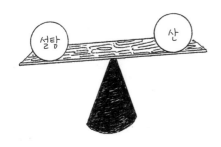

콤부차의 단맛이 줄어들수록 산도가 높아진다.

기초적인 기준을 세우자면 우선 스코비를 맹물에 집어넣으면 물질대사에 필요한 연료인 당분이 부족해서 사멸하고 만다. 반대로 스코비를 포화 설탕 용액에 집어넣으면 고농도의 자당에 쇼크사하게 된다. 미생물이 기능할 수 없기 때문이다. (대부분이 당으로 이루어진 꿀이 절대 변질되지 않는 이유와 같다.)

콤부차를 만드는 데 설탕이 얼마나 필요한지에 대해서는 완벽한 해답이 존재하지 않으나, 우리는 상당한 시행착오를 겪으면서 어느 정도 만족스러운 수치를 확보해냈다.

당도는 용해된 자당(일반 설탕)의 양을 총 용액의 백분율(설탕 무게를 설탕과 물을 합산한 무게로 나눈 값)로 나타내는 브릭스(°Bx)로 표시한다. 우리는 높은 수준인 35브릭스(매우 달다)로 시작해서 만든 콤부차가 적당한 브릭스 당도로 만든 것만큼 맛있지 않다는 사실을 알아냈다. 35브릭스 용액으로 만든 콤부차는 단맛도 신맛도 너무 과했다. 이후 콤부차를 만들 때는 당도를 12브릭스로 고정시키고 있다.

적당한 콤부차의 발효 시간을 알아보려면 발효 과정을 곡선으로 시각화한 도표를 살펴보는 것이 좋다. 처음에는 내용물에서 어딘지 익숙하고 생기가 떨어지는 듯한 맛이 난다. 예를 들어 엘더플라워를 우려내서 당을 가미한 용액에서는 원래 김빠진 탄산음료와 비슷한 맛이 나지만, 발효 7일차가 되어서 곡선의 절정에 오르면 놀랍게도 스파클링 와인(즉, 알코올)과 비슷한 맛이 느껴진다. 원 재료인 꽃향기가 선명하게 드러나면서 탄산과 상쾌한 느낌이 가미된다. 하지만 그 지점을 지나치면 콤부차는 서서히 특징 없이 뚜렷한 산미를 띠기 시작하며 결국 충격적으로 시큼한 맛이 날 때까지 천천히 곡선 아래로 내리닫는다.

콤부차는 특히 다른 발효 식품에 비해서 제때 소비하거나 요리하기 까다로운 면이 있다. 노마에서는 주로 콤부차를 냉동해서 발효가 더 이상 진행되는 것을 막아 곡선의 가장 이상적인 부분에 머물러 있게 한다. 저온 살균을 통해 비슷한 효과를 얻을 수도 있지만 열을 가미하면 발효의 풍미가 흐트러지거나 사라지는 것을 막기 힘들다.

115

스코비 돌보는 법

콤부차는 맛이 좋은 만큼 제조 과정에서 성장하는 모습을 살펴보는 것 또한 매력적이라고 생각한다. 콤부차를 직접 만들기 시작하면 애착이 생겨 사워도우 스타터에 먹이를 주면서 애지중지 돌보게 될 것이다.

콤부차를 취급하는 반려동물 가게는 없지만, 천연식품 및 수제 양조 전문점은 물론 여러 인터넷 쇼핑몰(448쪽 구입처 참조)에서 살아 있는 스코비를 구입할 수 있다. 스코비는 보통 소량의 새콤한 콤부차 용액과 함께 진공 포장하거나 용기에 담은 채로 판매한다. 건강한 스코비는 단단한 젤라틴 형태의 반투명한 원반과 비슷한 모양이다. 스코비가 생존하려면 공기가 필요하므로 받자마자 공기가 잘 통하는 용기에 옮겨 담는 것이 중요하다.

바로 콤부차를 만들 예정이 아니라면 계획을 세울 때까지 스코비를 그대로 보존해야 한다. 농도 20%의 설탕 시럽(물 800g에 설탕 200g을 더해서 한소끔 끓인 다음 식힌 것)을 만들어서 새로 받은 스코비와 함께 공기가 잘 통하는 용기에 담는다. 통기성이 좋은 수건이나 면포를 덮고 고무줄로 고정시킨다. 이때 반드시 스코비가 담겨 있던 액체를 함께 넣어야 한다. 행복한 식민지를 만들 수 있는 박테리아와 효모, 산이 풍족한 용액이기 때문이다.

이제 사워도우 스타터와 마찬가지로 스코비도 본격적인 콤부차 생산에 들어가기 전에 약간 유지 보수를 할 필요가 있다. 만일 콤부차를 주기적으로 만든다면 스코비를 이번 콤부차에서 다음 콤부차로 옮기면서 바쁘게 일정한 리듬을 유지할 수 있다. 하지만 일단 이번 콤부차를 완성했는데 다음 콤부차를 만들 준비는 되지 않았다면 스코비를 제 무게 대비 대략 두 배 용량의 콤부차나 설탕 시럽에 띄워두어야 한다. 한동안은 그대로 두어도 좋지만 언젠가는 스코비가 용액 내의 모든 당을 산으로 전환시키므로 새로운 집을 마련해주어야 한다. 위의 과정을 2~3주 간격으로 반복하면서 신선한 시럽을 만들어서 스코비를 옮겨 담는다. (스코비를 냉장 보관하면 물질 대사를 느리게 만들 수 있지만, 노마에서는 실온에 가까운 온도에 보관해서 언제나 활성화시킬 상태를 유지하는 쪽을 선호한다.) 언제든 스코비 윗면이 건조해 보이면 아래 깔린 용액을 살짝 끼얹어서 산성화를 유지시켜야 한다.

스코비를 돌본다는 것은 콤부차를 만드는 과정 사이에 제대로 머무를 장소를 마련해준다는 뜻이다.

스코비의 수명을 연장하는 또 다른 중요한 포인트는 기본 환경을 제대로 갖추는 것이다(이 책에서 덧넣기라고 칭하는 과정을 뜻한다. 33쪽 참조). 만일 스코비를 바로 당화한 액체(차, 과일 주스, 우유 등)에 집어넣으면 그 속의 야생 효모와 박테리아가 당과 경쟁하면서 곰팡내 등 불쾌한 풍미를 생성할 가능성이 있다. 그보다 심할 경우 유해한 누룩곰팡이류의 야생 곰팡이가 수용성 독소를 생성할 수 있다. 이처럼 불필요한 미생물이 번식하는 것을 막으려면 앞서 만든 콤부차(처음 콤부차를 만들 때는 시판 콤부차)를 조금 더해줘야 한다.

콤부차를 약간(총량의 10%) 섞으면 수용액의 pH가 보통 5 이하로 낮아지면서 침입자가 번식하는 것을 막기에 충분한 환경이 된다. 침입자와 달리 스코비는 pH가 낮은 환경에서도 충분히 견뎌낼 뿐만 아니라 무사히 번성하며 박테리아와 효모를 생성하여 수용액에 속속 밀어 넣는다.

한 가지 기억해야 할 점은 발효가 진행되면서 스코비에 원액의 풍미가 스며들어 다음 콤부차에도 특유의 향이 옮겨갈 수 있다는 것이다. 맛이 섞이는 것을 피하려면 스코비를 각기 매번 동일한, 또는 비슷한 풍미를 지닌 액체를 발효하는 용도로만 사용해야 한다. 노마에는 각 용액 종류에 따라 사용하는 스코비를 모아둔 '살아 있는 도서관'이 있다.

스코비는 인간이 중요한 역할을 담당하는 유기체의 공동체라고 할 수 있다.

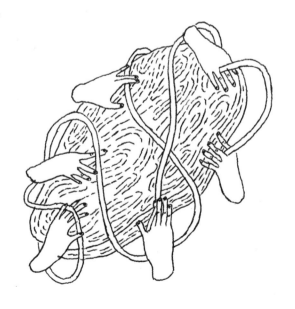

콤부차

브릭스 비중계와 굴절계

브릭스 비중계는 1800년대 초반에 맥주와 와인 산업에 활용하기 위하여 해당 시스템을 고안한 독일 과학자 아돌프 브릭스의 이름을 딴 것이다. 브릭스 등급 자체는 측정값이라기보다 해당 용액(설탕 시럽 등)의 밀도와 일반 물 밀도의 비율을 뜻하는 비중에 해당하는 척도라고 할 수 있다. 용액 내 당분이 많을수록 비중이 높아진다. 브릭스 수치는 비중을 증감하는 등급으로 변환해서 액체의 당분을 수치로 평가할 수 있게 한다.

간단하게 알아보자. 심플 시럽(설탕과 물을 동량으로 섞은 것)은 50브릭스로, 더블 시럽(설탕과 물을 무게를 기준으로 2대 1로 섞은 것)은 66.7브릭스로 측정된다.

브릭스 등급은 굴절계로도 측정할 수 있다. 수용액에 녹아 있는 자당은 물이 빛을 굴절시키는 방식을 변화시킨다. 굴절계는 이러한 각도의 변화를 측정하여 브릭스 등급으로 연계한다. 노마에서는 굴절계를 이용해서 각종 발효 작업을 철저하게 검토하고 매번 일관성을 유지할 수 있도록 하지만, 굳이 굴절계를 구입할 필요는 없다. 이 책에 실린 레시피는 굴절계를 거의 요구하지 않는다.

어떻게 하면 이런 도서관을 만들 수 있을까? 원한다면 처음 스코비를 구입할 때 동봉된 액체를 이용해서 새로운 스코비를 기를 수 있다. 이 액체에는 콤부차에 생명을 불어넣을 수 있는 유기체가 워낙 풍부한 탓에 무에서 유로 새로운 스코비를 창조할 수 있다. 하지만 이런 식으로 스코비를 기르려면 괴로울 정도로 오랜 시간이 걸리기 때문에 풍미가 다른 콤부차를 만들기 위해 새로운 스코비가 필요하다면 지금 있는 스코비를 잘라서 다른 시럽에 담가 기르는 것이 제일 효과적이다. 또는 큰 스코비 하나를 일반 무향 설탕 시럽에 넣어서 계속 기르다가 매번 새로운 콤부차를 만들 때마다 잘라서 넣을 수도 있다.

(시판 콤부차를 이용해서 스코비를 기르는 것은 권장하지 않는데, 배양체가 살아 있다고 광고하는 제품도 이미 밀봉된 상태이기 때문에 스코비에 필요한 산소가 부족할 가능성이 높다. 해당 제품이 선반에 얼마나 오랫동안 진열되어 있었는지 알 수 없는 만큼 새로운 스코비를 생산할 수 있을 정도로 튼튼한 미생물이 충분히 있을 것이라고 보장하기 힘들다.)

마지막으로 스코비를 죽일 수 있는 수많은 가능성에 언제나 대비하고 있어야 한다. 세상에는 콤부차로 만들면 맛있을 것 같지만 실제로는 스코비를 사멸시킬 수 있는 천연 항진균제나 항균제가 들어 있는 재료가 정말 많다. 우리가 처음 흑마늘 국물로 콤부차를 만들어보려고 시도했을 때는 제대로 산미를 갖추기까지 거의 20일가량이 소요되었는데, 이는 보통 다른 콤부차를 만들 때에 비해 두 배나 긴 기간이었다. 마늘의 타고난 천연 화학 방어체계를 간과한 것이다. 마늘에 특유의 향을 가미하는 함황화합물 알리신은 곰팡이도 물리칠 수 있는 능력을 지니고 있다.

우리는 국물 내의 알라신 성분이 스코비에 들어 있는 효모가 복제되는 것을 방해했다고 생각한다. 하지만 다행히 일부 효모가 무사히 살아남았다. 그래서 다음 콤부차를 만들 즈음에는 알리신이 있는 환경에서도 발효를 진행할 수 있는 특성을 지닌 건강한 스코비를 얻어낼 수 있었다. 발효는 실시간으로 진화하는 흥미진진한 과정이다.

굴절계는 빛의 굴절을 측정하여 용액 내 당 함량을 밝혀낸다.

시렁

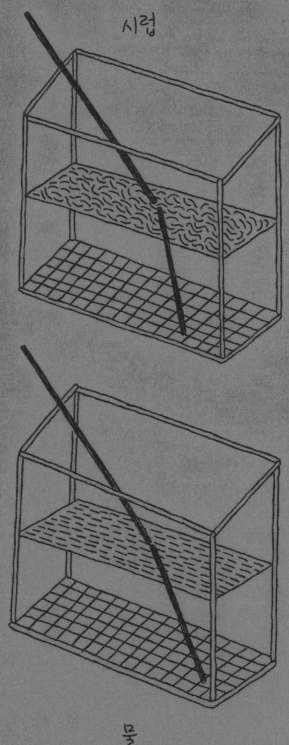

물

위: 스코비를 제대로 보관하면 레몬 버베나 콤부차를 여러 번 반복해서 발효시켜 만들 수 있다.
옆 페이지: 신선한 레몬 버베나에서는 실내를 가득 채우는 황홀한 향기가 난다.

레몬 버베나 콤부차
Lemon Verbena Kombucha

분량 2L

설탕 240g
물 1.76kg
건조 레몬 버베나 20g
비살균 콤부차(또는 시판 스코비에 동봉된 용액)
   200g
스코비(448쪽 구입처 참조) 1개

먼저 설탕을 가미한 차를 이용하는 전통적인 콤부차 제조법과 가장 비슷한 레시피를 통해 콤부차 만드는 법을 알아보도록 하자. 고전 조리법과의 유일한 차이점은 기본 용액이 차보다 허브티에 가깝다는 것이다. 원한다면 레몬 버베나 대신 간단하게 다른 허브나 차를 이용해도 좋다. 완성한 콤부차의 풍미와 당도, 산도, 발효 시간에 영향을 미치는 다양한 요인을 좌지우지하는 방법을 제대로 익힐 수 있을 것이다.

미네랄이 풍부한 경수가 나오는 코펜하겐의 수돗물을 사용하면 콤부차의 풍미가 달라진다. 그래서 노마에서는 역삼투압 시스템을 이용해서 발효에 이용하는 물을 여과한다. 만일 거주하는 지역의 수돗물이 연수에 가깝다면 발효물에 큰 영향을 미치지 않을 가능성이 크지만, 의심스럽다면 여과 과정을 거치도록 한다.

장비 참고

콤부차 제조에는 최소 2.5L 용량의 유리 또는 플라스틱 용기 외에는 많은 도구가 필요하지 않다. 콤부차의 산성과 부정적으로 반응할 수 있는 금속 용기는 사용하지 않는다. 거기다 금속 용기는 내용물이 어떻게 변화하고 있는지 들여다보기도 불편하다. 스코비는 산소와 접해야 기능할 수 있으므로 카보이 유리병처럼 목으로 갈수록 구멍이 좁아지는 모양의 용기는 피한다. 입구가 크고 넓은 보존 용기가 제격이다. 투명한 플라스틱 들통이나 높직한 터퍼웨어[16]를 사용해도 좋다. 또한 입구를 감쌀 수 있는 통기성이 좋은 면포

---

16 식품 보관용 플라스틱 용기

레몬 버베나 콤부차, 1일차

4일차

7일차

나 행주, 천을 고정시킬 수 있는 대형 고무줄을 준비해야 한다. 이 책에 등장하는 다른 섬세한 미생물과 마찬가지로 스코비 또한 니트릴 또는 라텍스 소재의 장갑을 착용하고 다루는 것이 좋다.

상세 설명

먼저 소량의 물에 소금을 녹인다. (물과 설탕 비율이 1대 1이면 설탕을 완전히 녹이기에 충분하므로 전량의 물을 전부 가열하는 것은 시간 낭비다. 또 그러면 스코비를 넣기 전에 물이 식을 때까지 기다려야 한다. 효모와 아세트산 박테리아는 60℃ 이상의 온도에서는 생존할 수 없기 때문이다.) 중형 냄비에 설탕과 물 240g을 넣고 한소끔 끓인다. 냄비를 불에서 내리고 레몬 버베나를 더한 다음 뚜껑을 연 채로 약 10분간 우린다.

차가 우러나면 물 1.52kg에 더해서 골고루 섞은 다음 고운체나 시누아에 걸러서 깨끗한 발효용 용기에 담는다.

발효 속도를 앞당기고 불필요한 미생물이 발을 들이미는 것을 막기 위해 비살균 콤부차 200g(기타 재료 무게의 10%에 해당하는 양이다)을 발효 용기에 부어서 덧넣기를 한다. 이상적으로는 이전에 만든 레몬 버베나 콤부차를 덧넣어서 풍미를 보완하는 것이 좋다. 하지만 이번이 처음 만드는 것이라면 스코비에 동봉된 용액을 사용하자. 깨끗한 숟가락으로 골고루 젓는다.

장갑을 착용하고 스코비를 조심스럽게 용액에 넣는다. 스코비는 수면 위에 둥둥 떠야 하지만 가라앉더라도 크게 걱정하지 말자. 수면 위로 떠오르기까지 하루나 이틀 정도가 소요되기도 한다.

발효용 용기의 입구를 면포나 통기성이 좋은 행주로 덮은 다음 고무줄로 고정한다. 초파리는 아세트산과 알코올의 향기를 좋아해서 특히 새로운 콤부차에 몰려드므로 벌레의 접근을 막는 조치를 모두 취하는 것이 좋다.

콤부차 용기에 종류와 제조 날짜를 기입하여 진행 상황을 추적하기 용이하게 한다.

스코비는 약간 따뜻한 환경에서 제일 효과적으로 번식한다. 여름에 콤부차를 만들어보면 겨울보다 빨리 완성된다는 사실을 깨달을 수 있다. 노마의 발효 실험실에서는 신속한 콤부차 생산을 위하여 일정하게 28℃를 유지하는 콤부차 전용 방을 따로 마련해두었지만, 누구나 콤부차를 위해서 방 한 칸을 희생할 필요는 없다. 콤부차는 실온에서도 조금 속도가 느려질지언정 충분히 제대로 발효된다. 원한다면 콤부차를 라디에이터 근처나 주방의 높은 선반에 보관해서 실온보다 조금 따뜻한 환경을 유지해도 좋다.

날이 갈수록 스코비가 용액 속의 설탕을 소비하며 현저히 성장하는 모습을 확인할 수 있을 것이다. 하루나 이틀 간격으로 입구를 감싼 천을 벗겨내서 스코비를 면밀히 관찰하자. 용기 가장자리 쪽으로 넓게 퍼져 나가면서 가운데 부분은 두꺼워져야 한다. 또한 효모가 이산화탄소를 방출하기 때문에 군데군데 부풀어 오르기도 한다. 스코비의 윗면이 건조해지면 국자를 이용해서 아래쪽 용액을 약간 퍼내 끼얹어준다. 이 용액이 스코비가 계속 산성화 상태를 유지하게 만들어서, 곰팡이가 피지 않도록 한다.

콤부차의 발효 진행 과정을 확인하는 방법은 여러 가지이다. 가장 간단한 방법은 이미 알고 있는 그대로다. 맛을 보자. 우리는 콤부차에 기초 재료의 근본적인 맛은 남아 있되 단맛과 신맛이 어우러져서 복합적이고 조화로운 풍미가 발달해 있는 상태를 선호한다. 간단하게 말해서 맛이 좋으면 완성된 것이다. 노마에서는 콤부차가 원하는 맛을 갖출 때까지 대체로 7~9일가량이 소요된다. 그보다 새콤한 콤부차를 선호한다면 1~2일 정도 더 발효시키도록 하자.

발효 실험실에서는 매번 일관성을 유지할 수 있도록 콤부차의 당도와 산도를 측정하는 도구를 사용한다. 굴절계를 이용하면 콤부차의 당도를 측정할 수 있다. 작업을 시작할 때 측정을 하면 초기의 당도를 파악할 수 있고, 이후 매번 측정을 통해 용액 내에 설탕이 얼마나 남아 있는지 알 수 있다. pH계나 pH 측정지를 이용하면 산도를 측정할 수 있다. 향을 우려낸 레몬 버베나 시럽은 처음에는 중성에 가까운 pH 7보다 약간 낮은 수치를 기록한다. 그리고 앞서 만든 콤부차를 덧넣으면 pH가 5 정도로 낮아진다. 이후 발효가 진행되면 산도가 3.5~4 사이까지 내려간다. 장비를 갖춰서 제대로 활용하면 콤부차의 진행 상황을 파악하고 완성품의 pH와 당도를 측정해서 반복 작업을 용이하게 만들 수 있다.

콤부차 병입하기

콤부차를 병입하면 보존 기간이 늘어나고 탄산을 유지할 수 있다. 풍미가 딱 좋아지기 하루나 이틀 전에(경험이 쌓이면 이 시점을 정확히 파악할 수 있다) 콤부차 용액을 체에 걸러서 소독한 스윙톱 병에 옮긴 다음(밀봉용 도구가 있다면 일반 맥주병에 담아도 좋다) 냉장고에 보관한다. 콤부차 용액 속에 남은 박테리아와 효모는 냉장고에서도 계속해서 발효를 이어나간다. 병입을 통해 발효로 발생하는 가스가 외부로 나가지 못하도록 차단하면 그중 일부가 콤부차에 녹아든다. 통기성이 좋은 상태로 발효한 콤부차는 살짝 탄산감이 느껴지는 정도지만 병입하면 기포가 훨씬 늘어난다.

다만 콤부차를 너무 빨리 병입하지 않도록 주의해야 한다. 당이 과하게 남아 있을 가능성이 있기 때문이다. 그러면 당을 연료 삼아 이산화탄소가 과다하게 생성되면서 유리병이 폭발하기도 한다. 위험을 줄이려면 콤부차가 거의 완성에 가까워졌을 때 병입하는 것이 좋으며, 이때 당도는 8브릭스 정도다. 굴절계로 측정해보자. 병입한 콤부차는 냉장 보관하며 1~2주 안에 소비하도록 한다.

만일 스코비에 (분홍색이나 녹색, 검은색 등) 화려한 색의 곰팡이가 핀다면 아래 깔린 기초 용액이 초반에 충분히 산성화되지 않았다는 뜻이다. (다만 건강한 스코비도 살짝 색의 변화가 생길 수 있다.) 이 경우에는 병원성 곰팡이가 유해한 독소를 생성하여 용액에 녹아들 수 있으므로 액체나 스코비를 건져서 간수하려고 하지 말자. 침입한 곰팡이가 악성인지 양성인지 구분하기 위해 위험을 무릅쓸 필요는 없다. 콤부차는 언제든지 다시 만들 수 있다.

콤부차에서 만족스러운 맛이 나면 양손에 장갑을 착용하고 스코비를 건져낸다. 스코비를 꼭 맞는 크기의 플라스틱 또는 유리 용기에 옮겨 담고 약 3~4배 부피의 콤부차를 붓는다. 용기 입구를 면포나 통기성이 좋은 행주로 덮은 다음 고무줄로 고정한다. 며칠 안에 새로운 콤부차를 만들 계획이라면 스코비를 실온에 보관해도 좋다. 그보다 오래 보관해야 한다면 사용하기 전까지 냉장고에 넣어둔다. (상세한 정보는 116쪽의 '스코비 돌보는 법' 참조.)

완성한 콤부차는 면포를 깐 체나 고운 시누아에 거른다. 바로 마시거나 보관해두었다가 요리 등에 사용해도 좋다. 콤부차는 밀폐용기에 담아서 냉장고에 보관하면 4~5일까지는 맛을 그대로 유지할 수 있다. 바로 소비할 수 있는 양보다 많이 만들었다면 밀폐용기나 진공용 봉지에 담아서 냉동 보관해도 좋다. 콤부차를 냉동하려면 용기나 봉지에 담아 밀봉하기 전에 냉장고에 몇 시간 넣어두어 차갑게 만들어서 발효 속도를 늦춰야 한다. 그렇지 않으면 단단하게 냉동되기 전에 용기가 팽창하거나 터질 수도 있다.

직장이나 학교에 기꺼이 가지고 갈 만큼 만족스러운 콤부차를 만들기까지 여러 번 시도해야 할 수도 있다. 그래도 괜찮다! 만일 콤부차가 과발효되었다면 시럽에 사용하면 된다. 어쨌든 마련해둔 스코비는 새로운 콤부차용 용액에 언제나 신나게 뛰어들 테니 포기하지 말고 계속 시도해보자.

콤부차가 원하는 산도를 갖추기 1~2일 전에 스윙톱 병으로 옮긴
다. 병 속에서 발효가 이어지면서 탄산화가 진행될 것이다.

127

1. 물, 스코비, 레몬 버베나, 설탕, 완제품 콤부차를 준비한다.

2. 설탕과 동량의 물로 시럽을 만든다.

3. 시럽에 레몬 버베나를 넣고 섞은 다음 향이 우러나면 남은 물을 더한다.

4. 버베나를 우린 물을 고운체에 걸러서 깨끗한 발효용 용기에
    담는다.

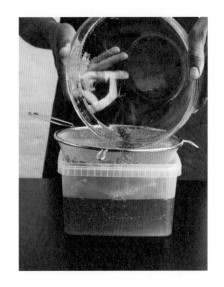

5. 비살균 콤부차를 덧넣는다.

6. 발효용 용기에 스코비를 넣고 덮개를 씌운다.

129

7. 굴절계(선택 사항)를 이용해서 당도를 측정한 다음 약 7일 후에
   다시 상태를 확인한다.

8. pH 측정지를 이용해서 콤부차의 산도를 확인한다. pH가 3.5에
   서 4 사이에 도달하면 거의 완성된 것이다.

9. 스코비를 제거한다. 콤부차를 체에 걸러서 병입한다.

콤부차 시럽에 향이 부드러운 오일을 섞으면 간단한 비네그레트가 완성된다.

다양한 활용법

콤부차 시럽

콤부차라면 뭐든지 대체로 졸여서 복합적이면서 뛰어난 풍미를 자랑하는 시럽을 만들 수 있지만, 특히 심하게 시큼해지기 직전인 콤부차를 이용하면 끝내주는 맛이 난다. 콤부차 약 450mL를 중형 냄비에 담고 중약 불에 올린다. 원래 부피의 4분의 1 정도로 줄어들어 숟가락 뒷면에 묻어날 때까지 천천히 증발시킨다. 천천히 졸일수록 더 맛있어진다. 팔팔 끓으면 풍미가 변질되니 주의하자.

다음에 팬케이크를 잔뜩 굽고 나면 콤부차 시럽을 뿌려서 먹어보자. 메이플 시럽처럼 달콤하지는 않으므로 단맛을 즐긴다면 슈거 파우더를 조금 뿌리는 것도 좋다. 디저트라면 양질의 아이스크림에 레몬 버베나 콤부차 시럽을 약간 둘러보자. 막 뜯어낸 레몬 버베나잎을 조금 뿌리면 완벽하다.

레몬 버베나 콤부차 비네그레트

순수한 유채씨 오일이나 아보카도 오일 등 향이 부드러운 오일 종류와 레몬 버베나 콤부차 시럽을 동량으로 섞으면 새콤달콤하고 크림 같은 걸쭉한 비네그레트가 완성된다. 소금과 식초를 이용해서 어느 정도 간을 맞출 필요는 있지만 무엇보다 뿌리채소에 끝내주게 어울리는 드레싱을 손에 넣을 수 있다. 소금에 구운 비트를 비네그레트에 버무린 다음 신선한 바질잎 찢은 것과 다진 피스타치오를 뿌려 내면 최고급 곁들임 요리가 된다.

앞서 만든 콤부차를 덧넣으면 pH를 낮추면서 동시에 든든한
양의 박테리아와 효모를 추가할 수 있다.

132

장미 콤부차
Rose Kombucha

분량 2L

설탕 240g
물 1.76kg
야생 장미 꽃잎 200g
비살균 콤부차(또는 시판 스코비에 동봉된 용액)
　　200g
스코비(448쪽 구입처 참조) 1개

덴마크에서는 어디서나 야생 장미가 자란다. 나풀나풀한 꽃송이에 매달린 작은 꽃잎은 개량종 장미만큼 시각적으로 인상적인 느낌을 주지는 않지만 놀라운 향과 풍미를 지니고 있다. 달콤한 장미 향기를 머금은 장미 콤부차에서는 발효 과정으로 생겨난 상쾌한 산미 덕분에 균형 잡힌 맛을 느낄 수 있다. 야생 장미를 구할 수 없다면 화학 물질을 뿌리는 등 어떤 방식으로도든 오염되지 않고 향기가 좋은 꽃을 고르자. 꽃잎의 크기는 중요하지 않다.

레몬 버베나 콤부차(123쪽)의 상세 설명은 이 장에 소개한 모든 콤부차 레시피의 견본이다. 아래 레시피를 읽기 전에 먼저 레몬 버베나 콤부차 레시피를 확인하고 오기를 권장한다.

중형 냄비에 설탕과 물 240g을 담고 한소끔 끓인 다음 휘저어서 설탕을 녹인다. 불에서 내리고 남은 물 1.52kg을 더해서 재빠르게 온도를 낮춘다.

설탕 시럽이 실온으로 식으면 장미 꽃잎과 함께 믹서기에 넣어 곱게 간다. 꽃잎이 아주 작게 갈려서 완벽한 퓌레가 되어야 한다. 퓌레를 용기에 옮겨 담고 덮개를 씌워서 하룻밤 동안 냉장 보관하며 향을 우려낸다.

133

장미 콤부차, 1일차

4일차

7일차

다음 날 장미 시럽을 고운체에 걸러서 발효용 용기에 담는다. 비살균 콤부차 200g을 발효 용기에 부어서 덧넣기를 한다. 장갑을 착용하고 스코비를 조심스럽게 용액에 넣는다. 발효용 용기의 입구를 면포나 통기성이 좋은 행주로 덮은 다음 고무줄로 고정한다. 용기에 이름과 날짜를 기재하고 따뜻한 곳에 둔다.

콤부차를 발효시키면서 매일 진행 상황을 확인한다. 스코비 윗면이 건조해지지 않도록 주의해야 한다. 필요하면 국자를 이용해서 아래쪽 용액을 약간 퍼내 끼얹어준다. 보통 완성되기까지 7~10일 정도가 걸린다. 콤부차에서 만족스러운 맛이 나면 스코비를 건져서 보관용 용기에 담고 콤부차는 체에 거른다. 바로 마시거나 냉장 또는 냉동 보관한다. 병입해서 보관해도 좋다.

다양한 활용법

오리 요리에 곁들이는 장미 자두 소스

장미 콤부차는 구운 오리 가슴살이나 그릴에 구운 할루미 치즈에 딱 어울리는 꽃 향이 감도는 새콤한 자두 소스의 재료로 사용하기 좋다. 젖산 발효 자두 과육(69쪽)과 장미 콤부차를 적당히 동량이 되도록 섞어서 곱게 간다. 각각 200g씩 준비하면 소스를 넉넉하게 만들 수 있다. (젖산 발효 자두가 없으면 시판 매실 절임을 그 절반 정도 양만큼 사용한다.) 퓌레를 고운체에 내려서 작은 종지에 담은 후 올리브 오일을 두르고 쓰촨 후추를 살짝 갈아 뿌려 낸다.

진 로즈 칵테일

노마에서는 와인 페어링의 대안으로 (콤부차를 다양하게 활용한) 주스 페어링 메뉴를 제안하고 있지만, 그렇다고 해서 콤부차를 주류와 섞을 수 없는 것은 아니다. 돌아오는 토요일 밤에는 신선한 베리류 한 줌을 준비해서 장미 콤부차 50mL와 함께 찧어 섞은 다음 진(또는 보드카) 28mL를 섞어서 체에 걸러 얼음을 담은 록 글래스에 부어서 마셔보자.

베리 로즈 쿨리

장미 콤부차 500g과 양질의 제철 베리류 250g을 곱게 간다. 오래 갈아낼수록 베리에서 펙틴이 더 많이 풀려나와 퓌레가 걸쭉해진다. 이 단계에서 체에 내릴 필요도 없이 사랑스럽고 상쾌한 여름 음료 삼아 내도 좋지만, 고운체에 내리면 화사한 쿨리가 되어서 신선한 과일을 절이거나 아이스크림 또는 판나 코타의 토핑으로 사용하기 좋다.

퓌레를 타미에 내리면 우아하고 호사스러운 질감을 낼 수 있다.

사과 콤부차는 이 책에 소개한 것 중 가장 간단하면서 제일 활용
도가 높은 콤부차다.

136

사과 콤부차
Apple Kombucha

분량 2L

비여과 사과 주스 2kg
비살균 콤부차(또는 시판 스코비에 동봉된 용액)
   200g
스코비(448쪽 구입처 참조) 1개

신선한 사과를 준비해서 직접 즙을 짜면 토종 품종을 사용하거나 원하는 대로 종류를 배합할 수 있어 좋지만, 품질이 좋은 시판 비여과 사과 주스를 사용해도 상관없다. 사과철에 농장에 가면 신선한 착즙 사과 주스를 판매하기도 한다. 주스 자체에 천연 단맛이 존재하므로 여기서는 굳이 설탕을 가미할 필요가 없다.

레몬 버베나 콤부차(123쪽)의 상세 설명은 이 장에 소개한 모든 콤부차 레시피의 견본이다. 아래 레시피를 읽기 전에 먼저 레몬 버베나 콤부차 레시피를 확인하고 오기를 권장한다.

사과 주스를 발효용 용기에 담는다. 비살균 콤부차 200g을 발효 용기에 부어서 덧넣기를 한다. 장갑을 착용하고 스코비를 조심스럽게 용액에 넣는다. 발효용 용기의 입구를 면포나 통기성이 좋은 행주로 덮은 다음 고무줄로 고정한다. 용기에 이름과 날짜를 기재하고 따뜻한 곳에 둔다.

콤부차를 발효시키면서 매일 진행 상황을 확인한다. 스코비 윗면이 건조해지지 않도록 주의해야 한다. 필요하면 국자를 이용해서 아래쪽 용액을 약간 퍼내 끼얹어준다. 보통 완성되기까지 7~10일 정도가 걸린다. 콤부차에서 만족스러운 맛이 나면 스코비를 건져서 보관용 용기에 담고 콤부차는 체에 거른다. 바로 마시거나 냉장 또는 냉동 보관한다. 병입해서 보관해도 좋다.

사과 콤부차, 1일차

4일차

7일차

다양한 활용법

사과 콤부차 허브 토닉

사과 콤부차에 생허브를 섞으면 감미롭고 향긋한 풍미를 더할 수 있다. 코펜하겐에 사는 우리는 운 좋게도 주변 산책로에서 어린 미송douglas fir 가지를 수확해 산뜻한 사과솔 토닉을 만들 수 있었다. (신선한 미송 이파리 25g과 사과 콤부차 500g을 곱게 갈아서 체에 거른 다음 낸다.) 하지만 누구나 인근 농산물 시장에서 사과 콤부차에 딱 어울리는 다양한 동반자를 찾을 수 있다. 바질 1/2단 또는 잎만 따낸 로즈메리 10g을 사과 콤부차 500g과 함께 믹서기로 곱게 간다. 고운체에 거르면 상쾌한 기운을 불어넣는 음료가 완성된다.

사과 채소 스무디

익힌 채소와 과일 콤부차를 갈아내면 식이섬유를 맛있게 섭취할 수 있다(아이들 식사에 몰래 채소를 집어넣기 좋은 방법이기도 하다). 사과 콤부차와 잘 어울리는 채소로는 시금치, 소렐, 양배추, 구운 비트(비트는 장미 콤부차와도 잘 어울린다) 등이 있다. 채소에는 식이섬유가 풍부하므로 제대로 걸쭉한 스무디가 완성된다. 콤부차와 채소를 4대 1 비율로 섞어서 최소한 1분 이상 갈아낸 다음 고운체에 걸러서 낸다.

사과 콤부차와 허브(여기서는 미송의 잎을 사용했다)를 갈면
산뜻하고 상쾌한 토닉이 완성된다.

엘더플라워 콤부차는 마치 병에 담긴 스칸디나비아 여름의 향기
와 같다.

엘더플라워 콤부차

Elderflower Kombucha

분량 2L

설탕 240g
물 1.76kg
신선한 엘더플라워꽃 300g
비살균 콤부차(또는 시판 스코비에 동봉된 용액)
    200g
스코비(448쪽 구입처 참조) 1개

엘더플라워는 스칸디나비아의 여름을 대표하는 풍미다. 작고 달콤한 향기가 풍기는 하얀 꽃송이는 매년 노마의 메뉴에 등장하곤 한다. 북반구의 온대 기후 지역에서는 초여름에 흔히 볼 수 있으며, 호주와 남미 일부 지역에서도 피어난다.

레몬 버베나 콤부차(123쪽)의 상세 설명은 이 장에 소개한 모든 콤부차 레시피의 견본이다. 아래 레시피를 읽기 전에 먼저 레몬 버베나 콤부차 레시피를 확인하고 오기를 권장한다.

중간 크기 냄비에 설탕과 물을 담고 한소끔 끓인 다음 저어서 설탕을 녹인다. 그 사이에 비반응성 내열 용기에 엘더플라워꽃을 담는다. 뜨거운 시럽을 엘더플라워꽃 위에 부은 다음 실온으로 식힌다. 식으면 용기 뚜껑을 닫고 냉장고에 옮겨서 하룻밤 동안 재운다.

다음 날 엘더플라워 시럽을 고운체에 붓고 꽃송이를 꾹꾹 눌러서 시럽을 최대한 많이 걸러내어 발효용 용기에 옮겨 담는다. 비살균 콤부차 200g을 발효 용기에 부어서 덧넣기를 한다. 장갑을 착용하고 스코비를 조심스럽게 용액에 넣는다. 발효용 용기의 입구를 면포나 통기성이 좋은 행주로 덮은 다음 고무줄로 고정한다. 용기에 이름과 날짜를 기재하고 따뜻한 곳에 둔다.

141

엘더플라워 콤부차, 1일차

4일차

7일차

콤부차를 발효시키면서 매일 진행 상황을 확인한다. 스코비 윗면이 건조해지지 않도록 주의해야 한다. 필요하면 국자를 이용해서 아래쪽 용액을 약간 퍼내 끼얹어준다. 보통 완성되기까지 7~10일 정도가 걸린다. 콤부차에서 만족스러운 맛이 나면 스코비를 건져서 보관용 용기에 담고 콤부차는 체에 거른다. 바로 마시거나 냉장 또는 냉동 보관한다. 병입해서 보관해도 좋다.

다양한 활용법

엘더플라워 크렘 프레슈

콤부차와 유제품을 혼합하는 실험적인 시도로 탄생한 엘더플라워 크렘 프레슈는 지금까지 노마의 메뉴에 수도 없이 올라간 것은 물론이고 앞으로 여러분의 집에서도 심심찮게 활용될 것이다. 크림 800g과 우유(전지유) 200g, 엘더플라워 콤부차 200g을 섞는다. 면포를 씌운 다음 실온에서 2~3일간 발효한다. 크림이 걸쭉해지고 엘더플라워의 꽃향기가 새콤한 크림에 배어나면서 화사한 연질 치즈 같은 느낌이 살아난다.

데쳐서 낱알만 골라낸 신선한 완두콩 한 그릇에 엘더플라워 크렘 프레슈를 넉넉하게 한 숟갈 더해 섞으면 야외에서 즐기는 점심 식사에 첫 코스로 내기 좋은 상쾌한 애피타이저가 된다. 얇게 저민 아삭한 래디시와 막 따낸 신선한 레몬 타임, 레몬 버베나, 처빌 등의 허브로 장식해보자.

엘더플라워 콤부차와 크림, 우유를 섞어서 독특한 꽃향기가 감
도는 크렘 프레슈를 만든다.

콤부차

커피 콤부차는 쓰고 남은 커피 가루로 새 생명을 창조하는 환상
적인 활용법이다.

144

커피 콤부차
Coffee Kombucha

분량 2L

설탕 240g

물 1.76kg

쓰고 남은 커피 가루 730g 또는 즉석에서 간 커
피 가루 200g

비살균 콤부차(또는 시판 스코비에 동봉된 용액)
200g

스코비(448쪽 구입처 참조) 1개

커피 콤부차는 이미 쓰임새가 다했지만 아직 풍미는 넉넉히 남아 있는 커
피 가루에 새 생명을 선사하는 조리법이다. 원한다면 막 갈아낸 신선한 커
피 가루를 사용해도 좋지만 그 경우에는 쓰고 남은 것보다 적은 분량을 사
용해야 한다. 로스팅을 너무 강하게 한 커피를 사용하면 쓴맛이 강해지니
주의한다. 가볍게 로스팅한 커피 가루를 사용해야 맛 좋은 커피의 복합적인
과일 향이 빛을 발한다.

레몬 버베나 콤부차(123쪽)의 상세 설명은 이 장에 소개한 모든 콤부차 레시
피의 견본이다. 아래 레시피를 읽기 전에 먼저 레몬 버베나 콤부차 레시피를
확인하고 오기를 권장한다.

중간 크기 냄비에 설탕과 물 240g을 담고 한소끔 끓인 다음 저어서 설탕을
녹인다. 그동안 커피 가루를 비반응성 내열 용기에 담는다. 뜨거운 시럽을
커피에 부은 다음 남은 물 1.52kg을 더한다. 커피 혼합물을 실온으로 식힌
다음 뚜껑을 덮어서 냉장고에 옮겨 하룻밤 동안 재운다.

다음 날 커피 용액을 면포를 깐 고운체에 걸러서 발효용 용기에 담는다. 비
살균 콤부차 200g을 발효 용기에 부어서 덧넣기를 한다. 장갑을 착용하고
스코비를 조심스럽게 용액에 넣는다. 발효용 용기의 입구를 면포나 통기성
이 좋은 행주로 덮은 다음 고무줄로 고정한다. 용기에 이름과 날짜를 기재
하고 따뜻한 곳에 둔다.

커피 콤부차, 1일차

4일차

7일차

콤부차를 발효시키면서 매일 진행 상황을 확인한다. 스코비 윗면이 건조해지지 않도록 주의해야 한다. 필요하면 국자를 이용해서 아래쪽 용액을 약간 퍼내 끼얹어준다. 보통 완성되기까지 7~10일 정도가 걸린다. 콤부차에서 만족스러운 맛이 나면 스코비를 건져서 보관용 용기에 담고 콤부차는 체에 거른다. 바로 마시거나 냉장 또는 냉동 보관한다. 병입해서 보관해도 좋다.

다양한 활용법

커피 콤부차 티라미수

다음에 디너파티를 열 일이 생기면 커피 대신 커피 콤부차에 레이디핑거를 담가서 티라미수를 만들자. 커스터드가 들어가서 꽤나 농후하고 달콤한 맛이 나는 티라미수에 기분 좋게 산뜻한 향이 나는 커피 콤부차를 조합하면 완벽한 풍미의 대조를 만끽할 수 있다.

커피 콤부차 글레이즈를 입힌 파스닙

파스닙의 껍질을 벗기고 4등분해서 프라이팬에 버터를 보글보글 녹인 다음 천천히 맛있게 캐러멜화하고 있다고 하자. 팬을 불에서 내리기 2분 전에 세이지와 타임을 한 줄기씩 넣고 불 세기를 약간 높인 다음 120mL가량의 커피 콤부차를 부어 바닥의 파편을 모조리 긁어낸다. 타지 않도록 잘 살피면서 팬을 살살 흔들어 국물이 걸쭉해져서 파스닙에 엉겨 붙도록 한다. 마지막 순간에 버터를 큼직하게 한 덩어리 더하면 버터가 녹으면서 파스닙에 골고루 묻어나 반짝거리는 윤기가 살아난다. 그릇에 담고 훈제 소금을 뿌려 마무리한다.

팬에 구운 파스닙에 커피 콤부차와 버터로 글레이즈를 입힌다.

147

콤부차

메이플 콤부차를 졸여서 (훨씬 맛있는) 시럽을 만들면 생명의
순환이 이루어지는 것이나 마찬가지다.

148

메이플 콤부차

Maple Kombucha

분량 2L

순수한 메이플 시럽 360g
물 1.64kg
비살균 콤부차(또는 시판 스코비에 동봉된 용액)
   200g
스코비(448쪽 구입처 참조) 1개

식료품 가게에서 흔히 판매하는 식용 색소가 들어간 옥수수 시럽 제품이 아닌 양질의 순수한 메이플 시럽을 사용해야 한다. 완성한 콤부차의 품질은 들어간 재료의 품질에 달려 있다.

레몬 버베나 콤부차(123쪽)의 상세 설명은 이 장에 소개한 모든 콤부차 레시피의 견본이다. 아래 레시피를 읽기 전에 먼저 레몬 버베나 콤부차 레시피를 확인하고 오기를 권장한다.

메이플 시럽의 당은 이미 녹아 있는 상태이므로 가열을 할 필요가 없지만 물을 더해서 희석하여 당도를 12브릭스 정도로 낮춰야 한다. 발효용 용기에 메이플 시럽과 물, 비살균 콤부차 200g을 붓는다. 장갑을 착용하고 스코비를 조심스럽게 용액에 넣는다. 발효용 용기의 입구를 면포나 통기성이 좋은 행주로 덮은 다음 고무줄로 고정한다. 용기에 이름과 날짜를 기재하고 따뜻한 곳에 둔다.

콤부차를 발효시키면서 매일 진행 상황을 확인한다. 스코비 윗면이 건조해지지 않도록 주의해야 한다. 필요하면 국자를 이용해서 아래쪽 용액을 약간 퍼내 끼얹어준다. 보통 완성되기까지 7~10일 정도가 걸린다. 콤부차에서 만족스러운 맛이 나면 스코비를 건져서 보관용 용기에 담고 콤부차는 체에 거른다. 바로 마시거나 냉장 또는 냉동 보관한다. 병입해서 보관해도 좋다.

149

메이플 콤부차, 1일차

4일차

7일차

다양한 활용법

카트르 에피스 칵테일

크리스마스 분위기가 물씬 느껴지는 음료를 만들고 싶다면 카트르 에피스[17] 25g을 메이플 콤부차 500g에 더해서 며칠간 냉침한다. 카트르 에피스를 직접 만들고 싶다면 흰 후추, 정향, 너트메그 가루, 생강가루를 2대 1대 1대 1의 비율로 섞어서 마른 팬에 볶은 다음 바로 콤부차에 붓는다. 덮개를 씌워서 냉장고에 최소한 2일 정도 재운 후 내기 전에 체에 거른다. 아이들이 잠자리에 들고 나면 커피 리큐어를 살짝 섞어서 분위기를 한껏 띄워보자.

메이플 콤부차 시럽

메이플 콤부차를 다시 졸여서 환상적인 새콤달콤한 시럽을 만들어 돌고 도는 생명의 순환을 느껴보자. 냄비에 메이플 콤부차 1L를 담고 약한 불에 올려서 숟가락 뒷면에 묻어날 때까지 천천히 졸인다. 서둘러서 빨리 만들려고 하지 말자. 부글부글 끓으면 향기와 풍미가 사라진다. 충분히 졸아들면 실온으로 식힌 다음 밀폐용기에 담아서 냉장고에 보관한다. 메이플 콤부차 시럽은 초콜릿과 끝내주게 잘 어울린다. 좋아하는 초콜릿 무스를 만들어서 메이플 콤부차 시럽을 둘러 먹어보면 얼마나 잘 맞는 궁합인지 직접 확인할 수 있다.

콤부차 바비큐 소스

고전적인 바비큐 소스는 메이플 콤부차 시럽(물론 기타 다른 콤부차 시럽을 사용해도 좋다)을 활용하는 탁월한 방법이다. 신맛을 내기 위해 사과주 식초를 사용하는 바비큐 소스가 많지만, 그러면 단맛이 너무 강해진다는 단점이 있다. 설탕 대신 콤부차 시럽을 사용하면 설탕 없이도 적당한 단맛이 나면서 갈비나 닭다리처럼 기름진 부위에도 깔끔하게 잘 어울리는 새콤하고 짜릿한 풍미를 더할 수 있다.

---

17 '네 가지 향신료'라는 뜻의 프랑스 전통 혼합 향신료다. 후추와 너트메그, 정향, 생강가루를 섞어 만들며 주로 돼지고기 등의 육류 요리에 사용한다.

메이플 콤부차에 전통적인 혼합 향신료 카트르 에피스를 냉침하면 무알코올 칵테일을 만들 수 있다. 알코올을 원한다면 커피 리큐어를 살짝 가미해보자.

과일 퓌레로 만드는 망고 콤부차는 다른 콤부차에 비해 묵직하고 질감이 풍성하다. 여기서는 켄트 망고를 사용하지만 십수 종이 넘는 다른 품종을 이용하면 각기 다른 풍미를 느낄 수 있다.

152

망고 콤부차
Mango Kombucha

분량 2L

설탕 170g
물 970g
잘 익은 망고 껍질을 벗기고 깍둑 썬 것 800g
비살균 콤부차(또는 시판 스코비에 동봉된 용액)
　200g
스코비(448쪽 구입처 참조) 1개

이 책에서 소개하는 다른 콤부차는 묽은 액체 상태이며 점도가 물과 크게 다르지 않다. 그런데 멕시코 툴룸tulum에서 열릴 팝업 레스토랑을 위해 요리를 개발하던 중, 주스 페어링에 질감이 적당히 살아 있는 콤부차가 있으면 좋겠다는 생각이 들었다. 살짝 걸쭉하지만 발효는 문제없이 진행될 정도로 유동적인 상태여야 했다. 퓌레가 너무 되직하면 미생물이 혼잡하게 뭉쳐서 제대로 움직이며 활동하지 못한다. 그러다 망고 과육과 물을 동량으로 섞어서 1분 정도 갈면 정확히 우리가 원하는 점도의 액체가 된다는 사실을 알아냈다.

불투명한 망고 퓌레는 굴절계를 이용해서 당도를 측정할 수 없으므로 오직 미각에 의존해서 얼마나 발효되었는지 알아내야 한다. 기본적으로 훨씬 달콤하고 잘 익은 망고를 사용할수록 맛있는 콤부차가 된다.

레몬 버베나 콤부차(123쪽)의 상세 설명은 이 장에 소개한 모든 콤부차 레시피의 견본이다. 아래 레시피를 읽기 전에 먼저 레몬 버베나 콤부차 레시피를 확인하고 오기를 권장한다.

중간 크기 냄비에 설탕과 물 170g을 담고 한소끔 끓인 다음 저어서 설탕을 녹인다. 불에서 내린 다음 실온으로 식힌다.

믹서에 망고와 남은 물을 담고 약 1분간 갈아서 고운 퓌레를 만든다. 믹서 크기에 따라 여러 번에 나누어 작업해야 할 수도 있다.

153

망고 콤부차, 1일차

4일차

7일차

망고 퓌레를 고운체에 걸러서 발효용 용기에 담고, 심플 시럽과 비살균 콤부차 200g을 더하여 잘 저어 섞는다. 장갑을 착용하고 스코비를 조심스럽게 용액에 넣는다. 발효용 용기의 입구를 면포나 통기성이 좋은 행주로 덮은 다음 고무줄로 고정한다. 용기에 이름과 날짜를 기재하고 따뜻한 곳에 둔다.

콤부차를 발효시키면서 매일 진행 상황을 확인한다. 망고 퓌레가 두 층으로 분리되면서 맑은 액체 위로 걸쭉하게 불투명한 층이 하나 생길 가능성이 높다. 당연한 현상이지만 그러면 스코비가 필요한 산소를 얻기 힘들어질 수 있다. 미생물 배양체가 제대로 기능하게 하려면 매일 깨끗한 숟가락을 스코비 아래로 밀어 넣어서 퓌레를 살살 휘저어 섞되 스코비를 너무 많이 건드리지 않도록 주의한다. 국자로 아래 액체를 조금 퍼서 스코비에 끼얹으며 묵직한 망고 과육을 씻어내려도 좋다.

보통 완성되기까지 7~10일 정도가 걸린다. 콤부차에서 만족스러운 맛이 나면 스코비를 건져서 묻어 있는 망고 과육을 최대한 깨끗하게 제거한 다음 보관용 용기에 담는다. 콤부차는 면포를 깐 고운체에 거른다. 바로 마시거나 냉장 또는 냉동 보관한다. 병입해서 보관해도 좋다.

다양한 활용법

망고 가스파초

묵직하고 걸쭉한 콤부차는 차가운 수프의 바탕 재료로 쓰기 좋다. 색다른 맛의 가스파초를 만들고 싶다면 비프스테이크 토마토 3개를 잘게 썰어서 꼭 짠 다음 즙을 걸러낸다. 토마토즙에 망고 콤부차 500mL를 더한 다음 소금으로 간을 한다. 어슷 썰어 그릴에 구운 아스파라거스나 실파, 깍둑 썬 셀러리, 잠두 등 익힌 각종 채소를 더하고 석류씨를 한 숟갈 섞어서 식감을 살린다. 그릴에 구운 파슬리와 고수잎으로 장식해서 낸다.

154

망고 레몬그라스 비네그레트

퓌레로 만든 콤부차는 허브티 같은 차 종류로 만든 것보다 활용도가 떨어지지만 그래도 점도 높고 달콤한 망고 콤부차는 여러 모로 쓰임새가 좋다. 레몬그라스 한 줄기와 고수 한 줌을 찧어서 망고 콤부차 500mL와 함께 골고루 섞은 다음 15분간 재웠다가 체에 내린다. 매콤한 고추 오일을 넉넉하게 두른 다음 천일염 한 꼬집으로 양념을 한다. 통째로 구운 생선이나 그릴에 구운 청경채나 아보카도 같은 채소 요리에 비네그레트로 사용해보자. 구운 돼지고기 어깨살이나 그릴에 구운 관자에 글레이즈를 입히는 용도로 써도 좋다.

망고 콤부차에 신선한 허브를 섞어 넣어서 독특한 매력의 음료(또는 차가운 수프)를 만들어보자.

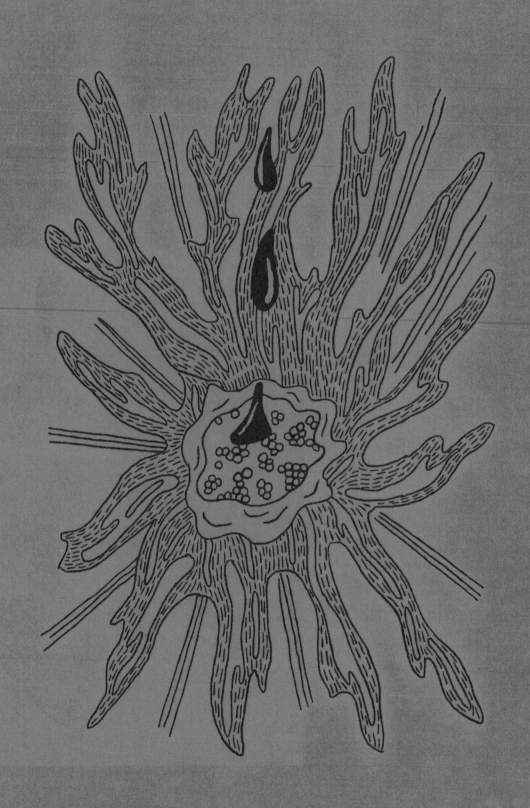

식초

—

식초는 거의 무엇이든 개선시킨다

유럽 전역, 그리고 아마 서양 전체에 걸쳐서 식초를 살짝 두르는 것은 어떤 요리에든 신선한 느낌을 주입하는 흔한 해결책이다. 시판 마멀레이드에 식초를 살짝 뿌리고 소금을 한 꼬집 더하면 훨씬 화사한 맛이 살아날 것이다. 어떤 종류이든 직접 아이스크림을 만들 때 과일 향이 감도는 식초를 약간 넣으면 예기치 못한 짜릿한 맛을 낼 수 있다. 그리고 식초를 약간 둘렀을 때 맛이 훨씬 좋아지지 않는 채소나 과일은 거의 없다.

식초는 노마가 처음 문을 열었을 때 음식에 산미를 가미하는 용도로 사용할 수 있는 유일한 도구였다. 사과와 비트 등을 짝지어보니 두 가지 주재료의 흙 향과 단맛을 서로 이어주는 연결고리가 필요하다는 생각이 들었다. 가능하면 과일 향이 감돌면서 산미가 나는 것이어야 했다. 그 임무는 주로 해묵은 사과 식초가 담당했다.

젖산 발효에 제대로 착수해서 몰두하기 전까지 노마에서는 대체로 식초로 피클이나 절임을 만들었다. 스칸디나비아에서는 어디서나 식초 피클을 볼 수 있는데, 제조법이 더없이 간단하기 때문이다. 물과 식초를 1대 1 비율로 섞은 다음 소금과 설탕을 조금씩 더한다. 채소나 과일을 넣는다. 절인다. 이제는 식초 피클이 노마에서 차지하는 비중이 낮아졌지만, 그래도 순 종류나 버섯, 제철 꽃과 같은 재료는 여전히 조금씩 절이고 있다. 엘더플라워, 장미 꽃잎, 관동화, 캐모마일, 민들레꽃 등 향기가 강한 꽃은 사과 식초에 담가서 냉장고에 최소한 수 주일 정도 넣어두어야 제대로 숙성되어 구운 뼈 골수에서 디저트에 이르기까지 온갖 요리에 다양하게 쓰일 수 있다. 행복한 부작용으로 꽃의 색조와 향이 묻어나게 된 식초는 예쁘게 절인 꽃을 전부 사용하고 난 다음에도 한참 동안 달콤한 요리는 물론 짭짤한 요리에도 기분 좋은 신맛을 가미하는 용도로 사용하기 좋다. 마찬가지 방법으로 신선한 과일을 절여도 좋은 효과가 난다. 식료품 가게에서 구할 수 있는 과일 식초는 대부분 중성 풍미의 식초에 과일을 담가서 만드는 것이다.

노마의 식사에서는 균형 잡힌 신맛이 아주 중요한 요소이므로 우리는 식초가 아주 강력한 재료라고 생각한다. 식초vinegar라는 단어는 말 그대로 '시큼한 와인'을 뜻하는 라틴어의 비눔 에이서vinum acer에서 유래한 것이다. 하지만 여기에는 식초의 가능성이 피상적으로밖에 반영되지 못했다. 세상에는 질감과 단맛을 모두 갖춘 발사믹 등의 숙성한 식초가 있다. 그리고 제대로 시큼해서 어떤 맛이든 싹둑 끊어 정리해버릴 수 있는 아주 강한 식초도 있다. 또한 식초 스펙트럼의 반대쪽에는 산미가 아주 약해서(고작 1~2%가량)

식초에 1년간 절인 베리와 녹색 채소, 노마, 2016

입가심 코스로 제공되는 요리로 젖산 발효한 레드 구스베리와 야
생 체리에 호박 식초에 절인 꾀꼬리버섯, 로즈힙 식초에 절인 야생
장미 꽃잎, 사과 식초에 절인 엘더플라워와 관동화, 가문비나무 식
초에 절인 블랙 커런트 순을 곁들였다.

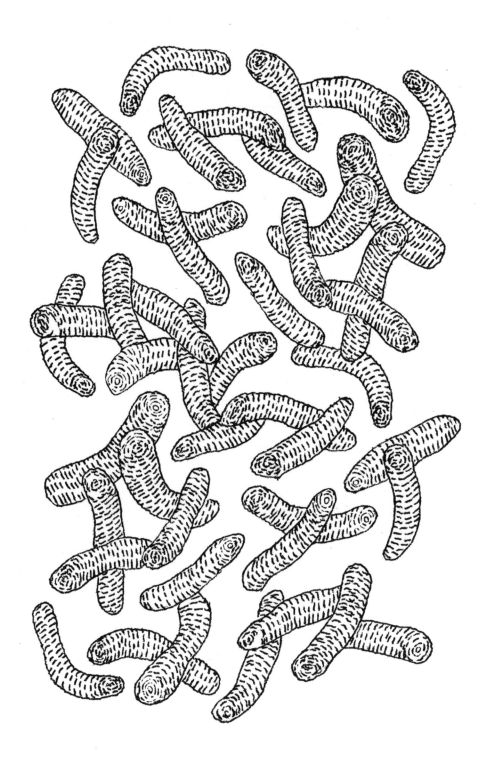

160

아세트산 박테리아는 막대 모양의 호기성 박테리아다. 물을 와인으로 바꿀 수는 없지만 와인을 훌륭한 식초로 전환시키는 능력이 있다.

병째로 바로 마시거나 그대로 소스에 사용해도 될 정도인 식초도 존재한다. 우리가 여름이면 남은 펜넬 윗동을 이용해서 만드는 식초가 후자의 완벽한 예다. 산도가 낮은 덕분에 기존의 풍미가 빛을 발하여 펜넬의 향을 손상시키지 않으면서 산뜻한 느낌을 낼 수 있다.

다양한 물건을 갖춘 슈퍼마켓에서는 십수 종에 이르는 식초를 구경할 수 있으니 직접 식초를 만들지 않는다 하더라도 이 장에서 제안하는 다양한 식초 활용법에 얼마든지 도전할 수 있다. 토끼굴 속으로 기어들어갈 준비가 되었다면 다음 내용을 계속 읽어보자.

시간의 시금석

식초는 너무 흔하고 익숙해서 발효 식품이라고 인지하는 사람도 많지 않은 주방의 대들보다.

사실 식초는 방대한 편성호기성세균偏性好氣性細菌(기능하기 위해서 공기를 필요로 하는 박테리아)이 활약하며 알코올을 아세트산으로 변환시키는 발효 과정을 통해 생산된다. 이 아세트산 박테리아(AAB)에는 광범위한 종류가 속해 있다. 이들은 공기를 통해 이동하는 편재적인 존재로 여러분을 포함해서 거의 모든 생명체의 표면에서 발견된다.

콤부차와 마찬가지로 식초는 효모와 박테리아가 이룩한 협력의 산물이다. 먼저 효모가 당을 알코올로 전환시킨 다음 AAB가 알코올을 아세트산으로 변환시킨다. 차이점이 있다면 식초 제조업자는 알코올에 대한 특정 최대 임계값을 가진 효모를 골라서 기본 용액 내 모든 당을 소비하기 전에 사멸하도록 만든다는 것이다. (또는 효모를 죽이기 위해서 알코올을 가열하기도 한다.) 그러지 않으면 일단 AAB가 자리를 점거하고 난 후 많은 효모가 아세트산을 견디지 못하고 사멸해버린다. 즉 콤부차는 모든 당을 알코올로(그리고 이어서 산으로) 전환시킬 때까지 쉬지 않고 계속해서 산성화되는 반면 식초는 어느 정도 산도가 갖춰지면 안정된다.

161

전 세계의 식초 종류는 그것을 생산하는 문화만큼이나 다양하며, 대체로 현지의 토착 주류를 반영하고 있다. 동양에서 서양에 걸쳐서 쌀, 메밀, 수수, 보리, 키위, 사과, 꿀, 베리류, 코코넛 등 다양한 재료를 발효시킨 식초를 찾아볼 수 있다. 이들 재료에 포함된 발효 가능한 당분은 사용하기 아주 쉬운 상태라서 효모가 바로 작업에 돌입할 수 있다. 쌀이나 보리와 같은 곡물을 사용할 때는 먼저 효소가 곡물 내 전분을 발효 가능한 당분으로 분해해야 한다. (상세한 내용은 211쪽 누룩 장 참조.)

최초의 식초는 이미 발효를 거쳐 알코올이 된 주류에서 파생된 것으로, 거의 사고에 가까운 방식으로 탄생했다. 미생물학이 출현하기 전까지는 알코올이 시어져서 식초가 되는 원인은 수수께끼였다. 와인을 야외에 방치하면 태양이 뜨고 지는 것처럼 당연하다는 듯이 식초가 된다. 그 이유는 누구나 추측만 해볼 뿐이었다.

하지만 그렇다고 옛날 사람들이 발효 과정에 익숙하지 않았던 것은 아니다. 우리는 문명이 존재하는 전 기간에 걸쳐 과일로 술을 빚어왔다. 이란에서는 신석기 시대의 부엌이었던 자그로스 산맥에서 기원전 6000년까지 거슬러 올라가는 노란 빛이 감도는 붉은 와인 얼룩이 진 항아리 파편이 발굴되기도 했다. 수천 년 후 고대 이집트인은 직접 알코올성 포도 음료를 생산했다. 기원전 3000년경 이집트 왕의 무덤에 와인 병이 함께 묻혔다는 증거가 있다. 고고학자는 술항아리를 조사한 결과 식초 잔류물을 발견했다.

고대 문명은 정확히 왜 과일이 술이 되며 술이 식초가 되는지는 파악하지 못했어도 만드는 방법만큼은 이해하고 있었는데, 그 증거로 프톨레마이오스 시대의 이집트 파피루스인 '앙크셰숑크의 교훈the instruction of Ankhsheshonq'에 "와인은 개봉하지 않는 한 계속해서 숙성된다"라는 와인 보존법에 대한 메모가 적혀 있다는 점을 들 수 있다. 그리고 2000년 후, 식초의 신비가 밝혀지면서 요리가 한층 도약하는 것을 넘어 인간이 자연을 이해하는 방식 자체가 격변했다.

인류는 적어도 기원전 6000년 이래 발효를 통해서 와인을, 그리고 식초를 제조해왔다.

앙투안 라부아지에: 현대 화학의 지주이자 와인이
어떻게 식초가 되는지를 처음으로 이해한 사람

18세기 중반이 될 때까지는 지구상의 모든 것이 불과 물, 대지, 공기라는 네 가지 기본 요소로 구성되어 있다는 통념이 지배적이었다. 현대 화학의 창시자 중 하나인 앙투안 라부아지에Antoine Lavoisier는 공기는 순수한 불변의 물질이 아니라 산소(라부아지에가 '산을 형성하는 것'이라는 의미의 그리스어에서 따온 단어)를 포함한 구성 요소의 조합이라는 주장을 최초로 내세운 인물이다. 그는 황과 인 등의 비금속을 사용한 엄격한 실험을 통해서 물질이 연소할 때 주변 공기 속에서 산소가 제거된다는 점을 정확하게 추론해냈다. 그 반응의 산물이 바로 산酸이다. 라부아지에는 이러한 결과를 토대로 와인이 식초로 변하는 것은 대기 중의 산소가 원인이며 이는 AAB로 인한 '산화' 과정 때문에 발생하는 현상이라는 결론을 내렸다.

이러한 인지적 도약은 유럽 전역으로 전파되면서 산화 현상을 활용한 식초 생산의 발전으로 이어졌다. 식초 생산자는 와인의 표면적을 넓히면서 공정 속도를 높일 수 있었다. 독일의 식초 제조업자는 헐렁하게 담은 나무 칩 사이로 와인을 통과시키면서 동시에 신선한 공기를 불어넣는 '신속 공정'을 개발해냈다. 수백 년이 지난 지금도 식초 장인은 여전히 같은 방식을 이용하고 있다.

노마에서는 같은 방식을 이용해서 고유의 제조법을 만들어냈다. 우리는 반려동물 가게의 수족관 코너에서 구할 수 있는 일반 공기 펌프를 이용해서 식초가 될 용액에 공기를 주입하여 산소를 공급함으로써 AAB가 신속하게 산화 과정을 이끌어내도록 한다. 이처럼 박테리아를 금붕어 대하듯이 하면 발효 시간을 몇 달에서 몇 주로 단축할 수 있다. 자세한 내용은 페리 식초 (173쪽)의 상세 설명에서 볼 수 있다.

163

훨씬 신속한 공정

노마에서는 우선 원재료를 발효해서 알코올을 생성한 다음 AAB가 알코올을 이용하여 식초를 생산하게 만드는 전통적인 2단계 방식에 우리 나름대로 고안한 신속한 공정을 도입하여 여러 가지 식초를 제조한다.

2단계로 이루어진 식초 발효의 상세한 순서는 다음과 같다.

1. 달콤한 과일이나 채소에 효모를 접종한다. 용액의 알코올 도수가 6~7%에 달할 때까지 10~14일간 발효한다.

2. 알코올을 체에 거른 다음 70℃로 가열해서 잔류 효모를 사멸시킨다.

3. 용액을 대형 보존용 용기에 옮기고 기존에 만든 식초를 덧넣기한다. (덧넣기에 대해서는 33쪽 참조.)

4. 에어스톤(공기를 작은 기포로 분산시키는 다공성 암석 또는 금속 물체)에 부착한 공기 펌프를 작동시킨다. 모든 알코올이 산으로 전환될 때까지 10~14일간 발효를 진행한다.

노마에서는 이 방법을 통해서 배, 사과, 자두로 뛰어난 식초를 제조한다. 그러나 알코올로 발효시킬 수 없는 재료로도 양질의 식초를 만들 수 있다. 셀러리나 펜넬 등의 채소에는 당이 너무 적어서 효모를 통해 AAB에게 필요한 만큼의 알코올을 생산해낼 수 없다. 설사 효모가 사용 가능한 모든 당을 알코올로 전환시킬 수 있다 하더라도 시간이 너무 오래 걸려서 용액이 해로운 미생물로 인한 감염에 취약해지며, 그 결과 맛이 나빠지거나 용액 자체가 상할 수 있다.

AAB가 약 5%의 산도를 가진 식초를 생산하려면 기본 액체의 총 알코올 함량이 6~8%에 달해야 한다. 당도가 14브릭스 미만(브릭스 수치에 대한 자세한 내용은 118쪽 참조)인 과일 또는 채소는 보통 알코올 함량이 기준치에 다다른 후에도 단맛이 충분히 남아서 균형 잡힌 풍미를 내는 식초가 되기에는, 당의 양이 부족한 편이다. 이런 경우 노마에서는 AAB에 증류한 에탄올을 공급해서 부족한 양을 보충한다.

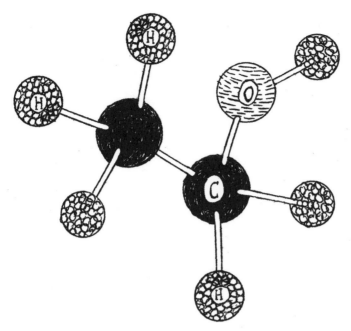

발효 과정을 통해 에탄올(C_2H_5OH)은…

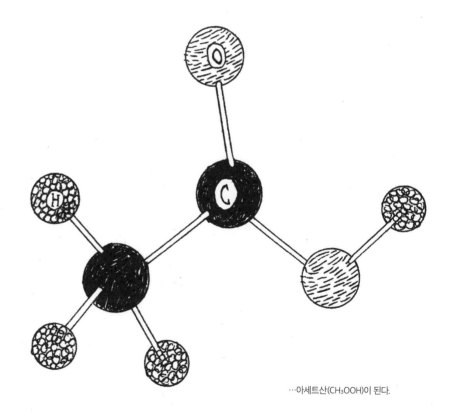

…아세트산(CH_3OOH)이 된다.

식초

에탄올 또는 에틸알코올은 주류에 들어가 있는 바로 그 물질이다. 에탄올을 순수한 형태로 판매할 때는 주로 NGS(중성 곡물 주정) 또는 최대 도수가 96%(나머지 4%는 물)인 증류 제품을 뜻하는 '증류주'라고 칭하기도 한다. 그 정도 도수를 갖춘 시판 주류 제품으로는 북미 지역의 에버클리어Everclear, 젬클리어Gem Clear, 유럽의 프리마스피릿Primaspirit 등이 있으며 모두 식초 제조에 사용하기 아주 좋다. '변성 에탄올' 또는 도수가 100%로 기재된 것은 피한다. 이소프로필알코올이나 메틸에틸케톤 및 기타 물과 에틸알코올 이외의 성분이 들어간 것도 사용해서는 안 된다. 음용하기 안전하지 않기 때문이다. 에탄올을 구할 수 없다면 보드카 등 풍미가 약한 술을 사용해도 좋지만 그럴 경우에는 사용량을 늘려서 알코올 함량을 충분히 확보해야 한다. 예를 들어 레시피에서 96%짜리 에탄올 100g을 요구한다면 도수 75%짜리 (150프루프[18]) 보드카는 130g을 사용해야 알코올 함량을 동일하게 맞출 수 있다. (189쪽 '에탄올이 없다면 보드카를 사용하라' 참조.)

과일 또는 채소 주스에 에탄올을 첨가하면 효과적으로 식초 제조의 1단계 발효에 돌입할 수 있다. 효모가 맨땅에서 번식하여 알코올을 생성하기를 기다릴 필요 없이 AAB가 바로 작업에 착수할 수 있기 때문이다. 주스에 함유된 당은 발효되지 않은 채로 남아 완성된 식초에 균형 잡힌 맛을 내는 용도로 쓰인다. 우리는 이 방식을 통해서 해초 육수, 당근, 콜리플라워, 비트, 호박 등으로 식초를 만들어냈다.

아마 다음과 같은 실존적 의문이 생길 수도 있을 것이다. "그냥 주스에 바로 아세트산을 첨가해서 전체 발효 과정을 몽땅 건너뛰면 안 될까?"

우리는 복합적이고 흥미로운 풍미가 나는 발효 식품을 만들기 위해서 노력하고 있으며, 다른 여러 요리 과정과 마찬가지로 지름길을 택하면 간과한 부분에서 얻을 수 있는 이점을 놓치게 된다. 백식초는 순수한 에탄올을 발효시킨 다음 아세트산 함량이 약 5%가 될 때까지 희석해서 만든다. 상당히 날카로운 맛이 나고 은근한 매력은 떨어지지만 일부 요리에서 나름의 쓰임새가 있다. AAB는 발효를 통해 식초를 만들면서 글루콘산이나 아스코르빈산 등 아세트산 이외의 대사산물을 생성하여 식초에 깊이와 특징을 부여한다. 또한 발효 과정 중에 예측 불가능한 2차 반응이 발생하면서 일부 풍미는 약해지고 새로운 맛이 뚜렷해진다. 모두 좋은 식초라면 모름지기 갖추고 있어야 할 자질이다. 그 차이를 만들어내는 것이 중요하다.

---

18 알코올 함량을 나타내는 영국식 기준을 말한다. 보통 우리나라에 기재된 도수의 2배 정도가 된다.

주정 식초

또 다른 의문점으로는 식초 방정식에서 생과일과 채소를 모조리 제거해도 되는지를 들 수 있다. 물론, 그래도 상관없다. 고농도의 알코올은 AAB를 방해하므로 증류주도 먼저 희석하거나 알코올을 일부 연소시키는 과정만 거치면 충분히 식초로 만들 수 있다.

희석은 증류주로 식초를 만드는 가장 직접적인 방법이지만, 본체를 인지할 수 없을 정도로 묽게 만들지 않도록 주의해야 한다. 연한 자두 아쿠아비트 aquavit[19] 같은 술을 희석하면 거의 무향 보드카를 발효하는 것이나 다름없다. 아니면 허브 향이 아주 강하게 나서 도수 8%가 될 때까지 희석해도 풍미를 쉽사리 흐트러트릴 수 없는 전통 덴마크식 비터스 가멜 덴스크Gammel Dansk를 고려해보자.

버본이나 슈납스 등 더 섬세한 증류주의 특징을 유지하려면 희석하기보다 알코올을 제거하는 쪽이 낫다. 냄비에 증류주를 부어서 강한 불에 올린 다음 플랑베를 해서 불꽃이 가라앉을 때까지 둔다. 플랑베 중에 액체 자체의 부피는 많이 줄어들지만 기존 제품에서 알코올만 거의 날아간 상태의 증류주를 얻어낼 수 있다. 풍미 또한 농축되기 때문에 물을 더해서 적당히 균형을 맞추고 싶어질 것이다. 남은 액체의 부피를 측정한 다음 기존 증류주를 조금 더해서 알코올 도수를 다시 8% 정도로 맞춘다. 그런 다음 식초 제조의 두 번째 발효 단계부터 진행한다. 즉 비살균 식초를 덧넣은 다음 공기를 주입하고 참을성 있게 기다린다.

---

[19] 보드카 증류주의 일종으로 도수가 45% 이상인 강한 술이다.

비슷한 발효 과정을 거치는 콤부차와 달리 식초는 숙성을 통해서 맛과 질감을 훨씬 뛰어나게 끌어올릴 수 있다. AAB는 사용 가능한 알코올이 전부 소진되면 산을 생산하지 않으므로 식초는 더 시큼해질 일 없이 수십 년간 보관할 수 있다. 식초를 숙성시키면 숙성 용기의 종류, 그리고 수개월에서 수년간에 걸쳐 일어나는 증발과 느린 마이야르 반응을 통해 풍미를 켜켜이 쌓아올리게 된다. (마이야르 반응에 대해서는 405쪽의 '정말 느린 요리' 참조.)

가장 유명한 숙성 식초로는 발사믹 식초를 꼽을 수 있다. 전 세계에서 판매되는 식초 중 약 35%를 차지하는 제품이다. 하지만 본인이 아주 부유하고 안목 높은 사람이 아니라면 지금까지 접한 대부분의 발사믹 식초는 진품이 아니라 숙성하지 않은 아세토 바르사미코 디 모데나Aceto Balsamico di Modena, 즉 레드 와인 식초와 포도 졸임액에 캐러멜을 섞은 혼합물이었을 것이다. 지름길 중에서도 쉬운 길을 선택하는 절충안을 이보다 더 확실하게 보여주는 예시는 없다. 이 저렴한 발사믹은 전통 방식 그대로 숙성한 발사믹의 풍미가 살짝 느껴지기는 하나, 점성이나 복합적인 감칠맛, 나무통의 향기 등 대표적인 특성이 완전히 배제되어 있다. 식초를 나무통에서 숙성시키면 나무의 종류에 따라 캐러멜과 바닐라, 훈연, 가죽 향 및 기타 독특한 풍미가 배어든다.

전통적인 발사믹 식초 제조가 이루어지는 장소는 이탈리아 북부 인근의 도시 모데나와 레지오 에밀리아다. 숙성 과정에는 뽕나무와 오크 나무, 노간주나무, 벚나무, 물푸레나무, 아카시아 등 여러 가지 종류의 나무로 만든 각기 다른 용량의 나무통 5~9개가 필요하다. 나무통의 크기는 66L에서 15L까지 순서대로 작아진다. 처음에는 포도를 익혀서 당을 캐러멜화하고, 농축한 포도 졸임액을 다양한 효모들을 이용해서 발효시켜 달콤한 포도주를 만든다. 그런 다음 주변 환경에 특화된 고유의 AAB를 통해 산성화를 거쳐서 식초를 생산한다. 그리고 먼저 제일 큰 나무통에 식초를 담아서 최소 1년간 숙성한 다음 그다음 크기의 작은 나무통으로 옮긴다. 나무는 준다공성이므로 수분과 일부 아세트산은 나무통을 통해 증발되지만 크기가 큰 향미 화

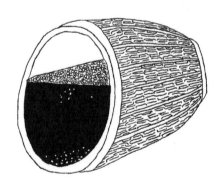

나무통에서 식초를 숙성시키면 시간이 지날수록 증발하면서 부피가 천천히 줄어들며 풍미가 강화되고 새로운 향이 생겨난다.

합물은 그렇지 못하므로 식초의 풍미는 훨씬 부드러워지면서 농축된다. 이렇게 시간이 지나면서 사라지는 분량은 소위 '천사의 몫(위스키 제조에도 사용되는 용어다)'이라고 불리지만, 정말 천상의 맛이 나는 식초는 나무통에 그대로 남아 있다.

그다음 크기의 나무통을 채울 수 있을 만큼의 식초만 옮겨 담는다. 이제 텅비게 된 큰 나무통에는 다시 방금 산성화시킨 포도 졸임액이 들어선다. 식초는 갈수록 작은 나무통으로 차례차례 옮겨가고, 각 나무통은 그 전 단계의 나무통을 거쳐온 액체로 채워진다. 전통 발사믹 식초에 DOP 인증('원산지 보호 명칭' 인증으로 유럽 연합에 의한 지정 보호 대상이다)이 붙으려면 최소한 12년 이상 숙성을 거쳐야 한다. 12년이 지날 즈음이면 가장 작은 나무통에서 꺼낸 소량의 완성된 발사믹 식초만이 뛰어난 안목을 갖춘 고객을 접하게 된다.

발사믹 식초 생산은 한 점의 과장 없이 정말 고된 과정이다. 하지만 어떤 식초라도 나무통에서 딱 3개월만 숙성시키면 눈에 띄게 품질이 향상된다. 발사믹 식초의 진한 캐러멜 풍미와 비슷한 특징을 이미 지니고 있는 식초를 이용하면 시차를 충분히 극복해낼 수 있다. 노마에서는 흑마늘 식초를 나무통에 숙성시켜서 큰 성공을 거뒀다. 창의력을 발휘해서 제일 좋아하는 식초에 말린 무화과나 말린 자두를 한 달간 재운 다음 체에 걸러서 작은 나무통에 옮겨 천천히 숙성시킬 수도 있다.

덴마크에는 포도나무가 드문 편이지만 대신 엘더베리 나무가 많으므로 우리는 제대로 된 발사믹 식초의 품질을 흉내 내기 위해서 제일 구하기 쉬운 재료를 활용하기로 했다. 엘더베리 와인 발사믹(201쪽) 레시피를 읽어보면 노마에서 현재 진행 중인 장기 프로젝트를 파악하면서 동시에 우리가 머나먼 곳의 전통에서 어떤 점을 배우고 차용하기 위하여 노력하고 있는지를 이해할 수 있다.

페리 식초를 만들려면 우선 곱게 갈아낸 배를 발효시켜서 알코올성 페리를 만들어야 한다.

페리 식초
Perry Vinegar

분량 약 2L

잘 익은 달콤한 배 4kg
액상 세종 효모 1봉(35mL)
비살균 배 식초 또는 풍미가 부드러운 사과주
  등 기타 비살균 식초

두 단계로 구분되는 식초 발효 과정을 제대로 설명하기 위해 먼저 천연 당분을 발효시켜 알코올을 생성한 다음 AAB의 도움을 받아 해당 알코올을 아세트산으로 발효시키는 레시피부터 소개하기로 한다.

우선 술을 양조한다. 페리는 탄산이 들어 있고 알코올 도수가 낮은 사과주와 같은 방식으로 만든 배주酒로 차갑게 마시는 것만큼이나 따뜻하게 마셔도 맛있다. 배에는 수십 종류가 넘는 품종이 있으며 저마다 특징이 있는 페리 및 페리 식초를 만들 수 있다. 재료로 삼을 배를 고를 때는 지침 삼아 스스로에게 '이 배로 만든 주스를 마시고 싶은지' 질문을 던져보자. 대답이 '그렇다'라면 망설임 없이 바로 작업에 돌입하자.

배 껍질에는 알아서 발효가 진행되기에 충분한 만큼의 야생 효모가 살고 있지만, 야생 발효는 언제나 도박이다. 어떤 풍미가 나타날지 또는 진행 속도가 어떨지를 예측하기 어렵다. 그래도 상관없는 경우도 있지만 여기서는 페리로 2차 발효를 진행해야 하므로 풍미와 알코올 도수를 어느 정도 정확하게 조절할 필요가 있어 스타터 효모를 추가한다. 페리 발효에 사용하는 효모의 종류는 배 품종만큼이나 다양하다. (발효 과정에 존재하는 여러 변수를 곱해보면 풍미의 가능성이 얼마나 방대한지 깨달을 수 있다.) 물건을 제대로 갖춘 수제 양조 전문점에 가면 배와 함께 쓰기 좋은 효모를 고를 수 있다. 제빵용 효모는 페리에서 그야말로 빵 같은 맛이 나게 하므로 피하는 것이 좋다. 노마에서는 함께 움직이는 브레타노마이세스Brettanomyces와 사카로미세스Saccharomyces라는 두 가지 효모를 섞어 만든 세종 효모를 선호한다. 발효 과정 중에 뛰어난 향기가 생성되며 쓴맛이 전혀 없기 때문이다.

173

컨퍼런스 배 품종. 그러나 종류보다는 달콤하게 잘
익은 과일을 고르는 것이 더 중요하다.

장비 참고

1차 발효를 진행하려면 뚜껑과 에어록, 고무마개가 달린 식품 안전 플라스틱 양동이를 마련해야 한다. 수제 양조 전문점에서 구입할 수 있다. 모든 재료를 담고도 총 부피의 15% 정도 여유가 남는 크기의 양동이를 고른다. 또한 발효한 용액을 짜내기 위한 사과주용 압착기 또는 시누아가 필요하다. 같은 양동이를 이용해서 2차 발효까지 진행할 수 있으며, 조금 더 작고 입구가 넓은 3L짜리 유리 보존 용기를 사용해도 좋다. 어느 것을 사용하든 용기 입구를 막을 수 있도록 면포나 깨끗한 행주 및 고무줄을 준비해야 한다.

식초 생산 속도를 앞당기는 노마식 방법을 따르려면 수제 양조 전문점 또는 반려동물 가게에서 판매하는 공기 펌프와 에어스톤이 필요하다. 자세한 내용은 레시피를 확인하자.

준비한 모든 도구는 철저하게 씻은 다음 소독할 것을 권장한다(36쪽 참조).

상세 설명

맛있는 페리를 만들려면 아주 달콤하고 잘 익은 배가 필요하다. 아삭한 앙주d'Anjou 배는 간식용으로는 좋으나 당과 섬유질 비율이 별로 높지 않아 우리가 원하는 만큼의 알코올 도수를 충족시키기 힘들다. 잘 익으면 상당히 단맛이 나는 보스크Bosc 배나 컨퍼런스Conference 배를 이용하면 훌륭한 페리를 만들 수 있다.

식초 생산의 첫 번째 단계는 효모를 이용해서 과일 내 당분을 알코올로 전환하는 것이다. 배를 전부 담고도 총 부피의 15% 정도 여유가 남을 만한 크기의 양동이를 고른다. 다음 레시피에는 5L짜리 양동이가 적당하다.

배는 줄기를 제거한 다음(씨는 그대로 둬도 상관없다) 적당한 크기로 깍둑 썬다. 푸드 프로세서로 갈아서 거친 퓌레를 만든다. 아주 곱게 갈 필요는 없다. 큼직한 과일 덩어리가 보이지 않을 정도로만 간다.

간 배를 발효용 양동이에 담는다. 효모를 더한 다음 전체적으로 골고루 섞어서 효모가 잘 퍼지도록 한다. 양동이 뚜껑을 닫아서 완전히 밀폐한 다음 에어록에 물을 채워서 고무마개를 통해 집어넣는다. (한 번도 직접 양조를 해본

적이 없어서 어떻게 하는지 파악하기 어렵다면 수제 양조 전문점 점원에게 물어보거나 온라인 동영상을 찾아보자. 글로 보는 것보다 쉽다.)

양동이를 실온보다 약간 서늘한 장소에 둔다. 약 18℃ 정도가 이상적이다. 따뜻한 온도에서 발효시키면 페리에서 탁한 곰팡내가 날 수 있다. 단맛이 얼마나 남아 있기를 원하는가에 따라 페리를 7~10일간 발효시킨다. 맛을 보고 상태를 확인한다. 발효하는 중에 매일 한 번씩 뚜껑을 열고 장갑을 낀 손 또는 살균한 숟가락으로 내용물을 잘 젓는다. 초반에는 아직 맛볼 수 있는 즙이 생성되지 않지만 숟가락으로 배 간 것을 살짝 뜨면 원하는 대로 상태를 확인할 수 있다. 내용물이 점점 발효될수록 뚜껑이 부풀어 오르고 에어록에서 가끔 꼴꼴 소리가 날 것이다. 효모가 이산화탄소를 생성하기 때문에 일어나는 현상으로 지극히 정상이다. 향후 아세트산의 풍미와 균형을 이룰 수 있을 정도로 단맛이 남아 있어야 하므로 페리가 완전히 알코올성을 띨 때까지 (14~16일간) 발효시키는 것은 권장하지 않는다. 페리가 너무 많이 발효되었다면 그냥 신선한 배를 갈아서 체에 거른 다음 부어서 희석하면 된다. 이 시점이 나중보다 당도의 균형을 조절하기 쉽다.

배의 발효가 끝나고 나면 퓌레를 압착해서 즙을 받아내야 한다. 노마에서는 기본적으로 다공성 철제 또는 나무 드럼과 핸드 크랭크를 이용해서 과일 즙을 짜내는 사과주용 압착기를 이용한다. 발효한 배 퓌레를 면포 주머니에 담아서 드럼에 얹는다. 크랭크를 돌리면 바닥을 통해서 즙이 빠져나온다.

175

식초

페리 식초, 1일차

7일차

14일차

운 나쁘게도 사과주용 착즙기가 없다면 튼튼한 구식 시누아에 면포를 깔고 배 퓌레를 부어서 비슷한 방식으로 즙을 짜낼 수 있다. 시누아를 대지 않은 틈으로 퓌레가 튀어나와 섞일 수 있으므로 모두 거르고 나면 다시 한 번 고운체나 면포에 내리는 것이 좋지만 거르는 작업에 너무 집착할 필요는 없다. 점성은 우리의 적이 아니다. 즙이 적당히 걸쭉하면 질감이 뛰어나고 묵직한 맛이 매력인 훌륭한 페리를 만들 수 있다.

이제 페리가 완성되었다. 비록 여기서 식초를 다루고 있기는 하지만, 이 단계에서 완성된 페리를 차갑게 식혀 바로 마시거나 뮬드 와인용 향신료를 첨가하여 따뜻하게 데우거나, 스윙톱 병에 옮겨서 냉장고에 보관하며 마저 발효시켜 탄산이 가미된 페리를 만들 수도 있다. 하지만 다음 단계를 따라 식초를 만들기 시작하면 이제 돌이킬 수 없으니 페리를 시큼하게 만들고 싶은지 아닌지 지금 결정해야 한다.

우리는 효모가 계속 남아서 식초의 풍미를 해치거나 계속해서 당을 알코올로 전환시키기를 원하지 않으므로 사멸시킨다. 걸러낸 페리를 뚜껑이 있는 냄비에 담고 약 70℃, 즉 김이 오르지만 끓지는 않을 정도로 가열한다. 냄비 뚜껑을 닫고 한번씩 내용물을 휘저으면서 같은 온도를 15분간 유지한 다음 불에서 내리고 실온으로 식힌다.

페리를 유리 보존 용기 두어 개에 나누어 붓고 면포로 입구를 봉한 다음 주방 작업대에 올려두면 언젠가 결국 식초가 된다. 우리는 이쪽을 장기적 방법이라고 부른다. 용액이 야생 발효를 거쳐 적절하게 산성화되기까지 약 3~4개월을 기다려야 하기 때문이다.

속도를 높이고 어느 정도 통제권을 갖추려면 두 가지 조건이 필요하다. 먼저 덧넣기를 한다(33쪽 참조). 페리를 계량한 다음 해당 무게의 20%를 계산하여 그 무게만큼 비살균 배 식초(또는 유사한 비살균 식초)를 붓는다. 예를 들어 페리가 1.8kg이라면 식초 360g을 더한다.

두 번째 단계는 식초에 공기를 주입하는 것이다. AAB가 기능하려면 산소가 필요한데, 장기적 방법에서는 전혀 신경 쓸 것 없다. 먼저 올바른 발효용 용기를 골라야 한다. 표면적이 넓으면서 철제가 아닌 것이 좋다. 간 배를 발효할 때 사용한 양동이를 다시 쓰거나 입구가 넓은 3L짜리 병을 준비한다. 덧넣기를 완료한 페리를 용기에 붓는다. 장갑을 끼고 에어스톤을 페리 용액에 집어넣어 용기 바닥에 내려놓는다. 호스를 용기 위쪽으로 빼내서 공기 펌프에 연결하고 면포 또는 통기성이 좋은 행주로 용기 입구를 덮는다. 고무줄로 면포를 고정시키되 호스를 통과하는 공기 흐름을 방해하지 않도록 주의한다. 다만 일부 지역에서는 '초醋파리'라고까지 부르는 날파리가 식초 냄새를 심각하게 좋아하므로, 반드시 면포로 입구를 빈틈없이 막아야 한다. 호스를 양동이 밖으로 빼내는 부분에 빈틈이 생긴다면 테이프로 감아서 여민다. 공기 펌프의 플러그를 꽂고 페리를 실온에서 발효시킨다.

지속적으로 공기가 순환될 경우 약 10~14일 후면 식초가 완성된다. 발효 시작 후 며칠이 지나면 매일 식초를 맛보기 시작해야 한다. 알코올 맛이 뚜렷하게 느껴지면 아직 더 발효시켜야 한다. pH계나 pH 측정지를 이용해서 식초의 산도를 측정할 수도 있다. 대체로 pH가 3.5~4에 도달하면 적당한 것으로 보지만 솔직히 우리는 맛보는 쪽이 더 정확하게 느껴진다. 식초의 당도와 점도, 풍미 모두가 혀로 맛보는 산도 인식에 영향을 미치기 때문이다. 기계 측정이 반드시 제품의 완성도를 보장하지는 않는다.

완성된 페리 식초는 체에 거른 다음 병입해서 뚜껑을 닫고 냉장고에 보관하면 풍미를 최대한 신선하게 유지할 수 있지만, 공기에 노출시키지 않는 한 찬장에서도 완벽하게 보관할 수 있다. 병 바닥에 침전물이 고였을 경우에는 사용하기 전에 식초를 가볍게 흔들어준다. 맑은 식초를 원한다면 침전물만 남겨두고 새 병에 따라내어 보관한다(우리는 이 과정을 와인과 마찬가지로 '래킹[20]'이라 부른다).

---

20 몇 개월에 걸쳐 가만히 내버려둔 후 침전물이 가라앉으면 윗부분의 맑은 와인만 떠내는 과정

177

1. 배는 깍둑 썬 다음 갈아서 거친 퓌레를 만든다.

2. 발효용 용기에 배 퓌레를 담고 효모를 더한 다음 뚜껑을 닫고 에어록을 장착한다.

3. 혼합물을 7~10일간 발효한다.

4. 발효된 배 퓌레를 압착해서 페리를 얻는다.

5. 페리를 새 용기에 옮겨 담고 비살균 식초를 덧넣기한 다음 에어
    스톤과 펌프를 장착한다.

6. 충분히 새콤해질 때까지 10~14일간 발효시킨다. 완성된 식초는
    체에 걸러서 병입한 다음 냉장고에 보관한다.

다양한 활용법

페리 비네그레트

가볍고 섬세한 단맛이 나는 페리 식초는 우리가 가진 모든 식초 중에서 가장 좋은 비네그레트를 만들어내는 주인공이다. 양질의 올리브 오일과 페리 식초를 3대 1의 비율로 섞은 다음 거친 머스터드 한 덩이를 소량 더해서 거품기로 골고루 휘젓는다. 소금으로 간을 맞추면 신선한 샐러드 채소, 데친 까치콩 또는 가볍게 볶은 케일 등의 맛을 한순간에 끌어 올리는 완벽한 비네그레트가 된다.

배 홀랜데이즈 또는 베어네즈 소스

보통 고전 소스 레시피에서는 화이트 와인 식초에 화이트 와인을 타서 희석하기를 요구하지만, 페리 식초는 일반 화이트 와인 식초처럼 신맛이 두드러지지 않으므로 홀랜데이즈나 베어네즈 같은 소스의 기초로 곧장 사용해도 문제가 없다. 페리 식초 250mL를 계량하여 소형 냄비에 담고 저민 샬롯 1개 분량과 통후추 12알을 더한다. 부피가 약 3분의 2 정도로 줄어들 때까지 졸인 다음 체에 거른다. 졸임액을 중탕 용기에 담고 달걀노른자 3개를 더한 다음 소스가 걸쭉해져서 들어 올리면 리본 모양을 그리며 떨어질 때까지 거품기로 친다. 소금으로 간을 맞추고 카이엔 페퍼를 아주 조금 집어서 더한다.

과일 향을 두 배로 강화하려면 과육이 탄탄하지만 달콤한 배를 아주 작게 브뤼누아즈brunoise 크기로 깍둑 썬 다음 페리 식초 250mL에 두어 시간 담가둔다. 배를 건져내고 식초를 분리한다. 식초는 소스 졸임액으로 활용하여 소스를 만든 다음 배 브뤼누아즈를 섞는다. 살짝 익힌 완두콩 한 그릇을 곁들인 그릴에 구운 행거 스테이크와 함께 내기 좋은 화사하고 질감이 묵직한 소스가 완성된다.

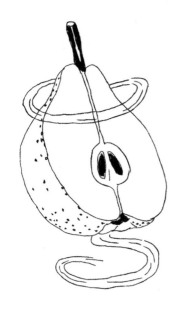

180

당도를 더욱 정확하게 측정하려면 굴절계를 사용하자

측정을 정밀하게 하고 싶다면 굴절계를 사용하자. 콤부차 장에서 설명했듯이(118쪽) 굴절계는 물에 녹은 설탕의 양에 영향을 받는 빛의 굴절도를 측정해서 용액의 당도를 브릭스 단위로 나타낸다. 페리가 발효되면서 효모가 당을 알코올로 전환시키면 브릭스 수치가 떨어진다.

굴절계로 정확한 판독값을 얻으려면 빛이 액체를 통과할 수 있어야 한다. 여기처럼 발효한 과일 덩어리가 섞여 있는 상황에서는 과일을 짜내서 소량의 즙을 받아낸 다음 고운 체나 면포에 걸러야 한다. 그래도 액체는 살짝 흐린 상태겠지만 거르기 전보다는 정확한 판독값을 얻어낼 수 있다. 발효를 시작하기 전에 먼저 설탕 함량을 측정한 다음 1~2일 간격으로 다시 측정을 반복한다. 이렇게 페리가 발효되는 동안 측정한 값을, 브릭스 수치의 차이에 따른 알코올 도수 변환법을 기재한 오른쪽 도표에 대입해보자. 20℃의 온도에서 숙성되는 발효물의 브릭스 수치 변화에 따른 대략적인 알코올 도수 상태를 알아볼 수 있다. 페리의 알코올 도수가 약 6~7% 정도가 되면 식초를 만들 준비가 된 것이다.

(양조업자는 종종 액체의 밀도 변화와 연관된 '비중'이라는 다른 측정법을 이용해서 액체의 밀도 변화를 추적하여 발효물의 당도 변화를 알아낸다. 그러나 우리는 과일 섬유질이 함유된 액체를 발효시키기 때문에 비중을 정확하게 측정하기 어렵다. 또한 비중을 판독하려면 몇백 밀리미터 정도로 샘플을 넉넉히 준비해야 하는데 이 책에 실린 일부 발효물은 내용물을 그만큼 빼내기 힘들고, 특히 빠르게 상태만 확인하고 싶다면 적절한 방법이 아니다.)

시작 단계와 비교한 브릭스 수치 저하값	대략적인 알코올 도수
0	0
0.58	1
1.15	2
1.73	3
2.3	4
2.88	5
3.45	6
4.03	7
4.6	8
5.18	9
5.57	10
6.33	11
6.9	12
7.48	13
8.05	14
8.63	15
9.2	16
9.78	17
10.35	18
10.93	19
11.5	20

181

식초로 발효 중인 자두주

자두 식초
Plum Vinegar

분량 약 2L

잘 익은 자두, 씻어서 씨를 제거하고 8등분한
   것 4kg
액상 세종 효모 1봉(35mL)
비살균 자두 식초 또는 풍미가 부드러운 사과
   주 등 기타 비살균 식초

페리 식초에 이어 자두 식초 또한 과일의 당을 먼저 알코올로 전환시킨 다음 알코올을 다시 아세트산으로 바꾸는 2단계 식초다. 검은 자두, 보라색 자두, 짙은 붉은색 자두 모두 예쁜 식초를 만들어내며, 여러 품종을 섞어서 만들면 훨씬 복합적인 풍미가 생성된다.

페리 식초(173쪽)의 상세 설명은 이 장에 소개한 모든 식초 레시피의 견본이다. 아래 레시피를 읽기 전에 먼저 페리 식초 레시피를 확인하고 오기를 권장한다.

손질해서 자른 자두를 양동이에 담는다. 효모를 더한 다음 전체적으로 골고루 섞어서 효모가 잘 퍼지도록 한다. 자두는 배나 사과와 같은 이과류利果類에 비해서 수분 함량이 높으므로 원활한 발효 과정을 도모하기 위해 곱게 갈 필요가 없다. 알아서 스스로 액화된다. 양동이 뚜껑을 닫아서 완전히 밀폐한 다음 에어록에 물을 채워서 고무마개를 통해 집어넣는다.

자두를 서늘한 방에서 매일 한 번씩 내용물을 휘저으며 단맛이 모두 빠지지 않은 상태에서 알코올이 느껴질 때까지 총 8~10일간 발효시킨다.

자두를 사과주용 착즙기로 압착하거나 면포를 깐 시누아에 담고 손으로 눌러서 즙을 받은 다음 다시 한 번 체에 거른다. 이제 자두주가 완성되었다. 계량해서 무게를 기록한 다음 뚜껑이 달린 냄비에 옮겨 담는다. 자두주를 김이 오르지만 끓지는 않을 정도로 70℃까지 가열한 다음 냄비 뚜껑을 닫고 동일한 온도를 15분간 유지한다. 냄비를 불에서 내리고 실온으로 식힌다.

183

자두 식초, 1일차

7일차

14일차

자두주를 2차 발효용 용기, 즉 자두 발효에 사용한 양동이나 입구가 넓은 8L짜리 병에 담는다. 자두주 무게의 20%에 해당하는 비살균 식초를 덧넣기한다. 에어스톤을 자두주에 집어넣어 용기 바닥에 내려놓고 호스를 용기 위쪽으로 빼내서 공기 펌프에 연결한다. 면포 또는 통기성이 좋은 행주로 용기 입구를 덮고 고무줄로 면포를 고정시킨다. 호스 주변에 생긴 빈틈을 테이프로 막은 다음 펌프의 전원을 켠다.

자두 식초를 10~14일간 발효시키며 후반부로 갈수록 맛을 자주 확인한다. 알코올 풍미가 완전히 사라지고 식초에서 기분 좋은 신맛과 함께 과일 향이 아직 남아 있을 정도가 되면 면포에 거른다. 자두 식초는 병입해서 뚜껑을 닫고 냉장고에 보관하면 풍미를 최대한 신선하게 유지할 수 있지만, 공기에 노출시키지 않는 한 찬장에서도 완벽하게 보관할 수 있다.

다양한 활용법

로스트 또는 그릴에 구운 고기용 마리네이드

자두 식초는 고기용 마리네이드의 기초 재료로 사용하기 좋다. 팬을 강한 불에 올리고 소꼬리 적당량을 얹어서 겉부분을 지져 캐러멜화한다. 식초와 소고기 육수, 소고기 가룸(373쪽), 올리브 오일을 모두 동량으로 섞는다. 마리네이드를 몇 숟갈 덜어서 따로 남겨두고 나머지는 소꼬리와 함께 비닐봉지에 담아서 냉장고에 2시간 동안 재운다. 소꼬리를 평소에 주로 쓰는 재료, 즉 향미 채소와 좋아하는 허브 등과 함께 로스팅 팬에 담고 알루미늄 포일로 단단하게 감싼 다음 낮은 온도(160℃)의 오븐에 수 시간 동안 천천히 익힌다. 고기가 부드러워지면 뼈에서 발라낸 다음 남은 마리네이드를 두르고 간을 맞춘다.

또는 같은 조합을 이용해서 소고기나 돼지갈비를 재워도 좋다. 중간 불의 그릴에 천천히 구워서 겉은 바삭하고 속은 부드럽게 만든다. 좋은 바비큐의 필수 요건인 새콤함과 감칠맛을 고기에 주입하면서 전통 소스처럼 끈적거리거나 들쩍지근해지지는 않는 마리네이드다.

크리스마스 양배추 요리

스칸디나비아에서는 크리스마스 무렵의 추운 계절 내내 모두가 마음속에 양배추를 그리며 산다. 적양배추 1통의 심을 제거하고 최대한 가늘게 채 썬 다음 오리 지방을 넉넉하게 둘러서 볶는다(양배추 1통당 오리 지방 약 100g 비율). 양배추 1통당 자두 식초 200mL를 붓고 뚜껑을 닫은 후 중간중간 휘저으며 바닥을 긁어내면서 2시간 동안 뭉근하게 익힌다. 수분이 완전히 증발하지 않고 졸아들면서 부드러워진 양배추와 어우러져 진한 콩포트가 되어야 한다. 완성되면 소금으로 간을 해서 낸다. 한 걸음 더 나아가서 구운 닭 날개 가룸(389쪽)을 만든 다음 몇 숟갈 더해서 감칠맛을 가미해도 좋다.

적양배추는 겨울철 내내 스칸디나비아 식탁이라면 어디서나 등장하는 존재다. 노마에서는 자두 식초, 구운 닭 날개 가룸과 함께 아주 천천히 뭉근하게 조린 것을 좋아한다.

위: 셀러리 주스를 발효시키면 깜짝 놀랄 정도로 신선하고 풀 향
이 느껴지는 식초가 된다.
옆 페이지: 테스트 키트와 함께 제공하는 범례를 따라 식초의
pH를 측정하는 모습

186

셀러리 식초
Celery Vinegar

분량 약 2.5L

셀러리, 줄기로 잘라서 지저분한 것을 씻어낸
   것 3kg
비살균 셀러리 식초 또는 풍미가 부드러운 사
   과주 등 기타 비살균 식초
96% 에탄올(중성 곡물 주정)

셀러리 식초를 처음 맛보는 순간 지금까지 이것 없이 어떻게 살아왔는지 의아해질 것이다. 셀러리 식초의 풍미는 놀라울 정도로 다재다능하다. 셀러리의 섬세한 녹색 풍미가 채소 샐러드와 잘 어우러지고 가스파초의 풍미를 확 끌어올리며 호두 오일과 섞어서 저민 사과에 두르기에도 좋다.

셀러리 식초를 발효시키는 법은 앞서 페리 식초(173쪽)와 자두 식초(183쪽)에서 다룬 2단계 발효법과 다르다. 자체적인 알코올을 통해서 발효시키지 않고 채소 주스에 에탄올을 더해서 아세트산 박테리아(AAB)에 연료를 공급한다. 그래도 페리 식초의 상세 설명에는 노마식 신속한 방법을 이해하는 데 유용한 정보가 기재되어 있으므로, 다음 레시피를 따르기 전에 먼저 페리 식초 레시피를 읽고 오기를 권장한다.

장비 참고

착즙기, 식품 안전 플라스틱 양동이 또는 입구가 넓은 최소 3L짜리 유리 용기, 공기 펌프와 에어스톤이 필요하다. 발효용 용기 입구를 막을 수 있도록 면포나 통기성이 좋은 행주 및 대형 고무줄을 준비해야 한다. 또한 손으로 작업할 때는 반드시 소독한 장갑을 착용하고, 모든 장비는 철저하게 청소하고 소독하도록 한다(36쪽 참조).

상세 설명

셀러리는 즙을 낸다. (셀러리의 섬유질은 칼날에 뒤엉키기 쉬우므로 중간에 한두

셀러리 식초. 1일차

7일차

14일차

번 정도 착즙기를 씻어야 할 수도 있다.) 즙을 고운체에 거른다. 무게를 계량한 다음 발효용 용기에 붓는다.

비살균 식초를 즙 무게의 20%에 해당하는 만큼 계량해서 덧넣기한다. 예를 들어 즙이 2kg 나왔다면 비살균 식초는 400g만큼 덧넣는다.

이어서 AAB를 위한 연료 삼아 알코올을 첨가해야 한다. 필요한 알코올의 양을 정하려면 주스와 식초의 무게를 더해서 총량의 8%를 계산한다. 예를 들어 주스와 식초의 총량이 2.4kg이라면 96%의 에탄올 192g이 필요하다. 발효용 용기에 필요한 만큼 에탄올을 더한다.

이제 기본 용액이 준비되었으니 페리 식초에서 설명한 것과 동일한 방식으로 발효를 진행할 수 있다. 셀러리 식초처럼 1단계로 발효시키는 식초는 발효 과정을 최대한 신속하게 앞당겨야 주스의 품질과 풍미의 무결성을 유지할 수 있다. 장기적인 수동적 발효는 고려 대상이 아니다.

에어스톤을 셀러리 주스에 집어넣어 용기 바닥에 내려놓고 호스를 용기 위쪽으로 빼내서 공기 펌프에 연결한다. 면포 또는 통기성이 좋은 행주로 용기 입구를 덮고 고무줄로 면포를 고정시킨다. 호스 주변에 생긴 빈틈을 테이프로 막은 다음 펌프의 전원을 켠다. 식초에서 거품이 생성되어 용기 밖으로 새어나온다면 펌프 가동량이 과한 것이다. 그럴 경우 호스에 작은 플라스틱 밸브를 달아서 공기량을 조절하거나 발효물을 더 큰 용기로 옮기면 된다. 또는 거품이 너무 많이 생길 때마다 펌프를 멈추고 식초를 저어서 거품을 없앨 수도 있다. 어떻게 처리하든 과하게 발생한 거품은 대체로 며칠이 지나고 나면 가라앉는다.

아마 2단계 발효를 거친 식초보다 1단계를 거친 식초에서 알코올이 더 뚜렷하게 느껴진다는 점을 깨닫게 될 것이다. 순수한 에탄올은 완전히 발효되어 사라지기 전까지는 눈에 확 띄는 풍미를 남긴다. 발효가 거의 끝나기 전까지는 희미한 광택제나 매니큐어 리무버와 비슷한 향기가 느껴질 수 있다. 공기 주입을 계속하고 시간이 상당히 지나고 나면 그 냄새는 사라진다.

96% 에탄올이 없으면 보드카와 같은 중성 주정을 사용한다. 다만 보드카는 알코올 도수가 훨씬 낮으므로(80프루프 내지는 40%이므로 96%에 상당히 못 미친다) 여분의 물을 추가해서 레시피를 조정해야 한다. 먼저 덧넣기에 사용하는 식초의 양을 총량의 20%에서 23.4%로 늘린다. 셀러리 식초의 예를 들자면 셀러리 주스가 2kg일 경우 식초 468g을 더한다.

이어서 알코올 도수를 맞춰야 하므로 보드카를 더 추가한다. 즉 총량의 8%가 아니라 20%에 해당하는 만큼을 계량한다. 예를 들어 셀러리 주스와 식초 혼합물이 2.468kg일 경우 보드카는 494g을 넣는다.

이렇게 여분의 액체를 추가하면 주스가 희석되어 풍미가 줄어든다는 점을 명심하자. 완성된 식초 또한 살짝 희석된 상태가 되겠지만, 그래도 확실히 셀러리 식초다운 맛은 날 것이다.

(모든 훌륭한 실험가가 그랬듯이 보드카보다 본연의 풍미가 뚜렷한 주류를 사용해봐도 좋다. 자유롭게 실험하되 우선은 여기서 제시하는 방법대로 만들어보자.)

아세트산이 색소 분자를 분해해서 변색을 일으키므로 녹색 채소의 화사한 엽록소가 식초화되면서 서서히 흐려진다는 점도 깨닫게 된다. 식초가 둔탁한 올리브색이라고 걱정하지 말자. 완성한 셀러리 식초에서는 충분히 그 색을 만회할 수 있는 풍미가 난다.

식초에서 알코올 풍미가 완전히 사라지고 충분히 신맛이 나면서 동시에 신선한 셀러리 향기는 아직 남아 있을 정도가 될 때까지 10~14일간 발효시킨다. 면포에 거른다. 셀러리 식초는 병입해서 뚜껑을 닫고 냉장고에 보관하면 풍미를 최대한 신선하게 유지할 수 있지만, 공기에 노출시키지 않는 한 찬장에서도 완벽하게 보관할 수 있다. 병 바닥에 침전물이 고였을 경우에는 사용하기 전에 식초를 가볍게 흔들어준다. 맑은 식초를 원한다면 침전물만 남겨두고 새 병에 따라내어 보관한다(우리는 이 과정을 와인과 마찬가지로 '래킹'이라 부른다).

다양한 활용법

오이 수프

잉글리시 오이 두어 개를 적당한 크기로 썬 다음 믹서에 담고 소금 한 꼬집과 메뚜기 가룸(393쪽) 두어 작은술로 간을 해서 곱게 간 다음 고운체에 내린다. 셀러리 식초를 150mL 정도 섞어서 톡 쏘는 푸릇푸릇한 산미를 더한다. 수프를 얼음물에 담가서 차갑게 식힌 다음 그대로 먹거나, 좋아하는 여름철 채소를 깍둑 썰어서 섞어내 상쾌한 스타터로 즐긴다.

셀러리 허브 식초를 두른 생치즈

산뜻한 식물성 풍미가 매력적인 셀러리 식초는 가향 식초 만들기에도 완벽한 출발점이다. 셀러리 식초 500mL에 펜넬 이파리나 파슬리잎, 또는 기타 좋아하는 달콤한 허브류를 100g 더해서 곱게 간다. 5분간 그대로 재운 다음 체에 거르면 화사한 녹색에 신선한 허브의 순수한 풍미가 배어난 향기로운 식초가 완성된다. 그릇에 신선한 리코타 치즈나 모차렐라 치즈를 담고 올리브 오일, 천일염, 레드 페퍼 플레이크를 뿌린 다음 내기 직전에 셀러리 허브 식초를 한 바퀴 둘러보자.

살짝 단맛이 감도는 땅콩호박 주스는 당이 부족해서 발효를 통해 원하는 만큼 에탄올을 생성하기 힘들다. 이때 중성 곡물 주정을 더하면 발효시켜서 식초를 만들 수 있게 된다.

땅콩호박 식초

Butternut Squash Vinegar

분량 약 2L

땅콩호박 약 4kg
비살균 땅콩호박 식초 또는 풍미가 부드러운 사
   과주 등 기타 비살균 식초
96% 에탄올(중성 곡물 주정)

땅콩호박 식초는 노마에서 사용하는 모든 발효 레시피 중에서 가장 응용력이 뛰어나다. 찌를 듯이 날카롭지 않은 기분 좋은 산미가 배어난다. 거의 크림처럼 부드러운 땅콩호박의 단맛 때문에 실제보다 산도가 낮게 느껴지기도 한다. 거의 이것 자체를 소스로 사용해도 될 정도다.

셀러리 식초(187쪽)의 상세 설명은 땅콩호박 식초 레시피의 견본이 되므로 아래 레시피를 읽기 전에 먼저 셀러리 식초 레시피를 확인하고 오기를 권장한다. 또한 페리 식초(173쪽)의 상세 설명에도 이 장에 소개한 모든 식초에 유용한 정보가 기재되어 있으므로 읽어보는 것이 좋다.

호박은 깨끗하게 씻은 다음 반으로 잘라서 씨를 제거하고 적당한 크기로 껍질째 썬다. 장갑을 끼고 호박을 주서기에 내린다. 호박 주스를 고운체에 내린다. 무게를 잰 다음 발효용 용기에 담는다.

비살균 식초를 즙 무게의 20%에 해당하는 만큼 계량해서 덧넣기한다. 그런 다음 주스와 식초의 무게를 더해서 총량의 8%를 계산하여 그만큼의 에탄올을 더한다. (순수 에탄올을 구할 수 없다면 189쪽의 안내를 따라 보드카 등 80프루프의 주정을 사용하여 레시피를 조정한다.)

에어스톤을 호박 주스에 집어넣어 용기 바닥에 내려놓고 호스를 용기 위쪽으로 빼내서 공기 펌프에 연결한다. 면포 또는 통기성이 좋은 행주로 용기 입구를 덮고 고무줄로 면포를 고정시킨다. 호스 주변에 생긴 빈틈을 테이프로 막은 다음 펌프의 전원을 켠다.

191

땅콩호박 식초, 1일차

7일차

14일차

땅콩호박 식초를 10~14일간 발효시키며 후반부로 갈수록 자주 맛을 확인한다. 처음 며칠 사이에 주스에서 거품이 생겨나면 공기 펌프를 잠시 끄거나 주스를 휘저어서 거품을 뒤섞어 없앤다. 더 이상 알코올 맛이 느껴지지 않고 맛있는 신맛이 느껴지면 면포에 거른다. 땅콩호박 식초는 병입해서 뚜껑을 닫고 냉장고에 보관하면 풍미를 최대한 신선하게 유지할 수 있지만, 공기에 노출시키지 않는 한 찬장에서도 완벽하게 보관할 수 있다. 다만 화사한 주황빛은 시간이 지날수록 흐려진다.

신속 제조 가능한 기타 식초(주스 + 에탄올 + 덧넣기 식초):

- 비트
- 피망
- 블랙커런트
- 당근
- 퀸스
- 고구마
- 흰 아스파라거스

- 펜넬
- 히카마[21]
- 다시마와 말린 가다랑어포 육수
- 콜리플라워
- 셀러리악
- 오이

다양한 활용법

천천히 조리한 당근

육수에나 사용할 법한 커다란 괴수처럼 생긴 당근이 아닌 예쁘게 생긴 당근을 준비한다. 껍질을 벗긴 다음 취향에 따라 얇게 저미거나 어슷 썰거나 통째로 사용한다. 팬을 약한 불에 올리고 버터를 넉넉하게 한 덩어리 녹인 다음 당근을 한 켜로 깔아서 천천히 캐러멜화한다. 버터가 잔잔하게 거품을 일으키면서 보글보글 끓을 정도로 아주 천천히 익혀야 한다. 당근을 6~7분 간격으로 살살 굴려가면서 30~50분간('약한 불'의 세기에 따라 달라진다) 익힌다. 제대로 만들었을 경우 당근은 캐러멜화된 색을 띠면서 질감이 노란 건포도와 비슷해야 한다. 거의 완성되었을 즈음에 불 세기를 약간 높이고 소금을 살짝 뿌린 다음 당근 2~3개당 땅콩호박 식초 1숟갈씩을 두른다. 당근

---

21 멕시코 감자라고 부르기도 하며 무와 비슷해서 대체하여 쓸 수 있다. 이눌린과 식이섬유가 풍부한 건강식품이다.

천천히 익힌 당근을 땅콩호박 식초로 디글레이즈한다.

에 가볍게 버무려져서 풍미를 한 켜 덧입히고 산미를 느끼게 할 정도면 충분하다. 같은 조리법을 통해서 파스닙이나 순무, 루타바가, 호박 등 천천히 익혀도 거뜬한 채소를 조리해도 좋다.

간단 피클

날것으로 즐겨 먹는 아삭한 과일과 채소라면 뭐든지 사용해도 좋지만 여기서는 오이를 예로 들어본다. 오이를 얇은 두께(3mm)의 동전 모양으로 저민 다음 가볍게 소금 간을 해서 볼에 담아 약 10분간 절인 다음 땅콩호박 식초를 잠기도록 붓는다. 골고루 버무린 다음 취향에 따라 레드 페퍼 플레이크를 살짝 뿌려서 매운맛을 가미해도 좋다. 저녁 식사가 준비되기 한 시간 전에 재워두면 모두 둘러 앉아 밥을 먹을 즈음에는 완벽한 피클이 완성되어 있을 것이다.

우리가 땅콩호박 식초를 이용해서 즐겨 피클로 만드는 채소로는 꾀꼬리버섯이 있다. 프라이팬에 깨끗하게 손질한 버섯을 넣고 최소한의 오일만 둘러서 버섯이 익었지만 물러지지는 않을 정도로 가볍게 볶는다. 접시에 담아서 식힌 다음 유리 용기에 옮겨 담는다. 버섯 부피의 두 배에 해당하는 분량의 식초를 부은 다음(버섯이 상당량을 흡수한다) 용기를 단단히 밀폐한다. 다음 날이면 맛있게 익지만 냉장고에서 수개월 동안 보관할 수도 있다. 용기를 끓는 물에 팔팔 삶아서 한 단계 더 보존 절차를 밟으면 보존 기간이 늘어나므로 서늘한 응달에서 6개월~1년간 보관 가능하다. 로스트 치킨이나 생선 요리에 곁들이기 딱 좋은 음식이며 선물로 활용하기에도 훌륭하다.

자그마한 꾀꼬리버섯을 땅콩호박 식초에 1일간(또는 최대 1년까지) 재우면 훌륭한 피클이 완성된다.

새우볶음

다음에 껍질 벗긴 새우를 볶을 일이 있다면 새우가 불투명해지기 시작할 때 땅콩호박 식초와 새우 가룸을 동량으로 뿌려보자. (아직 381쪽의 장미 새우 가룸을 만들지 않았다면 우스터소스와 피시 소스를 1대 1 비율로 섞어서 대체한다.) 액상 양념이 팬 바닥의 파편을 디글레이즈하면서 새우에 뒤섞여 캐러멜화를 야기해서 끝내주는 맛이 난다.

193

위스키를 발효시켜서 식초를 만들려면 알코올을 일부 연소시켜
야 한다.

194

위스키 식초

Whiskey Vinegar

분량 약 2L

80프루프 위스키 1.5kg + 350g
비살균 사과주 식초 400g
물

식초 만들기의 세 번째 방법에서는 알코올성 음료를 기본으로 작업을 시작해서 알코올 도수를 40%에서 약 8% 정도로 줄인다. 우리는 우선 준비한 증류주에서 알코올을 거의 전부 연소시킨 다음 새 증류주를 조금 더해서 다시 도수를 맞추는 식으로 문제를 해결했다. 요령은 불길을 가하고 희석한 후에도 충분히 매력이 남아 있을 정도로 맛있는 주류를 찾는 것이다.

노마에서는 시드니에서 팝업 레스토랑을 진행하기에 앞서 호주의 위스키 제조 전통을 추앙하는 의미에서 위스키 식초를 시험해보았다. 완성한 식초를 당시 행사 메뉴에 쓰지는 않았지만, 그건 그저 노마식 메뉴 개발의 성격일 뿐이고 우리 마음에 쏙 들었다는 점에는 변함이 없어서 이 책에 실을 만하다고 판단했다. 위스키 식초는 이 책에 소개한 다른 일부 식초보다 특유의 한 방이 있는 편이라 풍미가 강한 고기와 잘 어울리며, 특히 단맛을 약간 가미해서 산미를 상쇄하면 효과적이다.

페리 식초(173쪽)의 상세 설명은 이 장에 소개한 모든 식초 레시피의 견본이다. 아래 레시피를 읽기 전에 먼저 페리 식초 레시피를 확인하고 오기를 권장한다.

장비 참고

착즙기, 식품 안전 플라스틱 양동이 또는 입구가 넓은 최소 3L짜리 유리 용기, 공기 펌프와 에어스톤이 필요하다. 발효용 용기 입구를 막을 수 있도록 면포나 통기성이 좋은 행주 및 대형 고무줄을 준비해야 한다. 또한 손으로

위스키 식초, 1일차

7일차

14일차

작업할 때는 반드시 소독한 장갑을 착용하고, 모든 장비는 철저하게 청소하고 소독하도록 한다(36쪽 참조).

상세 설명

뚜껑이 달린 대형 양수 냄비를 중간 불에 가열한다. 위스키가 부글부글 끓어오를 수 있는데 이런 사태는 무슨 일이 있어도 피해야 하므로 최대한 속이 깊은 냄비를 고른다. 냄비에서 연기가 피어오르면 곤란하지만 위스키에서 알코올을 즉각 날려버릴 수 있을 정도로는 뜨겁게 예열해야 한다. 또한 스토브 근처의 가연성 물질은 전부 치우고 주변에 열에 민감한 화재경보기가 없어야 한다.

냄비가 충분히 뜨거워지면 위스키 약 500g을 조심스럽게 재빨리 붓는다. 위스키가 즉각 끓어오르면서 바로 불길이 일어날 것이다. 그렇지 않으면 점화용 라이터나 길쭉한 성냥개비를 이용해서 알코올을 점화한다. 불이 붙은 알코올은 심각한 화상을 야기할 수 있으며 불꽃이 잘 보이지 않으면서 상당히 높게 치고 올라오므로 특별히 주의를 기울여야 한다. 화염이 두려울 정도로 너무 크게 일어날 경우에는 불을 끄고 냄비에 딱 맞는 뚜껑을 덮어서 불길을 죽인다.

불길이 가라앉으면 위스키를 다시 500g 더한다. 총 1.5kg의 위스키에서 모든 알코올을 날릴 때까지 같은 과정을 반복한다. 냄비를 불에서 내린다. 원래 부피의 40% 가량을 연소시키기 때문에 위스키의 양이 상당히 줄어 있을 것이다. (알코올을 100% 제거하는 것은 매우 어렵지만 우리 목적에 부합할 정도로는 충분하다.) 위스키가 나무통에서 숙성되며 얻어낸 묵직한 풍미 입자는 좋아든 위스키 속에 농축되어 있다.

물을 추가해서 총량을 1.25kg으로 맞춘다. 이 기본 용액에 알코올을 날리지 않은 나머지 위스키 350g과 비살균 사과주 식초 400g을 더한다. 그러면 기본 용액의 알코올 도수가 대략 8%로 조정되면서 아세트산 박테리아(AAB)가 산성화 과정을 시작하기 충분한 상태가 된다.

졸인 위스키와 손대지 않은 위스키, 사과주 식초를 섞으면 비로소 발효를 시작할 수 있다.

기본 용액을 발효용 용기에 담는다. 위스키가 들어가면 장시간에 걸친 수동 발효를 거쳐도 과일이나 채소 식초처럼 풍미가 변할 걱정이 없으므로 그냥 입구를 면포로 감싸고 고무줄로 봉해서 실온에 3~4개월 보관하면서 식초가 될 때까지 기다려도 좋다.

더 안정적이고 빠르게 결과물을 얻어내려면 에어스톤을 위스키 용액에 집어넣어 용기 바닥에 내려놓고 호스를 용기 위쪽으로 빼내서 공기 펌프에 연결한다. 면포 또는 통기성이 좋은 행주로 용기 입구를 덮고 고무줄로 면포를 고정시킨다. 호스 주변에 생긴 빈틈을 테이프로 막은 다음 펌프의 전원을 켠다.

위스키 식초는 다른 식초보다 짧은 기간인 8~12일간 발효시키면서 후반부로 갈수록 자주 맛을 확인한다. 위스키에는 당도가 부족해서 와인으로 치면 살짝 '드라이'한 느낌이 나는 식초가 되므로 조금 빨리 꺼내지 않으면 밋밋한 맛이 날 수도 있다. 균형 잡힌 위스키 식초는 잔류한 알코올이 너무 강하지 않게 드러나면서 전체적으로 부드럽고 따뜻한 느낌을 준다.

바닥에 침전물이 보이지 않는다면 굳이 체에 거를 필요는 없다. 위스키 식초는 병입해서 뚜껑을 닫고 냉장고에 보관하면 풍미를 최대한 신선하게 유지할 수 있지만, 공기에 노출시키지 않는 한 찬장에서도 완벽하게 보관할 수 있다.

다양한 활용법

위스키 식초 소스

피시 소스와 라임즙, 설탕으로 만드는 전통 베트남식 디핑 소스 느억 참은 신맛과 단맛, 톡 쏘는 향이 완벽한 조화를 이루고 있다. 노마에서 자체 제작한 발효 식품으로도 비슷한 맛을 낼 수 있다. 위스키 식초와 꿀을 4대 1 비율로 섞는다. 소고기 가룸(373쪽)을 살짝 섞어서 간을 맞춘다. 오리 고기나 메추리 고기, 숙성한 소고기 등의 붉은 살코기류나 푸른잎 채소 및 뿌리채소라면 날것에도 익힌 것에도 잘 어울리는 완벽한 디핑 소스가 완성된다.

소고기 가룸과 위스키 식초를 섞어서 노마식 베트남 소스 느억 참을 만든다.

197

가멜 덴스크 식초

Gammel Dansk Vinegar

분량 약 2L

가멜 덴스크 400g
물 1,185kg
비살균 사과주 식초 350g

가멜 덴스크는 덴마크의 전통 허브 리큐어다. 노마에서는 디저트에 사용하며 저녁 식사 후에 비터스 한 샷으로 기분 전환을 즐기는 사람을 위해 언제나 라운지에 한두 병 정도 놓아두고 있다. 가멜 덴스크의 알코올 도수는 위스키 같은 증류주보다 낮다. 그래서 위스키보다 직접적인 방식을 이용해서 식초 생산에 적절한 정도의 알코올 도수를 맞춘다. 바로 희석이다. 가멜 덴스크의 풍미는 애초에 너무 강렬하여 물을 좀 탄다고 해서 효과가 감소되지 않는다.

페리 식초(173쪽)의 상세 설명은 이 장에 소개한 모든 식초 레시피의 견본이다. 아래 레시피를 읽기 전에 먼저 페리 식초 레시피를 확인하고 오기를 권장한다.

발효용 용기에 가멜 덴스크와 물, 식초를 담고 휘저어 골고루 잘 섞는다. 에어스톤을 가멜 덴스크 용액에 집어넣어 용기 바닥에 내려놓고 호스를 용기 위쪽으로 빼내서 공기 펌프에 연결한다. 면포 또는 통기성이 좋은 행주로 용기 입구를 덮고 고무줄로 면포를 고정시킨다. 호스 주변에 생긴 빈틈을 테이프로 막은 다음 펌프의 전원을 켠다.

가멜 덴스크 식초는 충분히 산도를 갖출 때까지 8~12일간 발효시킨다. 바닥에 침전물이 보이지 않는다면 굳이 체에 거를 필요는 없다. 가멜 덴스크 식초는 병입해서 뚜껑을 닫고 냉장고에 보관하면 풍미를 최대한 신선하게 유지할 수 있지만, 공기에 노출시키지 않는 한 찬장에서도 완벽하게 보관할 수 있다.

가멜 덴스크 식초, 1일차

7일차

12일차

다양한 활용법

풍미 촉진제

가멜 덴스크 식초는 특징이 상당히 뚜렷한 편이지만 쓴맛과 산미가 서로의 날카로운 면을 다독이면서 어우러지기 때문에 생각보다 흥미롭게 사용하기 좋다. 아이들 식탁에 조미료 삼아 마음 놓고 올려놓을 수 있는 식초는 아니지만 이곳저곳에 한 숟갈씩 넣어보면 예상치 못한 복합적인 풍미와 매력을 더할 수 있다. 예를 들어 뵈프 부르기뇽을 만들 때 가멜 덴스크 식초를 미각으로 간신히 감지할 수 있을 정도로 살짝 더하면 짭짤하고 진한 스튜의 풍미가 은은하게 고양된다. 또한 월도프 샐러드나 마요네즈, 크렘 프레슈 등을 이용해서 만든 크림류 드레싱에 소량을 섞으면 맛이 훨씬 좋아진다.

엘더플라워 와인에 생엘더베리를 첨가하면 수년에 걸친 숙성 과정을 통해 풍미가 향상된다. 엘더베리에는 가벼운 독성이 있어서 날것으로 먹으면 복통을 일으킬 수 있다. 조리나 발효 과정을 거쳐서 안전하게 섭취할 수 있도록 만들어야 한다.

엘더베리 와인 발사믹

Elderberry Wine Balsamic

분량 약 5L(숙성 전 기준)

설탕 1.15kg
물 1.15+1.7kg
엘더플라워꽃송이, 줄기 제거한 것 500g
액상 세종 효모 1봉(35mL)
비살균 사과주 식초 1kg
잘 익은 엘더베리, 줄기 제거한 것 600g

스칸디나비아를 대표한다고 말하기에 손색없는 엘더플라워는 노마에서 다방면으로 대활약하는 재료이기도 하다. 스물다섯 명의 요리사가 긴 테이블에 모여들어 관목 덤불 가지를 가득 채운 쓰레기 봉지들을 뒤지면서 뒷정리를 해야 할 시간이 되기 전까지 60kg을 전부 손질하기 위해 알레르기 반응과 싸워가며 도무지 빨라지지 않는 속도로 자잘한 꽃송이를 하나하나 따내는 광경을 그려보자. 다음 날이면 다시 똑같은 과정이 반복된다.

엘더베리 식초는 노마 주방에서 한동안 필수품 취급을 받았다. 하지만 이 엘더베리 와인 발사믹은 현재 진행 중인 실험 주제다. 다시 10년이 지나고 나면 어떤 풍미로 완성될지 전혀 알 수 없다. 우리의 시운전에 함께 참여하고 싶다면 다음 레시피를 읽어보자.

장비 참고

엘더플라워 와인을 만들기 위한 1차 발효를 진행하려면 밀폐 뚜껑과 에어록, 고무마개가 달린 5L짜리 식품 안전 플라스틱 양동이를 마련해야 한다. 같은 양동이를 이용해서 2차 발효까지 진행할 수 있으며, 입구가 넓은 5L짜리 용기를 준비해도 좋다. 또한 5L짜리 숙성용 나무통을 준비해야 하며, 식초를 훨씬 오랜 기간 숙성시키기로 했다면 점점 작은 크기의 나무통이 여러 개 더 필요해진다. 굴절계는 선택 사항이다. 또한 손으로 작업할 때는 반드시 소독한 장갑을 착용하고, 모든 장비는 철저하게 청소하고 소독하도록 한다(36쪽 참조).

201

엘더베리 와인 발사믹, 1일차

7일차

14일차

발사믹 식초는 노마의 찬장에 항상 구비해두는 품목은 아니지만 미식계의 대들보이자 전 세계 주방에서 널리 사랑받는 재료다. 발사믹 식초의 생산 과정은 발효 및 숙성 중에서도 제일 흥미로운 부분에 속하므로 노마에서는 우리 나름대로의 방식을 따라 다음 레시피를 개발했다.

상세 설명

몇 년에 걸친 길고 긴 발사믹 식초 생산 과정은 엘더플라워 시럽 만들기부터 시작된다. 대형 냄비에 설탕과 물 1.15kg을 담아서 한소끔 끓인 다음 휘저어 설탕을 녹인 후 불에서 내린다. 시럽이 끓는점에 달하는 동안 엘더플라워를 깨끗한 내열용기에 담는다. 시럽을 엘더플라워 위에 붓고 실온으로 식힌다. 랩을 두어 장 뜯어서 수면에 바로 닿도록 덮는다. 엘더플라워는 수면 위로 떠오르는 편이므로 랩을 씌워야 시럽에 푹 잠기도록 할 수 있다. 그런 다음 뚜껑을 덮어서 냉장고에 넣고 2주간 재운다.

시럽을 고운체에 거르고 엘더플라워를 꾹꾹 눌러 최대한 액체를 짜낸 다음 5L짜리 양동이에 담는다. 남은 물 1.7kg을 더하면 당도가 30브릭스까지 내려간다(처음 시작은 50브릭스였다). 굴절계가 있다면 이때 정확한 브릭스 수치를 측정해서 초기 발효 과정을 어느 정도까지 진행할지 파악하는 지침으로 사용한다. 희석한 엘더플라워 시럽에 효모를 넣고 깨끗한 숟가락으로 휘젓는다. 양동이의 뚜껑을 닫아서 완전히 밀폐한 다음 에어록에 물을 채워서 고무마개를 통해 집어넣는다.

양동이를 실온보다 약간 서늘한 장소에 둔다. 약 18℃ 정도가 이상적이다. 그리고 2~3주간 발효시킨다. 엘더베리 와인에는 당이 상당히 남아 있고 알코올 도수는 8~10% 정도가 되어야 한다. 굴절계가 있고 초기에 측정값을 기록해두었다면 발효 14일차가 지난 후 브릭스 수치를 다시 측정한다. 181쪽의 도표를 이용해서 측정값 수치를 알코올 도수로 변환해보자.

액상 세종 효모를 첨가해서 엘더플라워 시럽의 당 발효 과정을
촉진한다.

엘더베리 식초를 나무통에 숙성시키면 은근하고 복합적인 풍미
가 겹겹이 발달한다. 오래 숙성시킬수록 좋다.

204

숙성용 나무통 고르기

나무통 고르기는 꽤나 재미있는 작업이다. 발사믹 식초를 숙성시킬 때는 목재의 다공성 덕분에 시간이 지날수록 식초가 증발하므로 나무통을 이용한다. 전통적으로 나무통의 마개 구멍은 틀어막는 대신 천을 덮어서 이물질은 막되 증발 과정은 촉진한다. 보통 불꽃을 일으켜서 나무통 내부를 그슬려 바닐린과 탄닌, 테르펜 등 휘발성 화합물의 형태로 존재하는 통 특유의 풍미를 생성시킨다.

품종마다 제각기 특성이 있으므로 사용하는 나무의 종류는 본인의 선택에 달렸다. 5L짜리부터 1L에 이르기까지 순서대로 크기에 맞는 나무통을 구하는 것은 그리 어렵지 않다.

노마의 엘더베리 와인 발사믹은 현재 오크 나무로 제작한 브룩라디Bruichladdich 스카치 위스키 통에서 숙성시키는 중이다. 와인 나무통, 버번 위스키 나무통, 셰리 통 등 중고 나무통을 이용하면 식초에 고유의 풍미를 주입할 수 있다. 새 나무통이든 중고 나무통이든 일단 구하고 나면 식초를 담기 전에 물을 채워서 하루 정도 목재를 불려야 한다. 그래야 나무통을 방수 상태로 만들 수 있다.

원하는 알코올 도수가 충족되면 사과주 식초를 덧넣기하고 통엘더베리를 넣는다. 뚜껑과 에어록 대신 입구를 면포로 감싼 다음 고무줄로 단단하게 봉한다. 와인을 실온에 두고 며칠 간격으로 깨끗한 숟가락을 이용해 골고루 휘저어서 수면에 둥둥 뜬 베리를 뒤섞어가며 3~4개월간 발효시킨다. 엘더베리 와인 발사믹은 느린 속도로도 아주 잘 산성화되는 식초다. 노마에서는 전통적으로 이 방식을 이용하지만 산성화 속도를 앞당기고 싶다면 앞서 설명한 대로 공기 펌프와 에어스톤을 도입해도 상관없다.

식초가 취향에 따라 알맞게 발효되면 고운체에 거르면서 엘더베리를 꾹꾹 눌러 최대한 즙을 추출한 다음 면포에 다시 거른다. 깔때기를 이용해서 식초를 나무통에 담고 구멍을 막는다. 나무통을 이상적으로는 약 18℃를 유지하는 서늘한 방이나 지하실에 둔다. 주변 습도는 나무통 내의 증발 속도에 영향을 미친다. 방이 건조할수록 증발 속도가 빨라진다. 발사믹 식초는 수년에 걸쳐서 발효시키므로 증발 속도를 어느 정도 조절하는 편이 나으니 지나치게 건조한 환경은 피하도록 한다.

전통 발사믹은 최소 12년간 숙성시키지만 사실 딱 1년만 지나도 풍미가 눈에 띄게 변화한 것을 느낄 수 있다. 오랜 기간 숙성시킬 생각이라면 12개월이 지난 후 나무통의 내용물을 더 작은 통으로 옮기고 싶어질 것이다. 시간이 지날수록 식초가 증발하면서 부피가 줄어든다. 매년 식초를 작은 나무통으로 옮기면 식초와 목재의 접촉 면적을 극대화시킬 수 있어 풍미가 더욱 진해진다. 노마에서는 숙성된 식초의 부피에 딱 맞는 크기의 나무통을 골라서 장기적으로 훨씬 복합적이고 풍미 깊은 식초를 만들기 위해 노력한다.

흑마늘 발사믹

Black Garlic Balsamic

분량 약 5L(숙성 전 기준)

흑마늘(417쪽) 500g
물 3.375kg
설탕 1.125kg
샤르도네 효모 1봉(40mL)
비살균 사과주 식초

노마에서는 발효를 통해 온갖 음식물 쓰레기를 줄이는 방법을 끊임없이 모색하고 있다. 이 식초 또한 원래 흑마늘로 과일 쫀득이와 비슷한 물건을 만드는 과정에서 발생한 대량의 흑마늘 껍질 덕분에 탄생한 것이다. 이후 껍질을 포함해 통마늘 전체를 사용하는 것으로 레시피를 수정했다. 엘더베리 와인 발사믹(201쪽)의 상세 설명은 흑마늘 발사믹 식초 레시피의 견본이 된다. 아래 레시피를 읽기 전에 먼저 엘더베리 와인 발사믹 식초 레시피를 확인하고 오기를 권장한다.

흑마늘을 껍질까지 포함해서 통째로 가로로 반 자른 다음 다시 세로로 4등분한다. 대형 냄비에 물과 설탕을 담고 한소끔 끓인 다음 휘저어서 설탕을 녹인다. 흑마늘을 넣은 다음 물에서 김이 거의 올라오지 않을 정도로 불 세기를 낮춘다. 뚜껑을 닫고 불에 올린 채로 1시간 동안 둔 다음 불에서 내리고 실온으로 식힌다. 식으면 뚜껑을 닫은 채로 냉장고에 옮겨 하룻밤 동안 재운다.

흑마늘 국물을 시누아에 거르며 국자로 꾹꾹 눌러 마늘 과육을 통과시키지 않은 채로 즙을 최대한 많이 뽑아낸다. 면포를 깐 체에 국물을 다시 한 번 거른다. 완성한 흑마늘 국물에 효모를 더하고 깨끗한 숟가락으로 잘 휘저은 다음 발효용 용기에 옮겨 담는다. 양동이의 뚜껑을 닫아서 완전히 밀폐한 다음 에어록에 물을 채워서 고무마개를 통해 집어넣는다.

흑마늘 발사믹, 1일차

7일차

14일차

흑마늘 국물을 서늘한 방에서 2~3주간 발효시킨다. 이제 흑마늘 와인이 완성되었다. 알코올 풍미가 뚜렷하게 느껴지지만 잔류 당도 상당히 있는 상태여야 한다.

면포를 깐 체에 흑마늘 와인을 걸러서 2차 발효용 용기에 옮겨 담는다. 2차 발효에는 1차 발효의 양동이를 재사용하거나 입구가 넓은 5L짜리 용기를 준비한다. 와인의 무게를 계량한 다음 그 20%에 해당하는 분량의 비살균 사과주 식초를 덧넣기한다. 에어스톤을 흑마늘 와인에 집어넣어 용기 바닥에 내려놓고 호스를 용기 위쪽으로 빼내서 공기 펌프에 연결한다. 면포 또는 통기성이 좋은 행주로 용기 입구를 덮고 고무줄로 면포를 고정시킨다. 호스 주변에 생긴 빈틈을 테이프로 막은 다음 펌프의 전원을 켠다.

흑마늘 와인을 실온에서 약 14일간 식초로 발효시킨다. 맛을 봐서 아세트산이 충분히 생성되었는지 확인한다. 식초를 체에 걸러서 나무통에 옮겨 담아 증발 및 숙성시킨다. 나무통을 이상적으로는 약 18℃를 유지하는 서늘한 방이나 지하실에 둔다. 여러 해에 걸쳐 숙성시킬수록 풍미가 독특해진다. 단 1년만 지나도 엄청난 차이가 느껴지지만 매번 더 작은 나무통으로 옮겨 담으면서 계속 기다리면 인내심을 들인 보상을 충분히 얻을 수 있다.

207

다양한 활용법

중국 흑식초 대체품

종지에 흑마늘 식초를 담고 이것저것 더할 필요 없이 참기름 한 방울을 떨어뜨린 다음 고추기름을 살짝 두르면 만두나 찐빵에 곁들이기 좋은 거의 완벽에 가까운 디핑 소스가 완성된다. 또는 청경채나 가이란 등 아삭한 녹색 잎채소를 살짝 쪄낸 다음 아직 뜨거울 때 흑마늘 식초를 둘러서 버무린 후 볶은 해초와 말린 가다랑어포, 참깨 등을 섞어 만든 일본식 건조 토핑 후리카케로 양념해보자.

흑마늘 식초와 호밀 미소 소스

흑마늘 식초를 명목상 동양 스타일로 활용하는 또 다른 방법은 중국의 마늘 더우츠장을 재해석하는 것이다. 검은콩을 건조한 후 발효시킨 중국 양념 더우츠豆豉 대신 우리는 이 책에 등장하는 또 다른 발효 식품 호밀 미소(307쪽)를 사용한다. 절구에 호밀 미소 100g을 담고 거의 매끄러운 상태가 될 때까지 간 다음 흑마늘 식초 50g을 더해서 골고루 잘 휘저어 섞는다. (이상적으로는 되직한 점성을 내기 위해 나무통에서 숙성한 식초를 사용하는 것이 좋지만, 성격이 급해서 미처 1년씩 기다릴 여유가 없다면 막 빚어낸 식초를 냄비에 담고 양이 3분의 2로 줄어들 때까지 졸인 다음 사용한다.) 소금으로 간을 맞추고 따스한 매콤함을 선사하는 고추기름 대신 신선한 홀스래디시를 갈아서 조금 섞어 마무리한다. 익숙한 시판 소스에 비해 거친 느낌이 강하지만 호밀 미소와 흑마늘을 발효시키는 과정에서 발생한 아주 느린 캐러멜화 덕분에 발효된 검은콩에서 나는 달콤한 맥아 향과 비슷한 풍미가 느껴진다. 붉은 살코기류와 놀랍도록 잘 어울리므로 딥 소스로 내거나 고기 위에 바로 쓱 발라 먹어보자. 더우츠장에서 느껴지는 톡 쏘는 쿰쿰함이 부족하게 느껴진다면 망설이지 말고 오징어 가룸(385쪽)을 몇 방울 떨어뜨리자.

호밀 미소에 흑마늘 발사믹을 섞어서 짜릿한 매력과 감칠맛이 넘치는 디핑 소스나 양념용 페이스트를 만들 어보자.

5.

누룩

—

마법의 곰팡이

"충분히 발전한 기술은 마술과 구분할 수 없다." 작가 아서 C. 클라크는 이렇게 말했다. 그리고 지구상에서 가장 비범한 기술은 오랜 역사에 걸쳐서 우연과 요건이 겹치며 부지불식간에 정제되어 체계를 갖춘 생물학적 존재다. 자연계는 끝없는 호기심의 원천이자 무한한 변이를 갖춘 바닥없는 발견의 우물이다.

우리는 누룩이 마술이나 다름없다고 생각한다. 누구나 마음껏 휘두를 수 있으니 최고의 마술이라 할 수 있다. 누룩의 광채를 직접 경험하고 싶다면 그냥 입에 넣고 맛을 보면 된다.

누룩의 영문명 코지koji는 일본에서 유래한 단어로, 정확히 말하자면 포자형 곰팡이로 따뜻하고 습한 환경의 익힌 곡물에서 자라나는 누룩곰팡이(아스페르길루스 오라이재)를 접종한 쌀이나 보리를 가리킨다. (영어권에 사는 우리는 누룩을 접종한 곡물과 곰팡이, 포자를 두루 칭하는 용어로 사용한다.)

올바른 조건 하에서 미세한 누룩곰팡이 포자가 익힌 보리나 쌀 같은 적당한 기질基質에 자리를 잡으면 새하얗고 성긴 뿌리를 닮은 곰팡이 세포인 균사가 발아한다. 곰팡이 세포가 번식하면서 균사가 곡물을 파고들고 덩굴손을 뻗어 성장하면서 균사체로 알려진 망을 형성한다. 그리고 하얀 솜털 모양의 뭉치가 이틀에 걸쳐 자라나며 짙은 흰색 덩어리가 되어 곡물 알갱이를 뭉쳐서 가둬버린다. 이렇게 완성된 곰팡이 곡물 덩어리가 바로 누룩이다. 처음 24시간이 지나고 나면 백향과와 살구가 연상되고 사람을 도취시키는 향기가 퍼지기 시작한다. 48시간 후면 달콤한 과일 향과 감칠맛이 가득한 누룩이 완성된다.

누룩의 풍미와 향기를 자아내는 화학물질은 균사가 곡물에서 성장하며 기질을 외부적으로 삭히고 영양소를 흡수하여 신진대사를 위한 연료로 사용하면서 방출한 효소다. 누룩곰팡이는 전분(아밀레이스), 단백질(프로테아제), 지방(리파아제)을 각각 단당류, 아미노산, 지방산이라는 개별 구성 요소 단위로 분해하는 효소 비행편을 생산한다. (효소는 접미어 '아제ase'가 붙는지 여부를 통해 구분할 수 있다. 접두어는 해당 효소가 작용하는 물질을 나타낸다.)

아스페르길루스 균사는 성장하면서 눈에 보이는 거미줄 같은 형태로 퍼져나간다.

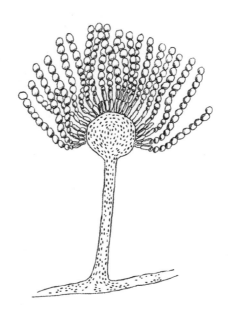

마법의 누룩곰팡이 아스페르길루스 오라
이지

일단 발효 세계를 파고들기 시작하면 순식간에 누룩에 빠져들게 될 것이다. 누룩과 마주하지 않기란 파리에 가서 에펠탑을 보지 않는 것만큼이나 불가능한 일이다. 하지만 누룩이 서양 주방에 고개를 들이민 것은 고작 지난 5~10년 사이의 일이다. 노마도 예외가 아니어서 2010년 일본 여행을 떠났을 때에야 누룩이 선사하는 가능성에 제대로 눈을 뜨게 되었다.

세상에 존재하는 대부분의 MSG를 비롯하여 모든 종류의 조미료 제품을 생산하는 회사인 아지노모토는 도쿄에 감칠맛 정보 센터라는 연구 시설을 운영하고 있다. 정말로 진지하게 감칠맛과 그 효용성을 연구하는 곳이었다. 우리는 이미 코펜하겐에서 누룩에 손을 대본 적이 있었지만 감칠맛 정보 센터를 방문한 후 고향에 돌아와서 감칠맛 작업을 발전시키는 데에 집착하기 시작했다. 테스트 키친과 발효 실험실에서는 실제 요리를 만들어내는 대신 몇 주일에 걸쳐 우리 주변에서 나고 자라는 식재료로부터 감칠맛을 추출하는 방법을 탐구했다. 그리고 얼마 지나지 않아 우리에게 '다섯 번째 감각'을 열어줄 열쇠는 누룩이라는 사실이 명백하게 드러났다.

214

설익은 마카다미아 너트와 닭게, 노마 오스트레일리아, 2016

젖산 발효 누룩수와 장미 오일로 진하게 양념한 맑고 차가운 호주산 닭게 국물에 얇게 저민 설익은 마카다미아 너트를 넣었다.

그 자체로 뛰어난 품질을 자랑하는 식재료는 많다. 요리 도구로 훨씬 훌륭하게 기능하는 재료도 있다. 하지만 양쪽에 모두 능한 재료는 많지 않다. 예를 들어 달걀은 그 자체로도 맛이 좋지만 다양성도 뛰어나다. 물론 누룩도 이 범주에 들어간다.

누룩 덕분에 우리는 오랫동안 고아서 고기 육수를 만들고 졸이는 전통적인 방식을 통해 소스를 만드는 지루한 과정을 어느 정도 감축할 수 있었다. 유럽의 소스에 대한 흔한 상식은 생선 뼈, 소뼈, 돼지 뼈, 바닷가재 껍질 등을 수 시간에 걸쳐 끓인 다음 졸여서 육수를 만들고 버터를 잔뜩 넣어야 한다는 것이다. 하지만 누룩을 묽은 육수에 넣어서 조리하면 젤라틴과 유제품의 묵직한 느낌 없이도 그와 유사할 정도로 복합적이고 진한 풍미를 구현할 수 있다. 우리는 누룩 덕분에 날재료가 부리는 기교를 포착해서, 삐걱거리는 문틈에 그리스grease를 잔뜩 바르듯이 질식시키는 대신 윤활유를 딱 필요한 만큼만 분무하는 식으로 타고난 아름다움이 화사한 빛을 발하게 만들 수 있었다.

누룩은 마치 마법사의 지팡이처럼 식재료를 변형시켜 달콤하고 짭짤한 표정을 골고루 덧입힌다. 노마에서 누룩은 완두콩 미소와 간장 생산 시의 필수품이다. 고기 가룸 및 생선 발효 식품을 생산할 때는 필수품까지는 아니지만 풍미뿐만 아니라 생산되는 효소를 이용하기 위해서 누룩을 넣는다. 누룩을 첨가하면 발효 속도가 빨라지고 단백질과 전분이 훨씬 효율적으로 분해된다. 써보면 써볼수록 온갖 예상치 못한 곳에서도 유용하게 쓰이는 스위스 군용 칼처럼 여기게 된다.

곡물을 사랑하는 누룩곰팡이

야생 곰팡이 중에는 상당히 기회주의적이라 포자를 퍼트릴 수 있는 것이라면 뭐든지 잡아채는 종류가 많으나 누룩곰팡이는 조금 까다로운 편이다. 노마에서는 건포도에서 당근에 이르기까지 다양한 식물과 과일로 누룩곰팡이 재배를 시도했지만 실제로 잘된 적은 별로 없다. 누룩곰팡이는 곡물을 사랑한다.

곡물은 풀의 씨앗이다. 자연계에서 생식의 성공은 종종 일련의 교환 거래로 성립되곤 한다. 과연 시간과 에너지를 한 자녀에게만 집중 투입해서 무사히 살아남아 성숙해지기를 바라는 것이 더 성공적일까? 성숙기에 도달하기까지 오랜 시간이 걸리고 생산하기까지 상당한 에너지가 필요한 과실을 맺는 아보카도 나무를 예로 들어보자. 아보카도 나무는 크고 튼튼한 아보카도씨

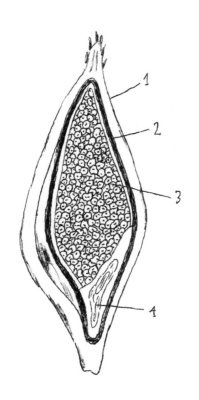

보리 알갱이 해부도

1. 겉껍질

2. 겨

3. 녹말성 배젖

4. 씨눈 또는 배

에 맛있는 점심 도시락을 싸서 세상에 나갈 때 들려 보낸다. 반면 풀은 훨씬 검소하다. 자녀가 첫 출발을 할 수 있도록 최소한의 도움은 주지만 동시에 씨앗을 아주 많이 생산한다. 자녀에게 들려 보낸 에너지 도시락은 당이 길고 복합적인 사슬 모양으로 연결된 전분 형태로, 보호력이 뛰어난 껍질이나 겨에 포장되어 있다. 일단 보리 같은 풀의 씨앗이 움트면 새싹이 아밀레이스를 생산하여 전분을 단순한 말토오스maltose, 즉 엿당으로 분해하면서 스스로 광합성을 하여 먹이를 생산할 수 있게 될 때까지 신진대사의 연료로 사용한다.

세계 최초로 맥주를 양조한 바빌로니아인과 이집트인은 전분을 당으로 분해하는 곡물의 타고난 능력에 주목하여 맥아malt(엿기름) 생산 과정을 고안해냈다(이당류인 말토오스 이름의 유래이기도 하다). 맥아 생산업자는 곡물을 습기에 노출시켜서 발아시킨 다음 굽거나 말려서 더 이상 성장하지 않게 한다. 그런 다음 이 맥아를 뜨거운 물과 함께 섞으면 효모가 아직 꽉 잠겨 있는 당을 발효시켜서 알코올을 만들어 맥주를 생성하거나 위스키의 바탕이 되는 매시를 형성한다. 누룩곰팡이도 맥아와 동일한 기능을 수행한다. 발아한 적이 없는 익힌 곡물에서도 마음껏 성장하면서 내부의 전분을 풀어서 갈라낼 수 있다. 그러나 맥아는 곡물의 전분에만 관심을 가지는 반면 누룩은 전분을 둘러싼 영양소가 풍부한 단백질 껍질까지 해체시킨다.

전분이 단당류가 이어진 사슬로 이루어져 있듯이 단백질은 아미노산으로 구성되어 있다. 일단 자유로이 풀려나고 나면 아미노산은 우리 혀에 감칠맛이라는 풍미로 기록된다. 누룩의 단백질(그리고 소량의 지방)을 분해하는 능력은 그 탁월한 효용성의 열쇠다. 어차피 제일 중요한 것은 단맛이지만, 그게 전부는 아닌 셈이다.

쌀 너머의 이야기

이탈리아의 사제 겸 생물학자 피에르 안토니오 미첼리Pier Antonio Micheli는 1729년 최초로 아스페르길루스속을 분류해냈다. 그는 곰팡이 줄기 및 포자의 형태를 보고 가톨릭 의식에서 성수를 뿌리는 용으로 사용하는 살수기aspergillum를 떠올렸다. 뒤에 붙은 이름 오라이지는 '쌀'을 뜻하는 라틴어에서 유래한 것이다. 하지만 이는 누룩 역사의 아주 소소한 부분일 뿐이다.

고대 일본에서 쌀은 귀족의 음식이었다. 소작농과 일반 농민을 포함한 대다수 인구는 본인이 경작한 쌀을 봉건 영주에게 세금으로 바쳐야 했으므로 쌀을 먹을 여유가 없었다. 근근이 먹고 사는 농민의 식생활은 주로 보리 등의 곡물에 치중되어 있었으므로 일본의 누룩은 대체로 쌀 이외의 곡물을 이용하여 만드는 경우가 많았다.

시간이 지나고 경제와 사회 계층이 변화하면서 보리누룩으로 만든 미소 같은 제품은 유행에 뒤떨어지게 되었다. 현재 일본에서 훨씬 흔하고 더욱 선호하는 쪽은 쌀누룩이다. 노마에서는 통보리로 누룩을 만든다.

처음에 보리를 사용하기로 결정한 것은 지역성 때문이었다. 우리는 누룩이라는 환상적인 곰팡이를 정말 써보고 싶었지만 동시에 우리 지역에 맞춰 변용하길 원했다. 그래서 북유럽 지역의 맥주 생산에 관한 오랜 역사를 바탕으로 자연스럽게 보리를 채택했다. 그러다 몇 년이 지나 2015년, 팝업 레스토랑을 위해 전 직원이 다 함께 일본에 방문했을 때 우리는 쌀누룩 만들기를 처음 시도할 생각에 들떠 있었지만, 곧 보리누룩의 풍미가 더 매력적으로 느껴진다는 사실을 깨닫고 다시 보리로 돌아왔다. 누룩곰팡이는 사용 가능한 영양분의 양에 따라 반응이 달라진다. 쌀에는 보리보다 전분이 많아서 우리 입맛에는 너무 달짝지근했다.

또한 누룩을 젖산 발효해서 새콤한 물을 만들어낼 때처럼 2차 발효를 진행할 때 여분의 당이 발효를 너무 가속화해서 풍미가 살짝 떨어지는 경향이 있다.

그간 다른 여러 곡물을 이용해서 누룩곰팡이 접종을 시도하고 다시 보리로 돌아오기를 반복했지만, 그렇다고 다른 기질을 무시할 수는 없다. 노마에서는 기장에서 신선한 견과류에 이르기까지 모든 식재료에 누룩곰팡이를 접종해봤다. 호밀 누룩에서는 파르미지아노 치즈를 연상시키는 육류와 비슷한 풍미가 난다. 코니니 밀(일종의 보라색 재래 밀 품종)에 누룩을 접종하자 강렬한 견과류 향이 살아났다. 밀 누룩에서는 가벼운 빵 느낌과 함께 풍성한 꽃과 과일 향을 느낄 수 있다.

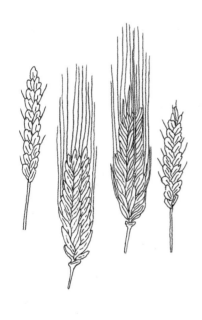

고대 문명의 주요 작물인 보리는 노마에서 누룩 생산용 기질로 선호하는 재료이기도 하다.

217

모든 곡물은 익혀서 곰팡이를 접종하기 전에 도정 과정을 거쳐야 한다. 씨앗의 전분은 튼튼하고 보호력이 뛰어난 겉껍질에 싸여 있다는 점을 기억하자. 그대로 곰팡이를 심으면 균사가 바깥층을 뚫고 전분에 도달하기까지 상당한 시간이 걸릴 수 있다. 불가능한 싸움은 아니지만 겉껍질과 겨, 배아를 제거한 곡물을 사용하면 누룩이 훨씬 잘 자란다. 일본주의 등급을 보면 알 수 있다. 일본주 양조업자는 누룩을 접종하기 전에 쌀의 겉껍질을 도정하며, 도정율이 높아질수록 일본주의 가격은 높아진다. 우리는 일본에서 누룩으로 바꾸고 싶은 곡물의 내부층까지 쉽게 닿을 수 있도록 도와줄 주방용 도정기를 구해왔다.

다른 곡물을 도정해서 발효시키며 실험을 하기로 마음먹었다면 곡물의 단백질은 낟알의 외부층, 즉 겨 바로 아랫부분에 있다는 사실을 기억해두자. 도정을 너무 과하게 하면 누룩 풍미의 원천이 되며 일부 2차 발효에서 감칠맛을 담당하는 단백질 층까지 벗겨질 수 있다. 일본주에서는 그다지 바람직하지 않은 풍미지만 우리가 누룩 제조에서 추구하는 맛을 내려면 반드시 필요한 요소다. 즉 겨는 깎아내되 단백질 층은 온전하게 내버려두려고 노력해야 한다.

누룩의 다양한 얼굴

최초로 누룩을 다루고 활용하는 법을 알아낸 것은 고대 중국과 일본의 요리사다. 벌써 2500년도 더 전에 어떤 대담한 중국 주방장이 익혀서 한동안 내버려뒀더니 곰팡이가 수북하게 피어오른 곡물을 맛보기로 결정했다가 화사한 열대 과일 향에 단맛과 진한 풍미가 느껴진다는 사실을 발견한 것이다. 물론 말처럼 안전하거나 간단한 일은 아니었다. 누룩곰팡이에는 250종 이상의 곰팡이 친척이 있는데, 그중 많은 수가 면역 체계가 손상된 사람에게 치명적일 수 있는 발암성 독극물인 아플라톡신을 생성한다. 그러나 누룩곰팡이는 다르다. 많은 연구를 통해 누룩에는 아플라톡신이 일절 존재하지 않으며 섭취해도 안전하다는 사실이 밝혀진 바 있다. 하지만 그래도 누룩곰팡이는 훨씬 오랜 역사를 지닌 까만 곰팡이의 자손이며, 늑대를 길들여 개가 된 것과 같은 방식으로 길들여졌을 뿐이라는 사실에는 주의할 가치가 있다. 잠재적인 유해성을 지닌 이 유기체는 수많은 세대를 거치며 천천히, 그리고 선택적으로 유용하고 유순하게 길들여졌다.

기록상에 누룩이 처음으로 언급된 것은 기원전 300년경 중국 주나라 왕실 제도를 기록한 경전인 주례周禮로, 여기서는 이 곰팡이를 '추qu'라고 칭한다. 이후 몇 세기 동안의 기록에 따르면 추는 중국의 주요 상품이 되었다. 약 300년 후 중국의 공식 기록에 곡물 기반 주류와 장류 제조에 대한 지침이 등장하며, 이러한 지식은 꾸준히 확산되었다. 그리고 서기 8세기에 누룩은 일본으로 건너간다.

그때부터 무작위로 돌연변이가 생겨나며 여러 색상의 변형이 탄생하기 시작했다. 그중에서 새하얀 알비노 돌연변이가 선택받아 번식하게 된다. 누룩 육종가들은 익힌 쌀이나 보리에 1%가량의 재를 섞으면 다른 야생 곰팡이와 누룩을 분리시킬 수 있다는 사실을 알아냈다. 재는 쌀의 pH를 올려서 다른 곰팡이가 살 수 없는 환경을 형성한다. (누룩곰팡이는 약간 알칼리성인 환경도 견딜 수 있다.) 또한 알비노 균주를 골라서 번식시키면서 침입자 곰팡이를 쉽게 발견해서 골라낼 수 있게 되어 유전자 라인을 순수하게 유지할 수 있었다. 이후 돌연변이가 계속해서 이어지며 서로 다른 분량의 다른 대사산물을 생산하는 아종이 생겨났다. 1200년에 걸친 일본의 육종 과정은 페니실리움 로큐포티Penicillium roqueforti(파란 줄이 얼기설기 얽혀 있는 블루치즈에서 발견된다)나 브레비박테리움 리넨스Brevibacterium linens(림버거Limburger 치즈의 주황색 껍질을 만들어낸다) 등 특정 박테리아 배양을 통해 특정 치즈를 생산하는 프랑스 아피뇨르 동굴의 야생 박테리아 접종 과정을 연상시킨다.

일본인은 누룩을 이용해서 미소와 간장, 아마자케, 일본주 등 매혹적인 식품 세계를 구축했다. 수 세기에 달하도록 누룩 배양법은 엄중하게 비밀로 지켜져왔다. 열 곳도 채 되지 않는 누룩 육종가가 거의 천 년에 가까운 세월 동안 아랫세대로 전해져 내려오는 특정한 자질을 갖춘 곰팡이를 골라내 길러낸다. 미소 제조업자와 일본주 양조업자는 이들 육종가로부터 '씨누룩(종균種麴)'이라고 불리는 포자를 소량씩 주문해서 받아야 했다. 그러나 결국 시장의 문이 활짝 열리면서 오늘날 일본인 생산자들이 길러내는 각기 특화된 누룩곰팡이 종균은 1만 가지 이상에 이른다.

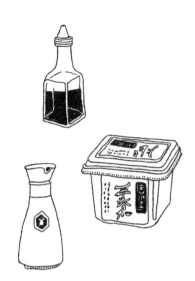

누룩은 미소에서 쌀 식초, 간장, 아마자케, 일본주에 이르기까지 온갖 풍성한 발효 식품을 만들어내는 열쇠다.

무수한 누룩곰팡이 변종은 저마다 독특한 특성을 가지고 있다. 우리가 노마에서 수행하는 대부분의 작업에 사용하는 누룩은 대부분의 일본주 생산에 사용되는 노란 계통 누룩의 알비노 변종이다. 우리는 또한 구연산을 생산하는 아스페르길루스 루추엔시스Aspergillus luchuensis, 즉 백국균도 사용한다. 여기서는 누룩곰팡이의 뚜렷한 열대 과일성 풍미에서 완전히 방향성이 틀어진 풋사과와 생느타리버섯을 연상시키는 향기가 난다. 쌀을 이용해서 백국균을 기르면 사과와 화사한 레몬 향이 감도는 정직한 느낌의 누룩이 된다. 하지만 보리를 사용하면 곰팡이에서 또 다른 수준의 흥미로운 흙 향 및 자몽과 거의 구분하기 힘들 정도의 산뜻한 쓴맛이 생겨난다. 아스페르길루스 아와모리Aspergillus awamori는 아주 새까만 포자로 이루어진 오래된 품종이다. 오키나와 현지 주민은 인디카의 아종에 속하는 쌀에 이 포자를 길러내서 아와모리라는 이름의 증류주를 생산한다. 백국균처럼 아스페르길루스 아와모리도 대사산물로 구연산을 생산하여 기분 좋게 새콤한 누룩을 만들어낸다(다만 구연산은 증발하기에는 너무 무거워서 증류 후 완성된 아와모리에는 섞여 있지 않다는 사실을 알아두자.) 노마에서 보리와 아스페르길루스 아와모리로 생산한 누룩에서는 사바saba처럼 포도 졸임액을 연상시키는 향기가 난다.

한 기질에서 다른 기질로 옮겨가며 성장을 거듭하는 다양한 곰팡이의 순열을 조사하는 데에는 평생을 바쳐도 부족하다. 그러고도 누룩의 화려한 다양성은 피상적이나마 간신히 이해할 수 있는 정도가 될 것이다.

용감무쌍한 누룩 육종가가 직면하는 제일 큰 물자 관련 장애물은 특정 포자를 조달하는 부분이다. 아마추어 애호가 사이에서 누룩의 인기는 아직 크래프트 맥주와 비슷할 정도로 주류화되지 못했다. 하지만 인근 식료품점 선반에 씨누룩이 진열되어 있지 않다 하더라도 결코 구할 수 없는 것은 아니다.

인터넷으로 '씨누룩', '누룩균' 등을 검색하면 수제 일본주 제조용 세트 등을 판매하는 제조업자의 정보를 얻을 수 있다. 그러한 회사는 대부분 일본에 위치하고 있지만, 북미 지역에도 가짓수는 적으나 몇몇 포자를 판매하는 곳이 있다. (추천 구입처 목록은 448쪽 참조.)

그중 가장 풍미가 좋은 것은 누룩곰팡이의 알비노 변종으로, 특히 이 책의 다양한 응용 분야에서 크게 활약한다. 아스페르길루스 아와모리나 백국균 등의 종류를 온라인으로 구입하려면 발품을 조금 팔아야 한다. 만일 일본어를 할 줄 알거나 그런 친구가 있다면 본인이 정확히 무엇을 구입하고 있는지 제대로 파악하는 데에 도움이 될 것이다. 하지만 대체로 라틴어로 된 분류학적 명칭이 널리 사용되고 있다.

누룩 포자는 매우 회복력이 좋다. 운송 기간을 잘 버티고 진공 포장 후 냉동고에 넣으면 수년간 보관할 수 있으며 심지어 실온의 찬장에서도 6개월간 보존할 수 있다.

누룩이 집처럼 여기는 환경

모든 발효물은 번식하기 위해서 본인에게 딱 필요한 환경을 갖춰야 하는 복잡한 생물이며, 누룩은 그런 발효 세계에서도 꽤나 까다로운 축에 속한다. 누룩이 좋아하는 최적의 환경은 상당히 구체적으로 정해져 있지만 그렇다고 포기하지는 말자. 누룩은 고작 2일이면 성숙한다. 첫 시도(또는 두어 번 정도 더)에 실패를 맛보더라도 시간이나 노력을 그다지 크게 낭비하지 않고 새롭게 시도할 수 있다. 그리고 아이를 기르는 것과 마찬가지로 처음보다 두 번째가 더 쉽다.

221

보리에서 48시간 동안 성장한 아스페르길루스 아와모리

녹색 누룩곰팡이, 48시간

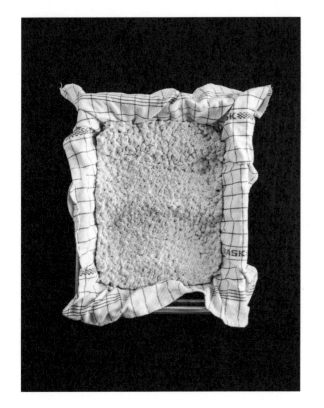

백국균, 42시간

백국균, 48시간

하지만 두 번째, 세 번째 시도를 염두에 두기 전에 먼저 제조 과정이 처음부터 끝까지 어떻게 진행되는지 알아보자.

1. 통보리를 씻은 다음 물에 불렸다가 완전히 익을 때까지 찐다.

2. 낟알을 알알이 분리한 다음 실온으로 식힌 후 누룩균을 접종한다.

3. 접종한 곡물을 발효실에 넣는다. 온도는 30℃에 습도는 70~75% 사이가 이상적이다.

4. 24시간 동안 누룩이 자라게 둔다. 손에 장갑을 끼고 곡물을 골고루 뒤집은 다음 고랑을 파서 전체적으로 세 줄로 나누어 열이 고르게 분산되도록 한다.

5. 누룩을 18~24시간 더 그대로 둔다. 이후에도 성장을 계속하지만 곰팡이가 포자로 변하기 전에 수확하는 것이 좋다.

제일 먼저 해결해야 하는 과업은 온도와 습도를 일정한 수준으로 유지하는 것이다. 누룩을 위해서는 누룩곰팡이가 처음으로 탄생한 환경을 재창조해야 한다. 바로 중국 남부의 따뜻하고 습한 기후다. 또한 곰팡이는 세포 호흡을 위해서 산소를 필요로 하므로 반드시 공기를 순환시켜야 한다. 공기 순환은 누룩이 성장하면서 생산하는 상당량의 열을 주변으로 퍼트리며 발산시키는 데에도 중요한 역할을 한다. 비좁은 공간에 누룩 쟁반을 둘 경우 온도가 42℃ 이상으로 훌쩍 뛰어오르는 경우가 드물지 않은데, 곰팡이는 이 시점에서 더 이상 견디지 못하고 사멸해버린다.

일본의 일본주 양조업자는 전통적으로 코지무로麴室라고 부르는 삼나무를 깐 공간에서 누룩을 키운다. 누룩을 담는 얄은 쟁반 또한 화학약품 처리를 하지 않은 삼나무로 만든 것으로 그 자체의 향을 더하는 것은 물론 항균성이 있어서 수북하게 쌓인 익힌 곡물에 이끌려 찾아오는 다른 미생물을 배제하여 누룩의 성장을 촉진시킨다. 누룩 쟁반은 절대 물로 씻지 않으므로 시간이 지날수록 맥주로 유명한 벨기에의 수도원 서까래에 독특한 균주가 자생하는 것과 마찬가지로 쟁반 자체에도 누룩곰팡이가 서식하게 된다.

223

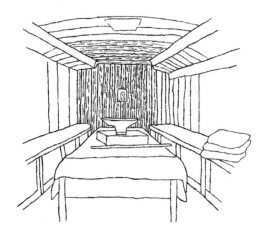

노마에서는 발효를 진지하게 다루기 시작하면서 선적 컨테이너를 여러 개 쌓아 일련의 발효실을 제작했다. 하지만 가정집에서 똑같이 컨테이너를 마련하거나 곰팡이를 위해 방 한 칸을 비우라고 요구하는 것은 터무니없는 일이니 현실적인 방안을 생각해보자. 맞춤형 목제 캐비닛, 플러그를 꽂지 않은 소형 냉장고, 소풍용 아이스박스 쿨러, 비닐 덮개를 씌운 스피드랙 선반, 실험실 수준의 환경을 갖춘 발효실 등 다양한 선택지가 존재한다. 직접 만들건 좋은 것을 구입하건 발효실이라면 우선 이 세 가지 요소를 충족시켜야 한다. 열을 보존할 것, 습도를 유지할 것, 누룩이 숨을 쉴 수 있을 것.

오래된 상자형 냉동고, 스탠드형 쿨러, 소형 냉장고 등 폐품이 된 냉동용 기구는 아주 효과적으로 사용할 수 있다. 모두 단열을 염두에 두고 제작한 제품이며 열과 습도를 제대로 유지할 수 있기 때문이다. 또한 냉장고와 쿨러는 방수 처리가 되어 있고 청소하기 쉽다는 장점이 있는데, 비교적 습도가 높은 환경에서는 주의를 기울이지 않으면 습기가 내부에 고여서 발효물을 손상시킬 수 있다. 소풍을 갈 때 주로 가져가는 아이스박스 쿨러나 스티로폼 단열 상자를 사용해도 좋다. 이러한 냉동 기구를 재활용할 때에는 공기 순환에 주의를 기울여야 한다. 냉장고나 쿨러 윗부분에 드릴로 1cm 크기의 구멍을 몇 개 뚫은 다음 철망이나 면포를 덧대서 이물질이나 벌레가 들어가지 않도록 한다. 스티로폼 상자를 사용할 때는 뚜껑을 살짝 열어놓아도 좋다. 또는 냉동 기구 내 공간이 충분하다면 가끔씩 문을 활짝 열어서 신선한 공기가 오가도록 한다.

DIY 발효실의 종류에 대해 더 알아보자면, 목재 캐비닛을 사용하는 것도 좋다. 누룩이 숨을 쉴 수 없을 정도로 공기를 완전히 차단하지 않으면서 청소가 용이하다. 여닫이문이 달린 단순한 직립형 직사각형 상자만 있으면 충분하다. 우리가 본 어떤 가정 발효가는 제조업체의 경고문을 무시하고 팬을 멈추거나 끄도록 개조한 건조기를 이용해서 누룩을 성공적으로 키워내고 있었다.

누룩을 재배하는 쟁반에 대해서는 별달리 목공 솜씨가 뛰어나지 않더라도 약품 처리를 하지 않은 삼나무 5~6조각만 구하면 직접 나무 쟁반을 제작할 수 있다. 또는 바닥에 구멍이 뚫린 스테인리스 스틸 호텔 팬이나 베이킹 트레이에 살짝 적신 행주를 깔면 효과적으로 사용 가능하다. 이때 습기가 고여서 곰팡이를 익사시키지 않도록 반드시 구멍이 뚫린 쟁반을 구해야 한다. 누룩이 제대로 성장하지 못하는 곳에서는 달갑지 않은 침입자가 살아날 가능성이 있다.

발효실의 크기와 형태는 본인이 만들 예정인 누룩의 분량에 따라 달라진다. 한두 달에 한 번씩 쟁반 하나 정도로 누룩을 발효시킨다면 굳이 지하실에 예비용 음료 냉장고를 들여야 할 필요가 없지만, 작은 레스토랑에 근무하면서 매주 누룩을 만들 생각이라면 발효 과정을 한층 여유롭게 만들어줄 소형 온열 캐비닛이나 프루퍼 박스[22] 또는 윈스턴 CVAP(증기를 제어하는 제품) 서랍장을 구입하는 것도 좋은 투자라 할 수 있다. CVAP나 디지털 프루퍼 박스, 그보다 고급스러운 콤비네이션 오븐 등은 선반이 여럿 갖춰져 있으면서 모두 버튼 몇 개만 누르면 열기와 습도를 일정하게 유지한다는 공통점이 있다. 물론 상당히 값비싼 전문 장비인 만큼 내부 공간을 이틀 내내 발효에만 할애해야 한다는 사실을 정당화하면서까지 프로젝트를 밀어붙일 엄두를 내기란 쉽지 않을 것이라 생각한다.

다른 DIY 선택지를 고른다면 발효실 내부의 온도와 습도를 제어할 방책을 마련해야 한다. 스티로폼 상자처럼 작은 기구를 사용할 경우에는 용기 하단에 전기장판 등 잔잔한 열원을 설치하면 된다. 재활용 냉장고처럼 공간이 넓을 경우에는 팬이 장착된 소형 난방기 등을 마련하자. 우리는 탐침이 장착된 디지털 온도 조절기와 별도의 전기 히터에 전원을 공급하는 장치로 활용할 수 있는 암형 플러그를 구입하는 것을 권장한다. 조절기를 통해 발효실 내부 온도를 지켜보고 상태에 따라 히터를 켜거나 끄는 것이다.

22 빵을 발효하는 용도로 주로 사용하는 기구

누룩

226

전복 슈니첼과 덤불 양념, 노마 오스트레일리아, 2016

슈니첼은 검은입술 전복 한 조각을 쌀누룩 오일에 조려서 부드럽게 만든 다음 두드려서 펼치고 쌀누룩 가루와 빵가루를 묻혀 팬에 튀긴 것이다.

습도 조절 전략은 기구 내부에 뜨거운 물 한 냄비를 넣어두는 것부터 누룩에 깨끗한 젖은 행주를 덮는 것까지 다양하게 고려할 수 있다. 그러나 소형 발효실에서는 소형 초음파 가습기를 습도 조절기에 연결하는 것이 최고의 방법이다. 둘 다 그다지 엄청나게 비싼 장비가 아니며 대부분의 발효실에 별 무리 없이 집어넣을 수 있을 정도로 자그마하다. 발효실 내부의 습도가 70~75%에 육박하면 벽에 물방울이 맺히면서 흘러내려 바닥에 고이기 시작할 것이다. 이때 발효실 바닥에 살짝 적신 천을 깔아두면 건조해지지 않으면서 너무 물기로 흥건해지는 것도 막을 수 있다.

참고로 노마의 발효 실험실에서는 전기 코일 히터를 열원으로 사용하는 방수 절연 발효실을 제작했다. 이 코일은 열전대로 가열 속도를 측정하고 이에 따라 전원 공급을 변조하는 피드백 알고리즘 방식으로 온도를 조절하는 전산화 온도 조절기인 PID(비례-적분-미분) 제어기에 연결되어 있다. PID 제어기는 보통 온도를 오차 1℃ 미만으로 일정하게 유지할 수 있다. 습도는 습도 조절기의 지시에 따라 미세한 안개를 내뿜는 고압 노즐로 조절한다. 아주 정교한 기기로, 매우 효과적으로 작동한다. 물론 여러분이 노마에서만큼 정교한 기구를 도입할 것을 기대하지는 않으나, 작업을 소규모로 시도할 때에는 언제나 어떤 것이 효과적인 방식인지 알아두는 것이 중요하다.

소규모 발효실 제작에 관한 자세한 설명은 42쪽을 참조하자.

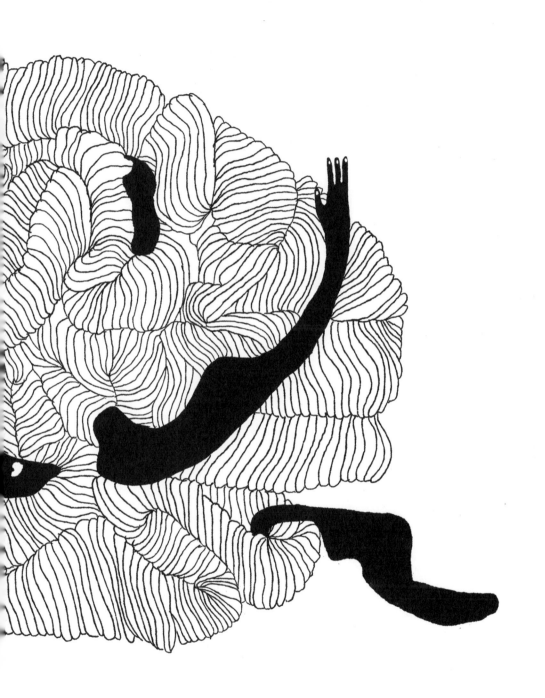

보리에 접종을 할 때는 슈거 파우더를 뿌리는 도구를 이용해서
말린 누룩 곡물에서 포자를 털어낸다.

통보리 누룩

Pearl Barley Koji

분량 1.1kg

통보리 500g
씨누룩(누룩균. 자세한 내용은 레시피 참조)

누룩은 좀 까다로울 수 있는 존재다. 누룩곰팡이는 특정한 조건을 갖춰야 성장할 수 있다. 생존에 도움이 되는 환경을 조성하려면 조금 어려운 과정을 거쳐야 한다.

하지만 그럼에도 누룩은 살아남아 대를 잇고자 하는 강인한 곰팡이다. 홍국균 등의 기타 곰팡이는 수확할 수 있을 정도로 성장하기까지 최대 7일이 소요되기도 한다. 하지만 최적의 조건에서 누룩은 이틀이면 완전히 성숙한다. 필요한 조건은 아주 구체적이지만 가정집에서도 충분히 꾸며낼 수 있다.

장비 참고

발효실부터 만들어야 한다면 앞부분에서 설명한 내용이나 42쪽의 '발효실 제작하기' 부분을 참조하자. 또한 발효실에 맞는 크기의 삼나무 혹은 바닥에 구멍이 뚫린 플라스틱 내지는 철제 쟁반을 준비해야 한다. 삼나무를 사용할 때는 반드시 화학약품 처리를 하지 않은 목재를 골라야 한다. 이 레시피의 누룩 양에는 바닥에 구멍이 뚫린 하프 가스트로놈 팬 또는 호텔 팬(32×26cm 크기) 하나 정도면 충분하다. 그보다 작으면 곡물 주변 공간이 부족해서 공기가 충분히 순환하기 어렵다. 그리고 누룩을 기를 때 깨끗한 주방용 면 행주를 이용하면 여분의 물기를 흡수한다. 마지막으로 섬세한 미생물을 취급할 때는 언제나 그렇듯이 라텍스나 니트릴 소재의 장갑을 착용하면 위생 유지에 도움이 된다.

마지막으로 알아둘 점: 전통 누룩을 만들고 싶다면 다음 레시피를 따르되 자포니카(단립종) 쌀을 사용하면 된다.

231

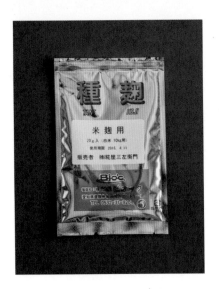

일본에서 건너온 씨누룩 봉지

상세 설명

씨누룩은 두 가지 모양으로 판매한다. 분말 포자 형태와 포자에 뒤덮힌 건조 쌀 또는 보리 낟알 형태다. 온라인 쇼핑몰이나 수제 양조 전문점(구입처는 448쪽 참조) 등에서 다양한 크기로 구입할 수 있다. 소량만 구입해도 오랫동안 사용할 수 있다. 100g 봉지 하나에, 곡물 100kg에 접종하기 충분한 분량의 포자가 들어 있다. 여기에 돈을 투자하는 것은 한 번이면 충분한데, 일단 직접 누룩을 만들고 나면 향후 반복해서 사용할 수 있는 나만의 포자를 가지게 되기 때문이다(241쪽 '나만의 포자 수확하기' 참조). 두 가지 형태의 씨누룩 모두 신선한 누룩에 접종하는 용도로 사용할 수 있다. (쌀로 기른 포자를 보리에, 또는 그 반대로 접종해도 상관없다. 누룩은 평등한 기회주의자다.)

우선 대형 볼에 보리를 담고 찬물을 잠기도록 붓는다. 손으로 보리를 골고루 휘저어 씻은 다음 흐려진 물을 따라낸다. 같은 과정을 한 번 더 반복한 다음 세 번째로 물을 부어 보리가 수 센티미터가량 푹 잠기도록 한다. 보리를 그대로 실온에서 최소한 4시간 또는 냉장고에서 하룻밤 동안 불린다.

보리가 불면 건져서 채반에 밭쳐 맑은 물이 흐를 때까지 씻는다. 여분의 물기를 털어낸다.

누룩곰팡이가 성장하기에 이상적인 매개체는 수화되었지만 서로 온전히 분리된 상태로 비교적 통통하게 부푼 곡물 낟알이다. 삶으면 과수화되어 축축하고 무른 상태가 되기 쉽다. 이러한 환경에서는 곰팡이가 너무 빨리 성장해서 우리에게 필요한 효소 농도를 충족시키기 전에 생식 주기에 도달할수 있다. 곡물이 너무 축축하게 무른 상태라면 포자가 제대로 익사해서 절대 성장하지 못하기도 한다. 반면 여기처럼 곡물을 쪄서 익히면 여분의 물기를 머금지 않은 상태로 완전히 조리할 수 있다. 노마에는 컨벡션 조리 주기에 맞춰 증기를 발산하면서 곡물 찌기에 탁월한 능력을 발휘하는 콤비네이션 오븐이 있지만, 전통 찜기나 냄비에 얹어서 뚜껑을 얹은 체나 채반으로도 충분히 보리를 통통하게 찔 수 있다.

콤비네이션 오븐을 사용할 경우: 팬 속도를 80%로 설정하고 보리를 100℃에서 45분간 찐다.

일반 찜기를 사용할 경우: 보리를 뭉근하게 끓는 물에 약 20분간 삶되 15분이 지나면 상태를 확인한다. 낟알 한 개를 깨물어서 아직 탄탄하지만 쉽게 씹을 수 있고 가운데 부분이 딱딱하거나 흰색을 유지하지 않도록 잘 익었는지 확인한다.

보리가 익는 동안 누룩을 발효시킬 쟁반을 준비한다. 삼나무 쟁반을 사용할 때는 나무 파편이 없는 청결한 상태가 되도록 손질해야 한다. 철제나 플라스틱 쟁반은 세척 후 살균한다. 철제 또는 플라스틱 쟁반에는 행주를 깐다. 주방용 행주를 사용할 때는 (가향 세제를 사용하지 않고) 세척한 다음 증기로 살균하고 꽉 비틀어 짜서 건조한다.

보리가 익으면 아직 따뜻할 때 잘게 털어 낟알을 나눠서, 잔류한 전분이 굳으면서 서로 뭉치지 않도록 한다. 양손에 라텍스나 니트릴 소재의 장갑을 착용하면 발효 쟁반이 오염되는 것을 막을 수 있다. 너무 힘을 줘서 보리를 뭉개지 않도록 주의한다. 최대한 원래 형태를 유지해야 누룩이 이상적으로 성장할 수 있다. 낟알을 충분히 펼쳐서 작업대의 식힘망에 올려 30℃가 될 때까지 식힌다. 인내심이 바닥났다면 팬을 틀어도 좋다(물론 참을성이 부족한 사람이라면 누룩을 기르지 않는 편이 좋을 것이다). 보리를 찌고 알알이 분리해서 식히고 나면 접종을 시작할 시간이다.

분말 포자를 사용할 경우: 소량의 분말을 차 거름망에 담고 보리 위에서 가볍게 탁탁 두드린다. 포자는 매우 강력해서 10억 개 이상이 포진한 1작은술 정도면 보리 한 쟁반을 넉넉히 접종하고도 남는다. 장갑을 끼고 가장자리 부분까지 제대로 뒤적이면서 보리를 골고루 뒤섞은 다음 포자를 한 번 더 뿌린다. 보리를 한 번 더 버무리고 나면 준비가 끝난다.

건조 곡물에 묻힌 씨누룩을 사용할 경우: 철제 셰이커(슈거 파우더에 사용하는 종류)에 누룩 곡물을 반 정도 채운 다음 분말 포자보다 떨어지는 양이 적으므로 두 바퀴 정도 돌리면서 골고루 뿌린다. 한 바퀴 뿌리고 나면 매번 장갑을 낀 손으로 보리를 고르게 버무려주고, 셰이커를 흔들 때 분말 구름이 퍼지지 않으면 여분의 누룩 곡물을 더 채운다.

조리하기 전에 보리가 충분히 수화될 때까지 불리는 것이 중요하다.

보리 누룩, 접종 직후

30시간 후

접종한 보리를 고르게 한 켜로 펼치되 쟁반 가장자리는 살짝 비워서 전체적으로 공기 순환이 잘 되게 만든다. 아주 살짝 물기가 남아 있는 깨끗한 행주를 빈틈없이 덮어서 노출된 부분이 없도록 한다.

쟁반을 발효실로 옮긴다. 발효실 바닥에 삼발이나 철망을 깔고 그 위에 쟁반을 얹어서 누룩 주변에 전체적으로 고르게 공기 순환이 되도록 한다. 발효실 크기가 빗자루함보다 작다면 뚜껑이나 문을 아주 살짝 열어서 신선한 산소가 들어가고 과도한 열이 빠져나올 수 있도록 한다. 노마에서 누룩 만들기를 시작한 초반에는 곰팡이가 자주 질식해버리곤 했다. 보리 속에 온도계 탐침을 삽입하고 습도계가 제대로 작동하는지 확인하자.

어떤 도구를 사용하든 누룩을 성공적으로 만들어내려면 무엇보다 곡물의 온도를 계속 확인하는 것이 중요하다. 실온에서는 누룩의 성장이 심하게 느려지고 유기체가 뿌리를 내리기 위해 악전고투하게 된다. 하지만 42℃가 넘어가면 익어서 죽어버린다. 습도 또한 꼼꼼하게 확인해야 한다. 습도가 너무 높아서 축축해지면 누룩이 익사하기 쉽다. 반면 곡물이 너무 건조해지면 균사에 대한 저항력이 높아져서 전분에 침투하지 못하게 된다. 보리 층에 온도계 탐침을 삽입하고 온도 조절기를 30℃로 설정한다. 또한 발효 기간 동안 습도를 70~75% 사이로 유지한다. 환경 조건을 조절하는 법에 대해서는 '발효실 제작하기(42쪽)'의 설명을 참조하자.

모든 일이 잘 풀린다면 24시간 이후 곰팡이가 성장하기 시작하는 첫 신호를 포착할 수 있을 것이다. 희미하고 성긴 흰 실이 보리를 뒤덮으면서 낟알을 가볍게 한데 뭉치기 시작한다. 이제 누룩을 발효실에서 꺼내 작업대 위의 깨끗한 받침대에 얹는다. 다시 장갑을 끼고 처음 보리를 익혔을 때와 같은 방식으로 낟알을 알알이 떼어낸다. 이때 보리를 전체적으로 뒤적이면 바닥에서 자라던 누룩이 공기와 접촉하고 균사체가 깨져서 망을 형성하기 위한 빠른 성장을 가속화시키게 된다.

보리를 골고루 뒤집어서 뭉친 부분이 없도록 만든 다음 모든 낟알을 논밭에 고랑을 세우듯이 세 줄로 정리한다. 그러면 표면적이 늘어나서 신선한 공기와 접촉하고 열을 고르게 확산할 수 있게 된다.

처음 24시간이 지나고 나면 누룩의 물질 대사가 속도를 높인다. 우리의 임무는 이후 24시간 동안 누룩을 무사히 살려두는 것이다. 누룩을 다시 발효실에 넣고 온도계 탐침을 보리 가운데 층 속에 찔러 넣는다. 온도가 갑자기 치솟으면 온도 조절기를 조정하고 30분간 문이나 뚜껑을 열어서 발효실 내부를 식힌다. 그래도 누룩이 과열되는 속도가 빠르다면 다시 꺼내서 알알이 부수는 작업을 거치면 온도를 낮추는 데에 도움이 된다.

이후 12시간 동안 누룩의 균사가 보리 낟알을 단단하게 묶으면서 빽빽한 덩어리를 형성한다. 36시간째가 되면 누룩은 (사용하는 누룩곰팡이 종류에 따라) 옅은 녹색이나 흰색 솜털로 뒤덮일 것이다. 하지만 44~48시간이 지나야 효소가 완전히 생산되고 풍미가 온전히 발달한다. 이때 누룩에서는 잘 익은 살구처럼 강렬한 과일 향기가 나야 한다.

누룩을 수확하려면 성장을 멈춰야 한다. 쟁반을 통째로 냉장고에 넣어서 12시간 동안 식힌다. 곧 사용할 예정이라면 밀폐용기에 담아서 냉장고에 며칠간 보관할 수 있다. 실제로 우리가 며칠간 냉장고에 넣어두자 누룩의 풍미가 상당히 좋아졌다. 수확하자마자 바로 사용해도 좋지만 냉장 보관하면 누룩의 성장이 억제되면서 효소는 계속 작업을 이어가 누룩이 훨씬 달콤해진다. 바로 사용할 계획이 없다면 밀폐용기에 담아서 냉동고에 3개월간 보관할 수 있다.

누룩 발효 과정을 마무리하려면 발효실과 쟁반(목재가 아닌 경우), 탐침을 포함한 모든 장비를 깨끗하게 세척하여 위생적으로 보관한다. 삼나무 쟁반을 사용한다면 그냥 물에 가볍게 적신 행주로 깨끗하게 닦은 다음 통풍이 잘 되는 곳에서 공기 건조한다.

42시간 후

48시간 후

237

1. 보리와 씨누룩(누룩균)을 준비한다.

2. 보리를 찬물에 꼼꼼하게 씻고, 4시간 동안 물에 담가 불린다.

3. 보리가 부드럽지만 물크러지지는 않을 정도로 20~30분간 찐다.

238

4. 보리가 아직 뜨거울 때 알알이 떼어서 뭉치지 않도록 한다.

5. 보리를 최소한 30℃ 정도로 식힌다.

6. 식은 보리에 누룩균을 접종한다.

239

7. 24시간 후면 균사체가 성장하기 시작하는 징후가 보인다. 보리를 골고루 뒤섞어서 세 고랑으로 다듬는다.

8. 48시간 후면 누룩이 완전히 자라나야 한다.

9. 보리를 냉장고에 넣어서 온도를 낮춰 더 이상의 성장을 막는다. 밀폐용기에 담아서 냉장 또는 냉동 보관한다.

주기적으로 누룩을 만든다면 어느 순간 직접 포자를 수확하고 싶어질 것이다.

누룩을 한 판 만들어서 장갑을 낀 손으로 곡물을 잘게 부수어 바닥에 구멍이 없고 살균 처리한 비반응성 쟁반에 옮겨 담는다. 균사체는 48시간까지 아주 튼튼하게 살아 있기 때문에 낱알끼리 떼어놔야 할 수도 있다. 보리 알갱이가 부서지지 않도록 최선을 다하자. 낱알을 한 켜로 펼쳐서 누룩이 포자를 퍼트릴 수 있는 표면적을 최대한으로 확보한다. 가볍게 물을 적신 행주를 덮고 다시 발효실에 넣는다. 36시간 동안 발효시킨다. 온도와 습도를 계속 확인한다. 다만 곡물을 주기적으로 뒤섞을 필요는 없다.

36시간 후(처음 시작을 기준으로 84시간 후)면 구입한 누룩곰팡이의 종류에 따라 보송보송한 흰색 또는 녹색, 노란색 포자가 눈에 보일 것이다. (멸균 장갑을 착용한 채로) 낱알을 만지면 손가락에 가루가 묻어나야 한다. 뒤섞으면 낱알에서 거의 고기 향에 가까운 강렬한 향기를 퍼트리는 포자가 먼지처럼 피어오른다. 제대로 성장했다면 포자가 풍성하게 자라났을 것이다.

포자가 다른 미생물에 감염되지 않도록 찬장에서 안전하게 보관하려면 낱알을 건조해야 한다. 누룩을 덮은 행주를 벗겨내고 발효실에서 가습기를 제거한 다음 벽의 물기를 깨끗하게 훔쳐낸다. 공기 순환이 원활하도록 누룩을 키울 때보다 문이나 뚜껑을 더 활짝 연 다음 포자투성이 낱알이 완전히 단단하게 마를 때까지 약 2일간 건조시킨다.

건조한 누룩은 밀폐용기에 담아서 어두운 찬장에 6개월간 또는 냉동고에서 장기간 보관할 수 있다.

다양한 활용법

바삭한 누룩 크루통

막 수확한 누룩 덩어리로는 많은 일을 할 수 있지만 잘라내서 뜨거운 기름에 지지면 그것 자체로도 맛있게 먹을 수 있다. 한 단계 더 나아간다면 누룩 덩어리를 한 입 크기로 깍둑 썬 다음 튀겨서 노릇하고 바삭한 크루통을 만들어보자. 종이 타월에 얹어서 기름기를 제거한 다음 소금으로 간을 한다. 단맛과 깊은 감칠맛이 섞여서 기름진 햄 지방층을 맛있게 한 입 베어 문 기분이 들게 만드는 크루통이다. 누룩 크루통에 얇게 저민 이베리코 햄을 감싸서 중독성 넘치는 한 입짜리 오픈 샌드위치를 만들면 효과가 배가된다. 또는 깍둑 썰어 튀긴 누룩에 조리용 솔로 소고기 가룸(373쪽)을 바르면 짠맛이 가미되어 누룩 덩어리의 천연 단맛과 좋은 균형을 이룬다.

스튜와 수프

신선한 누룩 덩어리를 강낭콩 또는 누에콩 크기로 잘게 부순 다음 채소 수프가 완성되기 10분 전에 던져넣어 보자. 수프에 들어간 기타 모든 채소와 마찬가지로 은은한 단맛과 함께 쫀득한 경단을 연상시키는 놀라운 질감을 선사한다. 고기 스튜를 만들 때도 완성 1시간 전에 잘게 부순 누룩을 넣으면 국물이 걸쭉해지면서 전체적으로 단맛과 진한 느낌이 더해진다.

241

누룩곰팡이의 일종인 백국균을 접종하면 감귤류 향기가 발달한
보리누룩이 완성된다.

백국균 보리누룩

Citric Barley Koji

분량 1.1kg

통보리 500g
알비노 백국균 포자(구입처는 448쪽 참조)

백국균은 주류인 누룩곰팡이에 비해서 구하기 어렵지만 풋사과와 레몬을 연상시키는 풍미가 일품이다. 노마에서는 처음 이 특별한 곰팡이를 발견했을 때 누룩의 감칠맛 풍성한 풍미와 구연산의 새콤한 맛이 이루는 대조적인 매력에 전율을 금치 못했다. 찾아서 구해볼 가치가 있다. 다만 백국균에는 상당히 다른 맛을 내는 새까만 흑색 변종이 있다는 사실을 반드시 알아두자. 우리가 구해야 하는 것은 하얀 백색종이다. 보리에 백국균을 접종하는 것은 기본적으로 누룩곰팡이를 사용할 때와 동일하지만, 몇 가지 미세하게 다른 점에 주의해야 한다.

아래 레시피를 읽기 전에 먼저 견본이 되는 통보리 누룩(231쪽)의 상세 설명을 확인하고 오기를 권장한다.

통보리 누룩의 안내를 따라 보리를 씻고 불려서 찐다. 바닥에 구멍이 뚫린 쟁반에 깨끗한 행주를 깔고 낟알을 펼쳐 담는다. 건조 곡물에 묻은 백국균을 사용한다면 셰이커를 이용해서, 분말 포자를 사용한다면 차 거름망을 이용해서 보리에 포자를 접종한다. 이때 백국균 포자는 누룩곰팡이보다 풍성하다는 점을 기억하자. 셰이커로 두 번 정도 흩뿌리면 충분하며 중간에 건조 곡물을 다시 채워야 할 필요는 없다. 분말 포자를 사용할 경우 쟁반 하나에 1작은술이면 충분하다.

백국균 보리누룩, 접종 직후

30시간 후

36시간 후

누룩 쟁반을 발효실에 넣는다. 백국균 누룩은 누룩곰팡이보다 서늘한 곳을 좋아하므로 30℃ 대신 28℃로 온도를 설정한다. 습도는 70~75%면 충분하다.

24시간 후 장갑을 낀 손으로 낟알을 골고루 버무린 다음 세 줄로 정돈한다. 이 단계에서 뚜렷하게 은은한 단맛과 구연산의 짜릿한 느낌을 인지할 수 있어야 한다. 다음 24시간에 걸쳐서 단맛과 신맛이 천천히 상승하며 풍미가 서서히 깨어난다. 36시간 후면 상큼한 누룩에서 그리 은근하지 않은 수준의 레몬과 풋사과, 느타리버섯의 맛을 느낄 수 있다. 누룩곰팡이를 접종한 누룩은 48시간 동안 완전히 발효시키지만 백국균은 이 시점에서 수확을 진행한다. 그대로 내버려두면 백국균은 누룩곰팡이보다 빠르게 보리를 분해하기 때문에 40시간 후면 누룩에서 아주 뚜렷하게 쓴맛이 발달하여 자몽 같은 맛이 된다. 그 이상으로 내버려둘수록 쓴맛은 강해지고 단맛은 사라진다. (흥미롭게도 백국균을 쌀에 접종하면 쓴맛은 전혀 드러나지 않으나 전반적인 풍미도 밋밋해진다.)

누룩을 수확하려면 쟁반을 통째로 냉장고에 넣어 12시간 동안 차갑게 식힌다. 곧 사용할 예정이라면 밀폐용기에 담아서 냉장고에 며칠간 보관할 수 있으며 그렇지 않을 경우 냉동 보관한다. 누룩은 냉동고에서 3개월까지 보관할 수 있다.

백국균 포자를 수확하려면 낟알을 한 켜로 펼쳐서 추가로 36시간 더 발효를 진행한다. 241쪽의 안내를 따라 포자가 피어난 누룩을 건조한 다음 지퍼백 또는 밀폐용기에 담아서 보관한다.

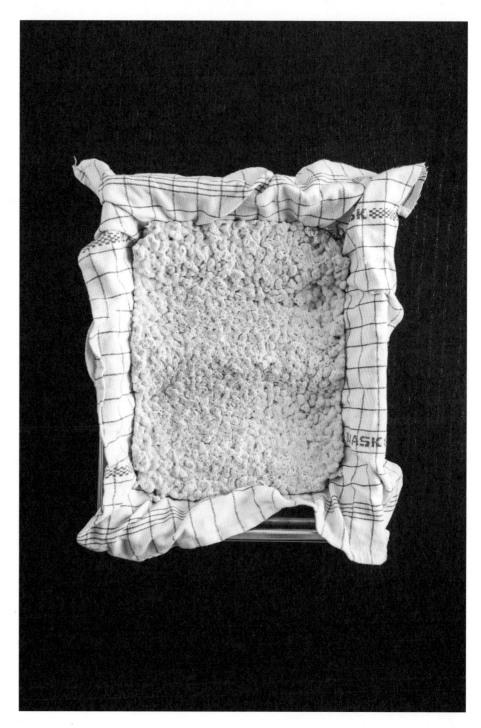

42시간 후

245

누룩

달콤한 백국균 누룩수

Sweet Citric Koji Water

분량 약 1L

백국균 보리누룩(243쪽), 42시간 후 수확한 것
1회 분량

이 레시피는 백국균 누룩으로 만들어낸 새콤한 풍미를 액체로 추출해서 일반적으로 화이트 와인을 사용하는 거의 모든 조리 과정에 대체물로 사용할 수 있도록 한다. 놀랍게도 42시간 동안 발효한 누룩의 쓴맛은 정제한 액체로 일절 옮겨가지 않으며, 사과즙과 레몬차를 섞은 맛에 아주 은은한 흙 향이 섞인 풍미가 난다.

아래 레시피를 위해서 먼저 1회 분량의 백국균 보리누룩을 만들되 발효 시간을 몇 시간 늘린다. 여기서 풍미의 열쇠가 되는 구연산의 함량은 36시간보다 42시간 발효했을 때 현저하게 높아진다.

누룩 무게의 2배 분량으로 물을 계량한 다음(약 2.2kg) 누룩과 물을 믹서기에 담고 고속으로 1분간 간다. 필요하면 적당량씩 나눠서 작업한다. 갈아낸 혼합물을 뚜껑이 달린 냉동 가능한 용기 또는 튼튼한 지퍼백에 담되 냉동하면서 팽창해도 터지지 않도록 여분의 공간을 남겨둔다. 냉동고에 넣는다.

누룩 혼합물이 단단하게 얼면 채반 또는 면포를 깐 체에 옮긴 다음 해동되며 떨어지는 용액을 받아낼 수 있도록 속이 깊은 용기에 얹는다. 채반에 뚜껑을 덮고 냉장고에 넣어 3~4일에 걸쳐 해동시킨다. 얼음이 모두 녹으면 조심스럽게 채반을 치워서 걸러낸 고체는 버리고 맑고 노란 액체만 남긴다.

뚜껑을 닫아서 냉장고에 5일간 보관하거나 바로 사용하지 않을 경우 냉동 보관한다.

옆 페이지: 백국균 누룩과 물을 갈아서 냉동한 다음 체에 걸러 더없이 유용한 액체를 만든다.
오른쪽: 백국균 누룩수를 이용해서 생선을 쪄 앙 파피요트를 만든다.

다양한 활용법

화이트 와인 대용품

달콤한 백국균 누룩수를 감칠맛과 질감이 배가된 화이트 와인이라고 생각해보자. 조개를 찌거나 고기 국물jus에 활력을 불어넣는 용도로 사용할 수 있다. 생선으로 앙 파피요트를 만들기에도 딱이다. 유산지로 만든 봉투에 생선을 담고 와인 대신 백국균 누룩수를 부은 후 레몬 타임이나 파인애플 세이지처럼 감귤류 향기가 나는 허브와 어린 애호박 등 부드러운 채소를 담는다. 오븐에 약 15분간 구운 다음 꺼내서 봉투를 열면 새콤달콤한 누룩수의 풍미가 한껏 배어든 완벽하게 익은 생선이 제 모습을 드러낸다.

247

백국균 누룩 아마자케는 음료이자 요리용 국물로
활약한다.

백국균 누룩 스파클링 아마자케

Sparkling Citric Koji Amazake

분량 약 2L

백국균 보리누룩(243쪽) 2kg(1회 분량)
물 2kg
샤르도네 효모 1봉(40mL)
캠프덴 정제 1/2개(선택 사항)

아마자케는 쌀누룩과 쌀, 물을 이용해서 만드는 일본의 상징적인 단 음료다. 발효시켜서 살짝 알코올성을 띨 때도 있고 아닐 때도 있으며 곱게 갈거나 체에 거르기도 하지만 건더기를 그대로 남겨둘 수도 있다. 대부분의 레시피에서는 갓 익혀낸 쌀에 동량의 쌀누룩과 물을 섞어서 밥솥에 넣고 '보온' 상태로 6~8시간 동안 보관한다. 아마자케를 만들 때는 곰팡이가 생산하는 효소가 60도에서 아주 효과적으로 활동하면서 촉매 반응을 연이어 일으켜 전분을 당으로 전환시키기 때문에 온도가 핵심이다.

노마는 백국균으로 발효한 보리를 가지고 정통성에서 벗어난 특이한 아마자케를 성공적으로 만들어냈다. (다만 구할 수 있는 누룩균이 누룩곰팡이밖에 없다 하더라도 포기하지 않기를 권한다.) 결과물은 살짝 알코올성을 띠기는 하지만 맥주도 일본주도 아니다. 솔직히 말하자면 아직 레스토랑에서 내놓은 적은 없지만, 너무 심각하게 맛있어서 이 책에 싣지 않을 수 없었다.

진공용 봉지에 누룩과 물을 섞어서 밀봉한 다음 60℃로 설정한 저온순환수조에 6~8시간 동안 담가둔다. 또는 봉지 없이 바로 밥솥에 넣어서 '보온' 기능을 이용하거나 발효실을 사용해도 좋다.

면포를 깐 고운체에 액체를 거른 다음 고형물이 빠져나오지 않도록 주의하면서 꽉 짜서 국물을 최대한 받아낸다. 건더기는 버린다.

249

샤르도네 효모는 백국균 누룩의 당을 알코올로
발효시킨다.

에어록은 발효 중에 아마자케를 환기시키는 역할
을 한다.

아마자케를 실온으로 식힌 다음 샤르도네 효모를 더해서 휘저어 섞는다. 혼합물을 발효용 양동이나 카보이 병, 유리 용기 등에 담은 후 에어록으로 덮는다. (에어록은 모든 수제 양조 전문점에서 취급하는 기본 양조 장비다.) 서늘한 지하실이나 차고에서 4~5일간 발효시킨다. 가벼운 사과주나 맥주 정도 수준의 약한 알코올음료가 완성되어야 한다. 처음 시작 단계보다 탄산이 살짝 늘어나고 단맛이 상당히 줄어 있을 것이다.

콤부차처럼 아마자케도 가능한 수준까지 발효가 진행되기 전에 우리 손으로 멈춰야 한다. 완성된 아마자케에는 원래 함유되어 있던 발효 가능한 당분이 최대한 남아 있는 것이 좋다. 아마자케가 완성되면 바로 병입하거나 마신다. 차갑게 보관하면 발효 속도가 아주 느려지지만 아무래도 살아 있는 발효 식품인 만큼 냉장 온도에서도 당도가 천천히 계속 내려간다.

발효를 완전히 멈추려면 캠프덴campden 정제(메타중아황산칼륨으로 제조한다)와 같은 '살균제'를 섞어서 효모의 번식 능력을 정지시킬 수 있다. 캠프덴 정제는 수제 양조 전문점이나 온라인 쇼핑몰에서 쉽게 구입할 수 있다. 이 아마자케 레시피 정도의 양이면 반 개 정도로 충분하다. 그 외에 유일한 선택지로 아마자케를 뜨거운 물에 중탕 살균하는 방법이 있다. 스윙톱 병에 아마자케를 85%씩 채워서 뚜껑을 닫은 후 냄비에 물을 70℃까지 끓인 다음 넣어서 15~20분간 삶는다. 효모를 죽이는 데에는 탁월한 솜씨를 발휘하지만 풍미도 일부 사라진다. 신선할 때 바로 마시는 맛만큼은 어떻게도 대체할 수 없다.

다양한 활용법

조개 요리

아마자케에는 맥주와 사과주, 숙성 전의 와인 사이를 오가는 느낌이 있다. 요리에 문제없이 사용할 수 있고 수프나 스튜에 살짝 두르면 풍미가 월등하게 좋아지며, 그 외에도 조리 중에 화이트 와인에 손을 뻗을 만한 음식이면 어디에든 대체해도 좋다. 예를 들어 아마자케는 조개류의 맛을 기가 막히게 살린다. 대합이나 새조개 1kg을 올리브 오일과 마늘 한 쪽, 저민 샬롯 두어 개 분량, 아마자케 적당량과 함께 쪄보자. 조개가 입을 벌리면 냄비에서 꺼내고 남은 국물은 다시 불에 올린다. 버터 한 덩어리를 넣고 다진 타라곤과 파슬리, 차이브를 더한 다음 먹기 직전에 조개 위에 다시 둘러 낸다.

백국균 누룩 아마자케는 해산물을 찔 때 사용하기 좋다.

251

위: 건조해서 분쇄한 누룩을 체에 쳐서 누룩 가루를 만
든다.
옆 페이지: 50℃로 설정한 건조기에서 잘게 부순 누룩
을 건조한다.

252

건조 누룩과 누룩 가루
Dried Koji and Koji Flour

분량 약 500g

누룩(종류 불문) 1kg

누룩을 완전히 건조시키면 주방 식재료로서의 활용성이 완전히 바뀐다. 마른 재료를 보관하는 찬장에서 이국적인 설탕과 다목적 밀가루 틈새를 메우는 새로운 영웅이 등장한다.

손가락으로 누룩을 최대한 곱게 부순 다음 유산지를 깐 트레이에 펼쳐 담는다. 건조기를 50℃로 설정하고 누룩이 완전히 마를 때까지 건조한다. 보통 24시간가량이 소요된다. 이 단계에서 건조한 누룩을 밀폐용기에 담아 냉동실에 수개월간 보관할 수 있다.

또는 건조한 누룩을 믹서기에 담고 고속으로 45초~1분간 곱게 갈아 가루를 낸다. 굵은 입자가 남지 않도록 고운체나 타미에 가루를 담고 손가락으로 살살 굴려가며 모든 가루를 내려 대형 볼에 담는다. 체를 통과하지 못한 누룩 가루는 다시 믹서에 간 다음 체에 내린다. 누룩 가루에는 당분이 풍부해서 흡습성이 강하므로(습기를 사랑한다는 뜻이다) 반드시 밀폐용기에 담아 실온에 보관해야 한다.

누룩을 물에 끓이면 누룩 육수가 된다.

다양한 활용법

누룩 육수

건조한 누룩을 활용하는 최고의 방법은 육수에 향미 재료로 사용하는 것이다. 냄비에 물 1L를 끓인 다음 잘게 부순 건조 누룩(누룩 가루가 아니다) 150g을 넣는다. 불 세기를 낮춰서 10분간 뭉근하게 끓인다. 체에 걸러서 건더기를 제거한다. 그러면 온갖 방법으로 응용할 수 있는 다목적 채식 기반 육수가 완성된다.

누룩 미소 수프

일단 누룩 육수를 만든 다음 이 책에 나오는 아무 미소든 섞고 스틱 블렌더로 갈아 미소 수프를 만들면 어디서도 접해본 적 없는 맛을 느낄 수 있다. 대체로 20% 정도의 미소를 섞으면 진한 미소 수프가 되지만(누룩 육수 1L당 200g), 미소는 종류에 따라 염도와 맛의 강도가 달라진다. 그러니 미소는 언제나 더 넣을 수는 있지만 되돌릴 수는 없다는 점을 기억하자. 일단 적당히 노란 완두콩 미소(289쪽) 100g부터 시작한 다음 조금씩 더해가도록 한다.

누룩 육수에 데친 채소와 누룩 수프

누룩 육수는 채소를 데치기에 아주 좋으며, 노마에서도 종종 이 방법을 활용한다. 감칠맛 넘치는 누룩 육수에 삶아서 소금을 치고 올리브 오일을 뿌린 어린 당근과 순무, 양배추잎이 담긴 접시를 구운 가금류 옆에 차려낸 저녁 식사 풍경을 상상해보자. 식사가 끝나고 나면 가금류를 해체하고 남은 뼈와 자투리 고기, 구운 팬에서 나온 육즙을 누룩 육수가 담긴 냄비에 넣는다. 국물을 다시 한소끔 끓인 다음 불 세기를 낮춰서 수 시간 동안 뭉근하게 끓인 다음 체에 거른다. 식초 약간과 간장으로 간을 맞추면 믿을 수 없을 정도로 만족스러운 수프가 완성된다. 원한다면 국물에 껍질 벗긴 감자를 몇 개 삶은 다음 스틱 블렌더를 이용해서 통째로 갈아내 부드러운 감자 수프를 만들어서 익힌 쐐기풀이나 시금치를 얹어 내보자. 심지어 가금류를 완전히 생략한다 하더라도 채소를 데쳐낸 누룩 육수로 맛있는 채식 수프를 만들어낼 수 있다.

은은한 단맛과 과일 향이 감도는 누룩 오일을 조리
용으로 사용하면 질긴 단백질을 분해하는 것을 돕
는다.

누룩 오일을 사용하면 제대로 짭짤하고 감칠맛이
도는 마요네즈를 만들 수 있다.

누룩 오일

포도씨 오일이나 해바라기씨 오일, 유채씨 오일, 옥수수 오일 등 향이 강하
지 않은 오일을 고른다. 건조한 누룩(누룩 가루가 아니다) 250g과 오일 500g
을 믹서기에 담고 실크처럼 고와서 거의 크림과 같은 질감의 액체가 될 때
까지 고속으로 6분간 간다. 용기에 옮겨 담고 뚜껑을 덮어서 오일에 향이 배
어들고 안정적인 상태가 될 때까지 냉장고에서 24시간 동안 보관한다. 다음
날 오일을 면포나 고운체에 걸러 건더기를 제거한다.

누룩 오일만 있으면 오이즙과 소량의 라임즙 또는 허브를 더한 셀러리 식초
(187쪽)를 섞어서, 얇게 저민 생가리비 관자를 위한 절묘한 드레싱을 만들 수
있다. (오이즙은 잉글리시 오이를 갈아낸 후 깨끗한 행주에 담아서 꼭 짜낸 즙만 볼에
받아서 만든다.)

누룩 오일 콩피

누룩 오일에 식재료를 재워서 천천히 조리하면 멋진 콩피가 된다. 누룩의 효
소에 오일이 섞이면 전복에서 거위 다리에 이르기까지 질긴 단백질 부위도
부드럽게 만드는 훌륭한 연화제 역할을 한다.

누룩 마요네즈

또는 누룩 오일로 마요네즈를 만든다. 마요네즈를 직접 만드는 사람은 많지
않지만, 반드시 만들어 쓰는 편이 낫다. 풍미와 질감에서 드러나는 차이는
어느 정도의 고충을 감수할 가치가 있으며, 누룩 오일을 사용한다면 더더욱
그렇다. 볼에 달걀노른자 2개, 디종 머스터드 1작은술, 식초 약간을 담고 거
품기로 휘저어 섞는다. 누룩 오일 약 150mL를 천천히 가늘고 일정하게 부으
면서 쉬지 않고 휘저어서 내용물을 유화시켜 되직한 마요네즈를 만든다. 소
금과 갈아낸 후추로 간을 맞춘다. 그 어떤 샌드위치든 맛이 완전히 색다르
게 느껴질 것이다.

누룩 생선가스

누룩 가루는 여러 가지 상황에서 일반 밀가루 대신 사용할 수 있다. 송아지 고기로 슈니첼을 만들 때 먼저 고기에 누룩 가루를 묻힌 다음 달걀물과 원하는 빵가루를 차례차례 입혀보자. 누룩 가루는 음식에 일반 밀가루에서는 느껴지지 않는 달콤한 견과류 풍미를 가미한다. 물론 생선가스에도 잘 어울린다. 서대기나 도다리, 넙치 등의 얇은 흰살 생선 필레를 튀길 때 먼저 간단하게 누룩 가루를 입힌 다음 팬에 녹여 보글거리는 버터에 떨어뜨려 보자. 이때 누룩 가루는 일반 밀가루보다 빠르게 캐러멜화된다는 점을 주의해야 한다. 생선이 익기 전에 튀김옷이 타버리는 일이 없도록 불 세기를 중간 불보다 살짝 강한 정도로 유지하자.

누룩 '마지판'

누룩 가루로 마지판과 비슷한 식품을 만들 수 있다. 볼에 중성 오일과 누룩 가루를 동량으로 담고 거품기로 휘저어 골고루 섞은 다음 총 무게의 10%에 해당하는 슈거 파우더를 더한다(즉 누룩 가루 100g에 포도씨 오일 100g일 경우 슈거 파우더 20g). 그러면 크루아상에서 레이어 케이크에 이르기까지 마지판이 필요한 어떤 상황에든 적용할 수 있는 페이스트가 완성된다. 또는 간단하게 누룩 마지판을 잘게 부숴서 바닐라 아이스크림에 뿌리면 새로운 경지에 이른 쿠키 도우 선디식 디저트를 맛볼 수 있다.

생선을 튀기기 전에 누룩 가루를 묻힌다.

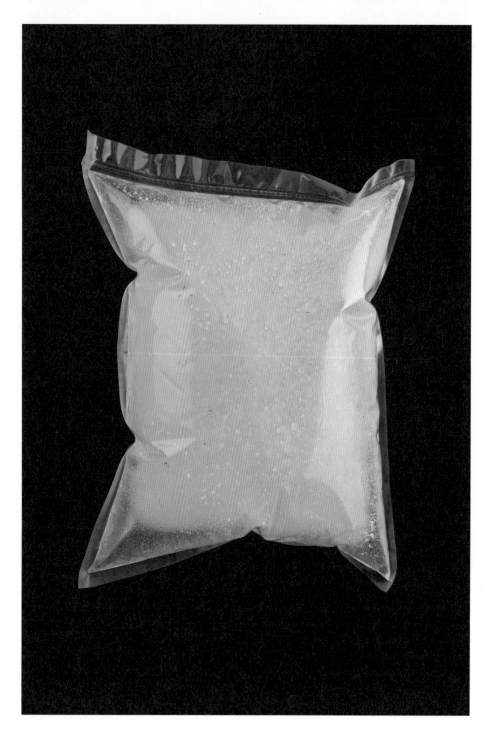

젖산 발효를 거치면 누룩에서 완전히 다른(그리고 새콤한) 맛이
난다.

258

젖산 발효 누룩수

Lacto Koji Water

분량 약 1.5L

통보리 누룩(231쪽) 750g
물 1.5kg
비요오드 소금 45g

누룩을 젖산 발효하면 단맛과 신맛, 짠맛이 환상적으로 어우러진 액체를 얻을 수 있다. 그 풍미가 지닌 모든 특성을 일일이 지적해서 설명하기는 어렵지만 노마 레스토랑에서는 주스 메뉴에서 소스, 마리네이드, 페이스트, 기타 온갖 상황에 젖산 발효한 누룩을 사용한다. 그러니 넉넉하게 대량으로 만들어서 소분한 다음 냉동 보관해서 언제든지 꺼낼 수 있는 비밀 무기로 활용하기를 추천한다.

모든 재료를 믹서기에 담고 고속으로 약 45초간 돌려 퓌레를 만든다. 필요하면 여러 번에 나눠서 작업하되 매번 모든 재료를 골고루 담아서 섞을 수 있도록 주의한다.

혼합물을 대형 진공용 봉지 하나(또는 필요 시 봉지 여러 개에 나누어 담는다)에 담고 엎지르지 않도록 주의하면서 공기를 최대한 빼내 밀봉한다. 또는 대형 지퍼백을 사용해서 물을 가득 담은 용기에 윗부분에서 몇 센티미터 떨어진 곳까지 천천히 집어넣으며 공기를 뺄 수도 있다. 물의 압력이 공기를 밀어내기 때문이다. 그런 다음 지퍼를 채우면 살짝 불완전하지만 매우 효과적인 진공 상태를 만들 수 있다.

누룩수를 실온 또는 실온보다 조금 높은 온도에서 5~6일간 발효시킨다. 혼합물이 발효되면서 이산화탄소가 발생하여 봉지가 팽창하면, 터지지 않도록 '트림'을 시켜줘야 한다. 다른 젖산 발효물 작업과 동일하게 봉지 한쪽 끄트머리를 잘라내서 가스를 빼내고 봉지를 다시 밀봉한다.

259

갈아서 냉동한 다음 해동하면 젖산 발효한 누룩에서 맑은 호박색 국물이 생겨난다.

누룩수를 트림시킬 때마다 반드시 깨끗한 숟가락으로 맛을 확인한다. 혼합물이 숙성될수록 젖산이 생성되며 단맛이 줄어든다. 누룩수는 혀를 날카롭게 자극하지만 동시에 약간의 잔잔한 단맛이 느껴지는 정도로 알맞게 균형 잡힌 풍미를 갖춰야 한다.

발효가 끝나면 봉지를 열어서 액체를 뚜껑이 달린 냉동 가능한 용기에 옮기되 냉동 과정에서 팽창해도 괜찮을 정도의 공간을 확보해야 한다. 윗부분에서 손가락 하나 정도 너비를 남겨둔다. 누룩수를 냉동고에 넣는다.

누룩수가 완전히 꽁꽁 얼면 면포를 깐 채반에 옮기고 해동되는 국물을 받을 수 있는 속이 깊은 용기 위에 얹는다. 채반의 뚜껑을 닫고 냉장고에 넣어서 3~4일에 걸쳐 젖산 발효 누룩수를 해동시킨다. 얼음이 모두 녹으면 채반을 조심스럽게 들어내서 건더기를 제거하고 용기에 고인 액체를 모은다.

누룩수는 아직 살아 있어서 발효가 계속 진행되므로 올바른 방식으로 저장하지 않으면 온갖 방향으로 변화할 가능성이 있다. 풍미를 안정시키려면 (봉지나 유리 용기에 담아서) 냉동하는 것이 제일이지만 덮개를 씌우면 냉장고에서도 며칠 정도는 제대로 보관할 수 있다. 또는 보존 기간을 정말로 늘리고 싶다면 누룩수를 중탕 살균하는 방법도 있다. 스윙톱 병에 85% 정도씩 나누어 채운 다음 뚜껑을 닫고 냄비에 물을 70℃까지 끓여서 병을 넣고 15~20분간 삶는다. 그러면 박테리아가 사멸해서 젖산 발효 누룩수를 훨씬 오래 보관할 수 있다. 결국 완성 후 아무 처치도 하지 않고 신속하게 사용하는 쪽이 가장 순수한 풍미를 즐길 수 있다는 뜻이다.

다양한 활용법

젖산 발효 누룩 버터 소스

젖산 발효 누룩수로 가히 신비로운 수준의 버터 소스를 만들 수 있다. 냄비를 중간 불에 올리고 젖산 발효 누룩수(무게 비율 2)를 부어서 살짝 뭉근하게 끓을 정도로 따뜻하게 데운 다음 깍둑 썬 실온의 버터(무게 비율 1)를 한 번에 한 조각씩 더하면서 휘젓거나 스틱 블렌더로 갈아서 유화한다. 소금으로 간을 한 다음 따뜻하게 보관하다가 로스트 치킨이나 생선, 뿌리채소, 익힌 곡물 등의 요리에 곁들여 낸다. 즐거움을 한층 배가하고 싶다면 천천히 익힌 부드러운 오믈렛에 흰색이나 까만색 송로버섯을 갈아 뿌리고 접시 가득히 누룩 버터 소스를 두른다.

누룩 버터 소스는 조리용으로도 탁월한 효과를 발휘한다. 가재 몸통에서 순무까지 온갖 식재료를 찌는 용도로 사용할 수 있으며 숨이 죽도록 익힌 케일이나 뇨키에 둘러도 좋다.

젖산 발효 누룩 버터 소스는 진하고 감칠맛이 가득한 신의 계시와 같은 존재다.

위: 누룩 몰레는 크림과 노릇하게 볶은 누룩을 섞은 것이다.
옆 페이지: 누룩 몰레를 타미에 내려서 벨벳처럼 매끄러운 소스를 만든다.

구운 누룩 '몰레'
Roasted Koji "Mole"

분량 약 1.5L

통보리 누룩(231쪽) 500g
헤비 크림 500g
우유(전지유) 500g

전통적인 면에서 보자면 어떻게 해도 절대 몰레[23]가 아니지만, 우리는 그냥 몰레라고 생각한다. 우리가 좋아하는 진짜 몰레처럼 복합적이고 깊은 풍미에 가벼운 단맛을 갖추고 있기 때문이다. 식초를 약간 두르고 고춧가루를 뿌리면 훨씬 아름다운 맛이 난다. 이 누룩 몰레를 브레이즈 요리에 몇 큰술 섞으면 질감이 풍성해지면서 진한 매력과 감칠맛을 더해준다.

손가락으로 누룩을 잘게 부숴서 베이킹 시트에 펼쳐 담는다. 160℃로 예열한 오븐에 넣고 고르게 익도록 10분 간격으로 골고루 뒤집고 흔들어주며 굽는다. 45~60분 후면 누룩에서 볶은 커피 같은 향이 올라오면서 짙은 갈색을 띨 것이다. 베이킹 시트를 오븐에서 꺼내어 실온으로 식힌다.

구워서 식힌 누룩을 375g 계량한 다음(굽는 사이에 원래 무게가 변화한다) 밀폐용기에 담는다. 그 위에 크림을 붓고 냉장고에 넣어서 하룻밤 동안 불린다.

내용물을 믹서기에 담고 우유를 더해서 곱게 갈아 매끄러운 퓌레를 만든다. 6분 정도가 걸린다(칼날에 걸려서 잘 갈리지 않으면 우유를 살짝 더해 칼날이 잘 돌아갈 정도로 만든다). 질감을 훨씬 곱게 만들고 싶다면 믹서기에서 막 꺼내 아직 따뜻할 때 타미에 내린다. 누룩 몰레는 밀폐용기에 담아 냉장고에서 4일간, 냉동고에서 6개월까지 보관할 수 있다.

---

23 멕시코의 전통 소스로 스무 가지 이상의 재료를 푹 끓여서 되직하게 만든다. 초콜릿이 들어가는 경우가 많지만 짭짤한 음식에 속한다.

구운 누룩 몰레로 글레이즈를 입힌 햇감자

다양한 활용법

누룩 몰레 감자 글레이즈

누룩 몰레는 삶은 햇감자나 핑거링 감자에 환상적으로 어울리는 드레싱이다. 냄비에 소금을 푼 찬물을 담고 햇감자를 두어 줌 넣어 한소끔 끓인다. 불 세기를 낮추고 감자가 부드러워질 때까지 뭉근하게 삶은 다음 감자를 건지고 물을 따라낸 후 감자를 다시 냄비에 담는다. 냄비를 불에서 내린 다음 감자가 아직 뜨거울 때 누룩 몰레 몇 숟갈을 더한다. 소금으로 간을 맞추고, 원한다면 캐비어나 송어 알 두어 숟갈을 곁들여 낸다.

초콜릿 아닌 핫초콜릿

구운 누룩이 마치 몰레처럼 느껴지는 것은 초콜릿을 연상시키는 부분이 있기 때문이다. 심지어 우리는 구운 누룩으로 아주 독특하지만 친숙한 느낌이 나는 가짜 핫초콜릿을 만들 수 있다는 사실을 알아냈다. 누룩 몰레 60g과 우유 500g, 머스커바도 설탕 15g을 함께 간다. 따뜻하게 데워서 서늘한 겨울날에 마신다.

소금 누룩(누룩 절임 반죽)
Koji Cure (Shio Koji)

분량 약 800g

누룩(종류 불문) 400g
물 400g
천일염 40g

소금 누룩은 소금과 누룩을 섞은 것으로 일본에서는 고기나 생선을 절이는 절임 반죽뿐 아니라 양념으로도 널리 사용한다. 누룩이 생산한 프로테아제는 동물성 단백질을 분해하므로 절임 반죽으로 사용하면 식재료에 간을 입히면서 동시에 부드럽게 연화시키는 역할을 한다.

믹서기에 누룩, 물, 소금을 담아서 간다. 곱게 갈 필요는 없고 적당히 일정한 농도가 되면 충분하다. 누룩의 효소 활동을 최대한으로 이용하려면 이 시점에서 바로 마리네이드로 사용한다(아래 참조). 하지만 조금 더 오래 보관하면 혼합물이 알아서 효과적으로 발효되면서 풍미가 깊어지고 소금 맛이 조금 누그러진다. 소금 함량이 상대적으로 높은 덕분에 덮개를 씌워서 냉장고에 넣으면 수 주일간 보관할 수 있다.

다양한 활용법

마리네이드

소금 누룩은 전통적으로 마리네이드로 사용했다. 고기의 질감과 풍미를 강화하면서 연육 및 양념 작용을 하고 감칠맛과 꽃향기 감도는 단맛을 가미하여 식재료가 가진 잠재적인 매력을 한껏 발휘하게 도와준다. 실험 결과 야생 가금류에도 더없이 잘 어울렸지만 평범한 닭고기에 사용하기에도 아주 좋다. 1kg짜리 닭 1마리를 사용할 경우 닭 껍질에 소금 누룩을 골고루 얇게 펴 바른 다음 굽기 전에 실온에서 약 3시간 정도 재운다. 500g짜리 코니

소금 누룩은 물과 소금, 보리누룩을 섞은 페이스트다.

시 암탉처럼 크기가 작은 가금류를 사용할 때는 재우는 시간을 반으로 줄인다. 오리처럼 큰 가금류를 사용할 때는 재우는 시간을 4시간 30분 정도로 늘린다. 칠면조나 돼지고기, 치마살 스테이크 등도 소금 누룩 럽과 아주 잘 어울린다. 아귀나 잔더, 은대구 등 살이 두툼한 생선류도 살짝 절이면 질감이 탄탄해지고 살점에 간과 풍미가 배어든다. 다만 생선은 가금류나 붉은 살코기에 비해서 섬세하기 때문에 절일 때도 신경 쓸 부분이 많다는 점에 주의해야 한다. 소소한 부분까지 빠짐없이 챙기자. 필레의 두께는 얼마나 되나? 끝으로 갈수록 얇아지나? 그렇다면 얇은 부분에는 소금 누룩을 조금 덜 발라야 한다. 두툼한 160g짜리 은대구 필레 하나라면 소금 누룩을 얇게 펴 바른 다음 30분 이내로 재워야 짠맛이 과해지지 않는다. 그보다 얇은 필레를 사용할 때는 재우는 시간을 15~20분 이내로 제한한다.

마지막으로, 어떤 식재료를 사용하든 소금 누룩에 절이고 나면 반드시 조리하기 전에 절임 반죽을 최대한 긁어내야 한다. 버터나이프를 뒤집어서 사용하면 누룩을 효과적으로 긁어낼 수 있으며, 그런 다음 종이 타월로 조심스럽게 닦아낸다.

소금 누룩 버터

소금 누룩을 바로 빵에 바르거나 아보카도 토스트에 고명을 얹기 전에 소스처럼 발라 먹는 사람도 있다. 이때 맛이 너무 강하게 느껴진다면 부드러운 버터 두어 큰술에 소금 누룩 1작은술을 섞어서 양념 버터를 만든 다음 그릴에 구운 옥수수나 구운 감자에 얹거나 포리지나 스튜에 마무리용으로 섞어 넣는 식으로 먼저 시도해보자.

코니시 암탉을 소금 누룩에 재우면 간을 하면서 동시에 연화 작용을 기대할 수 있다.

6.

미소와 완두콩 미소

—

시야를 넓히다

노마는 단계적으로 진화해온 레스토랑이다. 막 문을 연 초기 단계에는 각종 식재료를 탐구하며 각 계절의 제철 식재료에 익숙해졌으며, 요리나 메뉴, 정체성을 형성하는 데에 도움을 줄 영감의 파편을 찾아 헤맸다. 점차 발전하면서 우리의 자아에도 익숙해지자 식재료뿐만 아니라 조리 기술과 역사, 이야기, 사람에 대해 배우고자 하는 열망과 시간이 늘어났다.

우리는 수 세기에 걸친 북유럽 지역의 식습관을 깊이 탐구하면서 우리 자신의 요리를 정의하는 데에 도움을 줄 수 있는 대들보를 탐색했다. 하지만 스칸디나비아와 핀란드, 그린란드, 파로스 섬, 북부 전통의 전통을 아무리 살펴봐도 우리가 추구하는 요리는 좌절스러울 정도로 찾기 힘들었다. 돌이켜보면 당연한 일이다. 우리 직원들은 넓고 다양한 배경을 지니고 있으니, 시선을 북유럽 지역으로 제한해서는 결코 만족감을 얻을 수 없었던 것이다.

그래서 2009년인가 2010년 즈음에는 우리 자신에 대해 더 많이 알아내기 위해서 훨씬 먼 곳을 바라보기 시작했다. 처음에는 러시아나 독일처럼 우리와 가깝고 많은 음식 전통을 공유하는 국가에 초점을 맞춰야 한다고 생각했다. 하지만 역시 얼마 지나지 않아 우리가 편안하게 느끼는 안전 범위를 벗어나야 할 필요가 있다는 사실이 명백하게 드러났다.

몇 번에 걸친 일본 여행은 '표현하기 힘들지만 깊이 느껴지는 맛'이라고 설명할 수 있는 감칠맛을 추구하는 일본의 요리사와 장인의 엄격한 태도에 새롭게 눈뜨는 계기가 되었다. 간장과 누룩, 미소에는 수천 종류가 있으며, 각기 특성과 용도가 모두 다르다. 그 결과 일본의 요리사는 저마다 나름대로의 쓰임새가 있는 양념 도구를 여럿 가지고 있으며, 모두 색다르지만 뚜렷하게 일본을 대표하는 풍미를 낸다. 우리는 노마 레스토랑, 그리고 가능하면 우리 지역 전체를 규정할 수 있는 풍미를 구축하려면 그와 비슷한 식료품 저장실을 갖춰야 한다는 사실을 깨닫고 코펜하겐으로 돌아왔다.

유럽식 미소는 우리만의 식료품 저장실을 갖추기 위한 시도 중 가장 성공적인 작품이었다. 노마의 색다른 미소는 실패한 두부로써 인생을 시작했다.

누룩과 콩류, 소금을 양동이에 넣으면 몇 달 후 미소가 되어 나온다.

우리는 인근에서 구한 노란 완두콩으로 짜낸 두유를 이용해서 일종의 두부를 만들 수 있을지 알아보려고 했다. 그리고 수 주일에 걸쳐 고군분투하고서야 이 고단백 콩류가 사실은 발효에 더 적합하다는 사실을 깨달았다. 이후 전통 미소 제조법을 따르되 일본식 재료는 북유럽 것으로 대체하면서 작업에 도전한 결과 노란 완두콩 미소, 일명 '피소peaso[24]'를 만들어냈다.

완두콩 미소는 일반 미소와 맛이 다르다. 적어도 우리는 그렇게 생각한다. 덴마크 특유의 맛이 나며 독특한 우리만의 인장을 남기면서도 여전히 동양에 큰 빚을 지고 있다는 점이 느껴진다. 이쪽 지역 세계에서는 낯설게 느껴지는 존재와 우리에게 아주 익숙한 식재료의 만남이라는 완벽한 개념의 충돌이라 할 수 있다. 우리는 음식이 마땅히 이러한 길로 나아가야 한다고 생각한다. 스칸디나비아의 아주 좋은 제품은 물론 전 세계의 좋은 것들은 전부 새로운 곳에 소개되면서 적응을 거치고 자신만의 삶을 찾아내고 나면 그 장소 자체에 동화된다는 비슷한 인생 스토리를 지니고 있다. 이는 마치 이민과 같다. 바로 미생물 이민이다.

초반에 성공을 거둔 이후 우리는 호밀 빵과 옥수수, 헤이즐넛으로 미소를 만들었다. 그리고 스칸디나비아 및 기타 지역에서 재배한 루핀 콩, 검은콩 등 여러 가지 콩류와 곡물로도 실험을 거듭했다. 아직까지 매번 우리를 놀래고 흥분시키는 현재 진행형인 프로젝트다. 이 모든 과정은 우리가 모르던 이들의 이야기를 들으면서부터 시작되었다.

대두 이야기

미소는 익혀서 으깬 대두와 누룩, 소금을 섞어서 발효시킨 페이스트다. 식초와 마찬가지로 두 단계의 발효 과정을 거쳐 만든다. 먼저 누룩곰팡이를 쌀이나 보리로 길러 누룩을 만든다(누룩 제조에 대한 자세한 내용은 211쪽 누룩 장 참조). 그런 다음 누룩이 생산한 강력한 효소, 즉 프로테아제와 아밀레이스를 이용해서 다른 기질(전통적으로 대두를 사용한다)의 단백질과 전분을 분해하여 각각 아미노산과 단당류로 만든다. 야생 효모 젖산균 및 아세트산 박테리아는 미소가 숙성되는 중에 풍미를 더하는 역할을 한다.

대체 어떤 창의적인 천재성과 행운이 깃들었기에 누군지 알 수 없는 용감한 영혼이 곰팡이가 핀 쌀과 익힌 대두를 섞어서 몇 달간 묵혀두었다가 맛을 보겠다고 생각한 것인지 도무지 가늠하기 어렵다. 발효 세계에서도 가장

---

24 완두콩pea과 미소miso를 결합한 말장난

271

랑구스틴과 미송, 노마, 2018

패로 제도의 랑구스틴 대가리를 팬에 볶은 다음 미송 이파리 위에 얹어서 그릴에 구운 몸통과 함께 낸다. 둘 다 완두콩 미소 다마리 졸임액으로 글레이즈를 입혔다.

놀라운 변화를 일으키는 것이 미소인 만큼 우리는 그 대담한 미식적 행보에 영원히 빚을 지고 있다고 할 수 있다. 시간과 박테리아, 곰팡이가 모여서 일차원적인 평범한 재료를 새로운 작품으로 탈바꿈시킨다. 난데없이 완전히 새로운 물질이 창조된다는 점에서 물리 법칙에 어긋나는 것처럼 보이기도 한다. 바나나나 견과류를 넣은 적이 없는데! 어떻게 여기서 바나나와 견과류 맛이 이렇게 진하게 날 수 있지?

미소가 어떻게 탄생하게 되었는지는 신성한 대두의 재배 및 중국과 일본 사이의 복잡한 역사, 비폭력의 법칙 등과 이리저리 뒤얽혀 있다.

먼저 대두를 살펴보자.

거의 모든 고대 문명이 그랬듯이 중국의 초기 거주민도 영양이 풍부한 농작물 재배에 기대어 살았다. 메소아메리카 문명에서는 옥수수, 중동에서는 병아리콩을 길렀고 동아시아에서는 대두를 재배했다. 콩을 재배하는 것보다 더 효과적으로 단백질을 생산하는 방법은 없다. 소를 방목하거나 사료를 재배하기 위해서 토지를 사용할 때보다 1헥타르당 거의 20배나 더 많은 단백질을 거둘 수 있다. 우리 몸이 필요로 하는 아미노산 20종 중 9종은 스스로 생산할 수 없는 것이다. 콩은 이 9가지 필수 아미노산을 모두 포함하고 있는 지구상에 몇 안 되는 식물성 식품 중 하나다.

가장 오래된 증거에 따르면 중국 북부에서 약 7,600년 전에 자그마한 야생 대두를 재배했다는 점을 알 수 있다. 그보다 큰 대두의 선택 육종은 중국에서 최소 5,000년 전부터 시작되었지만, 일본에서도 그와 비슷한 시기에 첫 시도가 이루어졌을 가능성이 있다. 정확한 기원은 알 수 없지만 어쨌든 콩은 이들 지역의 식습관에 절대적인 필수품이었다. 중국 신화의 '농업의 신' 신농은 총 다섯 가지 작물을 신성한 존재로 선포했다고 한다. 쌀과 밀, 보리, 기장, 그리고 대두다.

하지만 그 영양학적 가치에도 불구하고 대두가 발효라는 과정을 접하게 된 것은 진정한 요리적 잠재력이 드러나고 나서였다.

273

미소가 생기기 전에 장이 있었다. 장Jiang(대략 '페이스트' 정도의 뜻이다)은 여러 중국식 양념 및 발효 식품을 통칭하는 말로, 그중에는 발효한 대두를 전혀 함유하지 않은 것도 많다. 실제로 가장 오래된 장은 생선 또는 고기로 만들었을 것으로 추정되며 가룸(가룸 장 참조, 361쪽)과 미소를 섞은 되직한 변종과 비슷하다. 시대가 바뀌면서 축산업 관행이 개선되고 야생 육류의 높은 영양분을 보존해야 할 필요성이 조금씩 완화되면서 장에 함유된 주요 단백질 공급원은 세대를 거듭하면서 서서히 동물성에서 식물성으로 바뀌었다. 해선장이나 굴소스, 두반장 등 고대 장의 후손인 양념은 아직까지 건재하며 그 이름을 널리 알리고 있다. 검은콩을 발효해서 만드는 더우츠는 중국에서 유래한 최초의 발효 콩 제품으로 간주되며, 그 역사는 기원전 90년까지 거슬러 올라간다.

아직까지 남아 있는 중국의 미소와 가장 가까운 친척은 황장黃醬('노란 페이스트'라는 뜻이다)으로, 대두를 쪄서 그 절반 무게의 밀가루를 섞은 다음 꾹꾹 눌러서 벽돌 모양으로 빚어 갈대 돗자리에 얹은 채로 옥외에서 야생 발효를 거친다. 몇 주 후에 표면에서 자라난 야생 곰팡이를 쓸어내 제거한 다음 대두 벽돌을 소금물과 함께 섞어 점도가 높은 짭짤한 페이스트가 될 때까지 발효시킨다.

글리신 막스Glycine max, 즉 대두

6세기 무렵 중국 불교 승려가 일본으로 건너가 섬나라 주민을 '교화'시킬 때 장이 함께 전해졌다. 일본인은 대두를 발효시킨다는 발상을 흡수해서 개발해나갔다.

7세기에 불교의 비폭력 교리가 새로이 도입되면서 일본의 40대 왕 덴무가 사육한 동물 고기를 소비하는 것을 금지했다. 이후 60년 이상 효력을 유지한 육식 금지령 때문에 발생한 식단의 빈틈은 식물성 단백질원으로 채워야 했다. 그로 인해 대두는 신선한 생콩과 두부, 미소 등의 형태로 쌀이나 기타 곡물과 더불어 식단의 중심을 차지했다. 미소의 중요성이 커지면서 그 유용성과 종류도 함께 발달했다. 우선 일본의 미소 제조업자는 공정에 콩을 도입하기 전에 먼저 곡물로 곰팡이를 재배해서 발효 과정을 제대로 제어할 수 있도록 했다.

미소 제조는 곧 전문 산업으로 발전했다. 초기의 미소('히시오'라 불렸다)는 되직한 페이스트라기보다 끈적끈적한 곤죽에 가까웠다. 수 세기 동안 레시피가 정제되면서 지역마다 나름의 특성을 띠게 되었다. 일본에는 온갖 방식으로 제조하는 수십 종류의 미소가 존재한다. 누룩에 접종하는 아스페르길루스균의 종류, 누룩을 기를 쌀이나 보리의 품종, 대두를 조리하는 방식, 미소를 숙성시키는 시간이나 환경 등 미소 제조 과정에서 조정할 수 있는 변수가 여럿 있는데, 각각 결과물에 상당한 영향을 미친다. 그 결과 붉은색에 흙향을 풍기는 미소와 진하고 짠맛이 강하며 초콜릿 향이 나는 핫초 미소, 달콤한 사이쿄 미소 등 다양한 미소가 탄생한다. 2015년 도쿄 팝업 레스토랑 개최를 위해서 노마 직원이 일본을 몇 달간 여행할 기회가 있었을 때는 선택지가 너무 많아서 곤란할 지경이었다.

게다가 여기에 아시아의 다른 지역에 존재하는 대두 페이스트와 관련된 전통 식품까지 더해진다. 예를 들어 한국에는 미소와 동시대에 발달한 고유의 장 계보가 있다. 중국의 장Jiang처럼 일련의 발효 식품 무리를 포괄하는 단어로, 대부분 대두를 사용하지만 그렇지 않은 식품도 존재한다. 청국장은 고초균Bacillus subtilis이라는 박테리아를 이용해서 빠르게 발효시켜 만드는 덩어리가 굵직하게 남아 있는 장으로 미소와 비슷한 부분이 있다. 반면 된장은 중국의 고대 황장과 아주 흡사하며 완성까지 고된 노동력을 요구하는 대두 기반 발효 식품이다. 말린 콩을 부드러워질 때까지 삶아서 나무 상자에 담고 압착해서 벽돌처럼 단단하게 만든 메주부터 제조해야 한다. 완성된 메주는 꺼내서 아스페르길루스균을 포함하여 박테리아와 곰팡이균 등

메주는 발효된 대두를 압축해서 만든 벽돌 모양
의 물건으로 여러 한국 발효 식품의 기초가 된다.

을 함유하고 있는 볏짚으로 감싼 다음 2개월간 발효시킨다. 마지막으로 장
독에 메주를 담고 소금물을 부은 다음 1년간 발효시킨다. 그러면 일본식 간
장보다 훨씬 묵은 향이 강한 한국식 간장이 완성된다. 발효된 고형물은 된
장이라 불리며 그대로 몇 년간 더 숙성 과정을 거치기도 한다. 우리가 매우
좋아하는 발효 식품 중 하나인 고추장도 메주를 넣어 만들지만 여기에는 고
추와 찹쌀가루를 상당량 첨가한다.

발효한 콩 페이스트는 동남아시아 전역에도 널리 퍼져 있다. 태국에는 미소
보다 훨씬 무르고 향이 강한 타이 치우tai jiew가 있다. 인도네시아에서는 종
려당을 넣어서 단맛이 상당히 강한 타우코tauco를 만든다. 베트남에서는 점
성이 낮은 트엉tuong을 볼 수 있는데, 서머롤과 함께 나오는 딥 소스로 먹어
본 적이 있을 것이다. 장 제조법이 아시아 전역은 물론 저 멀리 추운 코펜하
겐까지 널리 퍼져 있다는 사실은 엄청난 호소력을 지니고 있다. 미소에는 전
염성이 있다.

노마는 요리 혁신의 선봉에 머물기 위해서 최선을 다하고 있지만 동시에 역
사로부터의 교훈을 존중해야 한다는 깊은 책임감을 느낀다. 우리는 전통을
마음대로 주무르기 전에 먼저 제대로 이해하는 과정을 거치는 것에 엄청난
가치가 있다는 사실을 깨달았다. 우리 팀은 일본에서 대형 회사는 물론 소
규모 장인에 이르기까지 다양한 미소 제조업자를 방문해서 우리 나름의 방
도를 찾을 수 있도록 도와줄 귀중한 경험을 수집했다. 북유럽식 미소를 만
들기 위한 상세한 과정을 알아보기 전에 먼저 역사상 미소 생산이 어떤 식
으로 이루어졌는지 간략하게 살펴보자.

초기에는 미소를 만드는 데에 필요한 모든 것이 거의 목재로 이루어져 있었
다. 삽, 쟁반, 큰 통, 건물 자체도 보통 일본산 삼나무 등의 경목으로 제작했
다. 거대한 철제 가마솥은 물을 끓여서 밀짚 바구니에 담은 쌀과 대두를 찌
는 데에 사용했다. 익혀서 식힌 쌀을 큰 식탁에 넓게 펼친 다음 누룩곰팡이
포자를 골고루 접종한다.

역사적인 제조 방식과
손맛

인부들은 삽으로 쌀을 뒤집어서 포자를 골고루 퍼트린 다음 삼나무 쟁반에 옮겨 담아 따뜻하고 습한 방(코지무로, 즉 누룩을 띄우는 방)에 쌓아 올렸다.

대두는 아주 부드러워서 남자 발로 으깰 수 있을 정도로 익힌다. 그런 다음 인부들은 준비한 누룩과 소금을 콩과 함께 섞은 다음 운반용 양동이에 혼합물을 담아서 사다리 발판에 올라 거대한 발효용 삼나무 통에 쏟아 담는다. 뚜껑 위에는 묵직한 돌을 얹어서 혼합물을 압축하고 공기를 제거하여 발효가 균일하게 이루어지도록 한다. 삼나무 통에 담긴 미소는 종류에 따라 1년에서 3년 정도 숙성시킨다.

미소가 발효되는 동안 짭짤하고 감칠맛이 풍부한 액체가 상부에 고여서 웅덩이를 형성한다. 이 액체가 바로 다마리다. 대체로 후손인 일본식 간장보다 덜 짜고 점도가 높다. 중국에서는 장유라고 부른다. 서양에서 '소이 소스 soy sauce'라고 불리는 것이 대체로 이것이다. 미소를 보관하는 용도로 사용하는 광대한 목재 창고는 온도를 조절하기에는 영 부족한 면이 있다. 그래서 겨울에는 발효가 아주 느려지고 여름이 되면 다시 속도가 붙는다. 절대 매번 똑같은 미소가 만들어지지 않는다. 모든 미소는 발효 중의 특정한 시간과 독특한 조건으로 만들어진 개별적인 산물이었다.

위 이야기를 기발하지만 의미 없는 옛날 우화 정도로 치부하기 전에 에드워드 노턴 로렌츠Edward Norton Lorenz라는 사람이 준 교훈에 대해 알아보자. 로렌츠는 제2차 세계대전 중 미군의 일기 예보관으로 근무한 후 미국에 돌아와 MIT에서 기상학 박사 학위를 받았다. 그는 기상 예측 분야에 대한 광범위한 연구를 거치며 당연하게도 선형 통계 방법, 즉 미래에 일어날 일을 현재 일어나는 사건을 통해 직접적으로 추론할 수 있다는 사상에 조심스럽게 접근하게 되었다. 날씨는 매우 비선형적인 현상으로 작용한다는 사실을 알고 있었기 때문이다. 1963년 기상학 저널에 실린 논문에서 그는 이렇게 말했다. "감지할 수 없을 정도의 차이를 지닌 두 가지 상태는 결국 서로 완전히 다른 상태로 발전할 수 있다. (…) 관측에 오류가 있을 경우 먼 미래에 일어날 상태에 대한 예측은 불가능할 것이다."

키오케라고 불리는 거대한 삼나무 통은 한 번에 수천 킬로그램의 미소를 저장할 수 있다.

277

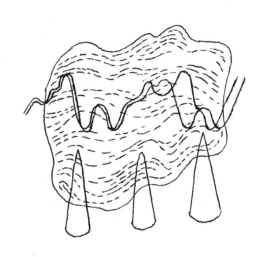

초기 조건에 민감한 의존성: 시스템이 복잡할수록 미세한 변화가 결과에 영향을 미친다.

로렌츠의 의견은 카오스 이론의 기초가 되었다. 그는 '나비 효과'라는 용어를 만들어낸 장본인이기도 한데, 이는 무수히 많은 분화점을 지닌 복잡한 시스템이 충분한 시간적 여유가 있을 경우 얼마나 극적으로 다른 방향으로 진화할 수 있는지를 보여주는 단어다. 달리 말하자면 나비 날개가 팔랑이는 정도의 미미한 변화도 동요를 일으켜 몇 주일 후면 토네이도를 일으킬 수 있다. 발효의 세계에서는 실제로 이러한 원리의 예시를 목격할 수 있다. 위스키 식초를 숙성시키든 일본주를 양조하든 미소를 제조하든 간에 과정이 복잡하면 복잡할수록 초기 과정의 작은 변화가 큰 차이를 만들어낸다. 그리고 발효시키는 시간이 길어질수록 차이는 더욱 두드러진다.

한국의 장인은 공장에서 만들어낸 식품에서는 찾아볼 수 없는, 개별 조리사가 음식에 불어 넣는 쉽사리 따라할 수 없는 풍미를 일컬어 '손맛'이라고 한다. 이 손맛은 본질적으로 요리계의 카오스 이론이다. 당일 또는 당시 미소 제조업자의 피부와 옷에 묻어난 박테리아의 양, 온도와 기압 및 습도의 임의적인 변화 등 미소를 만들고 숙성시키는 과정에서 발생한 미세한 차이가 모두 발효의 발달 과정에 큰 영향을 미치므로 절대 완전히 동일한 제품을 다시 만들어낼 수는 없다. 물론 이는 요리사와 장인이 새로운 풍미와 창조물을 발견하게 만든 원인이기도 하다. 그리고 무엇보다 발효를 예측할 수 없고 스릴 넘치게 만드는 요소이다.

'손맛'은 물건이 만들어진 당시의 제작자와 시간, 장소에 영향을 받는 발효의 독특한 특징을 묘사하는 말이다.

278

우리의
완두콩 미소 만드는 법

이제 미세한 변경이 발효에 미칠 수 있는 엄청난 영향을 이해했으니 노마식 완두콩 미소 만드는 법의 주요 단계를 자세히 알아보자.

1. 찐 보리에 누룩 포자를 접종하고 발효실에서 2일간 누룩을 기른다(42쪽의 '발효실 제작하기' 참조).

2. 노란 완두콩을 불리고 씻은 다음 삶는다. 완두콩과 누룩을 (무게 기준) 3대 2 비율로 섞어서 갈거나 분쇄해 섞는다.

3. 소금을 더한다(중량의 4%). 그런 다음 필요하면 4%의 소금물을 이용해서 혼합물의 수분 함량을 조정한다.

4. 혼합물을 발효용 용기에 빼곡하게 채워 담고 표면에 소금을 뿌려서 원치 않는 곰팡이가 자라지 않도록 한다. 혼합물의 무게를 계량한 다음 덮개를 씌우고 22~30℃의 온도에서 최소한 3개월간 발효시킨다.

5. 미소 위에 고인 다마리는 모조리 걷어내서 모으고 표면에 생긴 곰팡이는 긁어내서 제거한다. 미소를 그대로 밀폐용기에 옮겨 냉장 보관한다.

289쪽에 설명한 개요에 따른 레시피를 그대로 적용할 경우 노마에서 우리가 만드는 완두콩 미소와 아주 비슷한 결과물을 얻을 수 있다. 하지만 직접 레시피를 고안하고 실험을 하고 싶다면 먼저 발효용 용기 속에서 일어나는 현상과 완성품에 영향을 미치는 주요 요소를 확실하게 파악해야 한다. 조절이 필요한 다음 요인을 정확하게 이해하면 레시피를 조정해서 나만의 완두콩 미소를 만들 수 있다.

소금 함량

소금 함량은 미소 및 완두콩 미소 제조 과정을 직접 통제하기 위해 가장 중요하게 지켜야 할 척도다. 젖산 발효 장(55쪽)에서 설명했듯이 소금은 잠재적인 유해성을 지닌 미생물이 아예 발을 들이지 못하게 만드는 역할을 할 수 있다. 그러나 노마는 분명하게 낮은 염도의 음식을 지향하는 레스토랑이므로 완두콩 미소를 위험에 노출시키지 않으면서 최대한 소금 함량을 낮추기 위해 노력한다.

많은 실험을 거친 후 우리는 미생물 활동과 염분 사이에서 이상적인 균형을 이루는 염도인 4%에 정착했다. (일본 미소는 염도가 아주 낮은 편으로 6%다.) 그보다 낮으면 오랜 숙성 기간 동안 달갑지 않은 미생물이 번식하지 않으리라고 보장할 수 없으므로 4% 이하로 낮추는 것은 권장하지 않는다.

소금 함량이 8~10% 정도로 높으면 효모와 아세트산 박테리아, 그리고 양은 적지만 젖산균(LAB)의 성장을 방해한다. 다른 발효 식품을 만들 때는 이러한 미생물을 이용해서 풍미를 생산했으니, 그러면 완성된 미소의 질이 저하되지 않을까 걱정이 될 것이다. 그러나 효모와 박테리아를 제한하면서 잃어버린 복합적인 풍미는 오랜 숙성 시간을 통해 상쇄된다. 수개월, 또는 수년에 걸쳐 마이야르 반응이 극도로 느리게 진행되며 미소가 천천히 갈변되면서 유혹적이고 복잡한 풍미가 나게 만든다. (마이야르 반응에 대한 자세한 내용은 405쪽의 '정말 느린 요리' 참조.) 아주 짭짤한 미소는 처음에는 매력이 덜 느껴지지만 숙성을 거칠수록 변화하고 개선된다.

만일 완두콩 미소의 맛이 영 균형을 잃은 것 같다면 총 염분 함량을 2~3% 정도 높이고(레시피의 다른 요소는 건드리지 않는다) 1~2개월 정도 추가로 숙성시키자. LAB와 효모가 선사하는 복합적인 맛은 일부 사라지지만 점차 훨씬 맛있는 완두콩 미소가 완성될 것이다.

수분 함량

완두콩 미소는 발효용 용기에 담아서 발효시키는 만큼 수분 함량 또한 매우 중요하다. 완두콩 미소가 너무 건조하면 발효물의 유동성이 떨어져서 생물학적 및 화학적 과정이 효과적으로 이루어지지 않으며, 이는 건조나 동결을 통해 전체적인 구성 요소를 단단히 고정시켜 부패를 막는 것과 같은 이치다. 반면 완두콩 미소가 너무 묽으면 미생물 및 효소가 너무 격렬하게 활성화된다. 아주 효과적으로 온갖 미생물이 미친 듯이 날뛰게 될 것이다. LAB가 생산한 젖산이 소량 섞이면 완두콩 미소에 기분 좋은 화사한 풍미가 더해지지만, 너무 많으면 맛이 완전히 변질될 수 있다. LAB는 소금 함량으로는 아주 미미하게 방해를 받을 뿐이므로 수분을 조절해서 제어해야 한다. (더욱 정확하게 말하자면 우리는 어느 정도의 물이 문제없이 자유롭게 이동하게 만들 것인가, 즉 '수분 활동도'를 규제한다.)

281

282

막 조리한 문어와 '지킬팩Dzikilpak', 노마 멕시코,
2017

문어 촉수를 마사 크러스트에 가둬서 구운 다음 호
박씨 미소를 이용해서 노마식으로 변주한 전통 마
야식 살사인 지킬팩을 곁들여 낸다.

수분 함량이 완두콩 미소에 미치는 영향을 온전히 이해하려면 어느 정도
시행착오를 거쳐야 하지만, 일단 직접 상태를 확인하려면 발효용 용기에 넣
을 준비가 끝난 미소 혼합물을 한 움큼 쥐었을 때 손 안에서 단단한 공처럼
뭉쳐져야 한다. 후무스처럼 부드럽게 뭉개지면 너무 무른 것이다. 부슬부슬
부서지면 너무 건조한 것이다.

습도

완두콩 미소는 주변 습도가 65~75%인 곳에서 숙성시킨다. 그보다 낮으면
완두콩 미소가 건조해져서 앞서 설명한 수분 함량과 관련된 문제가 발생하
거나 수분이 공기 중으로 너무 많이 증발해서 과하게 짭짤해진다. 그 반대
로 너무 습한 환경에서 완두콩 미소를 숙성시켜도 잘못될 수 있다. 예를 들
어 습도로 인해 응결 현상이 발생할 경우 완두콩 미소 혼합물의 염도가 낮
아져서 부패의 문이 활짝 열릴 수 있다. 물론 응결이 생기려면 습도가 상당
히 높아야 하지만, 축축한 지하실이나 단열이 잘 되지 않고 지속적으로 비
에 노출될 수 있는 공간은 피해야 한다.

누룩의 숙성도

완두콩 미소에 사용하는 누룩은 반드시 건강하고 강력하며 곡물 알갱이를
뭉치게 만드는 균사가 두터워야 한다. 누룩이 향기롭고 달콤할수록 완두콩
미소가 맛있어진다. 누룩의 짧은 생애 주기 동안 곰팡이균은 여러 단계를
거친다. 누룩이 너무 어리면 노란 완두콩의 단백질을 분해하는 데 필요한
효소가 아직 생산되지 않았을 것이다. 또한 너무 일찍 수확한 누룩에는 완
두콩 미소의 전체적인 풍미에 기여하는 단맛이 부족하다.

반면 너무 오래 성장해서 포자가 되어버린 곰팡이에서는 정원에서 기른 채
소에 씨가 맺히면 극적으로 맛이 바뀌는 것과 마찬가지로 제때 수확한 누룩
과 상당히 다른 향이 난다. 포자가 된 누룩은 포자를 생산하기 위해 효소를
통하여 당을 소비한다. 누룩에 당이 부족하면 곧 미소에도 숙성에 따라 복
합적인 풍미를 발달시키는 주 원인인 마이야르 반응을 일으킬 당이 부족해
진다.

우리의 경험으로 미루어보아 완두콩 미소에 사용하기 위해 누룩을 수확하
려면 초기 접종 시점에서 44~48시간 사이가 최적이다. 마지막으로 누룩이

283

원하지 않는 곰팡이 및 기타 미생물에 감염된 표시가 난다면 완두콩 미소에 사용하지 말아야 한다. 기억하자, 완성된 발효 식품은 오직 들어간 재료만큼의 품질을 구현할 수 있을 뿐이다.

온도와 시간

완두콩 미소는 따뜻할수록 발효 속도가 빨라진다. 지하실처럼 실온보다 낮은 온도의 환경에 완두콩 미소를 보관하면 발효 속도가 눈에 띄게 느려진다. 마이야르 반응 또한 따뜻한 환경에서 가속화되어 고소한 구운 향기가 훨씬 많이 배어나는 미소가 완성된다.

누룩이 생산한 효소는 60℃가 유지될 때 매우 효율적으로 생화학 반응을 촉진시킨다. 그러나 일정하게 60℃를 유지하도록 열원을 주입하는 단열된 방에서 완두콩 미소를 발효하기는 힘들며 그러고 싶지도 않을 것이, 눌은 맛이 아주 빠른 속도로 발달해버리기 때문이다. 일본의 여름을 모방해서 28~30℃를 유지하면 조금 더 빠른 발효 속도와 넉넉한 마이야르 반응의 이점을 모두 누릴 수 있다.

하지만 적당한 온도에서도 너무 오랜 시간을 보내면 완두콩 미소의 풍미가 변질되거나 눌은 냄새가 나기 시작할 수 있다. 예를 들어 1년간 발효를 계속 이어간다면 품질이 더 이상 나아지지 않는다. 맛이 언제 최고조에 달했는지 가늠하는 것은 어려운 일이다. 하지만 경험이 쌓이면 미소가 보이는 신호를 인지할 수 있게 된다. 만일 완두콩 미소가 씁쓸해지거나 건조해지거나 눈에 띄게 색이 어두워진다면 주의하자. 그 시점에서 숙성을 더 시킨다 하더라도 맛이 개선되지 않는다.

압력과 공기 중 노출

완두콩 미소 위에 누름돌을 얹으면 기포가 빠져나와서 아세트산 박테리아나 곰팡이가 번식하면서 원하지 않던 풍미를 생성할 가능성을 차단한다. 누름돌의 무게는 용기에 담은 완두콩 미소 무게의 최소한 절반 정도가 되어야 한다. 그러나 누름돌은 완두콩 미소를 완전히 밀폐해서 공기를 차단하지는 않는데, 여기에는 이유가 있다. 미생물이 활동하면서 생성된 가스는 제때 배출되어야 한다. 완두콩 미소를 완전히 밀폐하면 가스가 다시 발효물에 흡수되면서 풍미를 변질시킨다. 통기성이 좋은 천을 위에 깔아두면 가스를 배출시키면서 파리나 구더기 등 덩치 큰 해충의 접근을 막을 수 있다.

만일 완두콩 미소에서 톡 쏘는 맛이나 신맛, 알코올성이 감지된다면 내용물을 너무 빡빡하게 담았거나 공기 배출이 원활하지 않다는 뜻이다. 이런 완두콩 미소는 팬에 담고 스패출러로 저어가며 5분 정도 조리하면 어느 정도 문제를 해결할 수 있다. 달갑지 않은 향이나 풍미 분자는 휘발성이 높으므로 가열하면 날아간다. 불행히도 이런 풍미를 완전히 제거하는 방법은 없다. 그냥 받아들이고 교훈으로 삼도록 하자.

향료 추가

미소는 남은 음식물을 처리하기에 이상적이다. 즙을 내고 남은 채소 찌꺼기, 씨앗 껍질, 남은 식재료 등을 더하면 일 년간의 숙성 기간을 거치며 눈에 띄게 풍미가 살아난다. 예를 들어 우리는 매년 해변의 야생 장미를 수확해서 중성 오일과 함께 갈아 향이 배어든 장미 오일을 만든다. 오일을 압착하고 남은 장미 꽃잎 찌꺼기에도 아직 충분히 사용할 만한 가치가 남아 있다. 이 장미 찌꺼기를 기본 완두콩 미소 레시피에 적용해서 총 무게의 5%만큼 더하고 소금을 추가하자 깜짝 놀랄 만한 새로운 미소가 탄생했다. 양동이 뚜껑을 여는 순간 강렬한 꽃향기가 방 안을 가득 메웠다. 자칫 버릴 뻔한 음식물 쓰레기를 되살려서 더없이 맛있는 식품을 만들 수 있다. 실험을 두려워하지 말자. 채소 윗동, 솔잎, 가룸을 만들고 걸러낸 후 남은 찌꺼기, 과일 껍질 등 무엇이든 즐거운 발견으로 이어질 수 있다.

이렇게 추가 재료를 더할 때는 완두콩 미소 총 무게의 20%를 넘지 않을 것을 권장한다. 미소의 놀라운 맛을 만들어내는 것은 발효된 콩 그 자체이기 때문이다. 발효 과정 중에 단백질이 충분하지 않으면 미소에 첨가한 재료가 너무 짭짤해지거나 부패된다. 크게 변질되지 않을 수도 있지만, 우리가 여기서 고군분투하는 것은 무엇보다 멋진 미소를 얻기 위해서라는 점을 기억하자.

미소와 완두콩 미소

일본의 영혼에 북유럽의 솜씨를 갖춘 노란 완두콩 미소는 노마
의 주방에 없어서는 안 될 재료다.

288

노란 완두콩 미소

Yellow Peaso

분량 2.5kg

말린 노란 완두콩 800g
통보리 누룩(231쪽) 1kg
비요오드 소금 100g + 뿌리기용 여분

노란 완두콩으로 만든 미소는 노마에 있어서 신의 계시와 같았다. 처음 만든 '피소'가 주방에 입성했을 때, 당시 근무하던 많은 요리사는 곧 새로운 창조물에 완전히 매료되어 핑계만 있으면 어디에나 사용하곤 했다. 무한에 가까운 활용도를 선보이기 때문에 여기저기 한 숟갈씩 넣으면서 잠재력을 깨닫고 나면 더 이상 완두콩 미소 없이 요리하던 시절로 돌아갈 수 없게 될 것이다.

완두콩 미소 만들기는 겉보기에는 간단하지만 발효 기간이 상당히 길기 때문에 사소한 점 하나로 결과물에 큰 차이를 가져올 수 있어 과정 전체에 주의를 기울여야 한다. 다음 레시피에도 상세히 설명하고 있지만, 조절해야 할 다양한 요인에 대해 앞서 기술한 내용을 반드시 읽어볼 것을 권장한다.

장비 참고

우선 고기용 그라인더나 푸드 프로세서 등 완두콩을 굵게 갈아낼 수 있는 도구가 필요하다.

완두콩 미소는 약 5L짜리 비반응성(유리, 플라스틱, 도자기, 화학약품 처리를 하지 않은 목재) 발효용 용기에서 발효시킨다. 완두콩 미소 위에 덮어서 누를 천을 따로 준비한다. 또한 손으로 작업하기 전에 멸균 장갑을 착용하고, 모든 장비는 철저하게 세척하고 소독하기를 권장한다(36쪽 참조).

289

완두콩은 반드시 막 삶아낸 것을 사용한다. 두 손가락으로 누르면 쉽게 으깨지지만 물컹하지 않아야 한다.

푸드 프로세서로 누룩을 분쇄한다.

상세 설명

건조 완두콩은 찬물에 담가서 실온에 4시간 동안 불린다. 완두콩이 물을 많이 흡수하므로 물은 완두콩 부피의 2배 가까이 부어야 한다. 완두콩이 불면 건져서 대형 냄비에 담고 새로운 찬물을 완두콩 부피의 2배 가까이 붓는다. 물을 한소끔 끓인 다음 불 세기를 낮춰서 잔잔하게 끓는 상태를 유지한다. 표면에 올라오는 전분성 거품은 모조리 걷어낸다. 약 10분 간격으로 골고루 휘저으면서 완두콩이 엄지와 검지로 그다지 힘을 주지 않아도 으깰 수 있을 만큼 부드러워질 때까지 45~60분간 삶는다.

완두콩을 건져서 베이킹 시트에 펼쳐 담아 실온으로 식힌다. 완두콩이 식으면 무게를 잰다. 약 1.5kg 가까이 되어야 하지만, 불리고 삶는 과정 중에 완두콩이 흡수하는 물의 양은 매번 달라진다. 1.5kg 이상의 완두콩은 덜어내서 다른 용도로 사용한다. 양이 1.5kg 이하라면(또는 일부는 다른 요리에 사용하고 싶다면) 다른 재료의 비율을 그에 맞춰서 조정하면 된다. 필요한 누룩의 양은 익힌 완두콩 무게의 66.6%다. 소금은 6.6%를 사용한다. 예를 들어 익힌 완두콩이 1.3kg이라면 사용할 누룩의 양을 1kg에서 866g으로 줄이고, 소금은 100g에서 86g으로 줄인다. 여기서 요구하는 품질의 완두콩 미소를 완성하려면 반드시 이 비율을 정확히 지켜야 한다.

완두콩과 누룩을 섞어서 갈거나 으깰 때 제일 효과적인 방법은 깨끗하게 씻어서 소독한 고기용 그라인더를 사용하는 것이다. 먼저 라텍스나 니트릴 소재의 장갑 한 쌍을 착용하고 익힌 완두콩을 호퍼에 담은 후 중간 굵기 망을 이용해서 갈아내 초대형 볼 또는 용기에 담는다. 이어서 누룩을 갈아 완두콩과 함께 섞는다. (또는 푸드 프로세서를 사용해도 좋지만 이때는 너무 곱게 갈지 않도록 주의해야 한다. 퓌레가 아니라 굵은 가루 정도의 상태가 되도록 계속 살핀다. 고기용 그라인더나 푸드 프로세서가 없다면 최후의 수단으로 완두콩은 대형 절구에 찧고 누룩은 손으로 잘게 부순다.)

갈아낸 완두콩과 누룩을 손으로 골고루 잘 섞은 다음 질감과 수분 함량을 확인한다. 혼합물을 작게 한 줌 잡고 꽉 쥐어본다. 쉽게 탄탄한 공 모양이 되면 아주 좋은 상태다. 혼합물이 부슬부슬 부서지면 너무 건조한 것이므로 물을 보충해서 수화시켜야 한다. 하지만 동시에 소금 비율을 반드시 4%로 유지해야 하므로 혼합물에 더하는 물도 언제나 같은 비율의 소금물을 사용해야 한다. 물 100g에 소금 4g을 풀고 스틱 블렌더 또는 거품기로 휘저어서 소금을 완전히 녹여 간단하게 염도 4%의 소금물을 만든다. 완두콩 혼합물이 적당한 질감이 될 때까지 소금물을 조금씩 더하면서 잘 섞는다.

혼합물을 손으로 꽉 쥐어서 부드럽게 뭉개지면 너무 질어진 상태다. 완두콩이 과조리되었거나 물기를 충분히 거르지 않은 것이 원인일 수 있다. 너무 진 혼합물은 건조한 것보다 해결하기 까다롭지만 불가능하지는 않다. 혼합물을 유산지를 깐 베이킹 시트에 얇고 고르게 한 켜로 펴 바른 다음 낮은 온도(40℃)의 오븐이나 건조기에 넣고 자주 쥐어봐서 원하는 질감에 도달할 때까지 건조시킨다.

혼합물의 질감이 만족스러우면 소금을 더해서 한 번 더 골고루 뒤섞는다. (완두콩 무게가 1.5kg보다 많거나 적을 경우 그에 맞춰서 소금 양을 조절하는 것을 잊지 말자.) 이제 완두콩 미소를 용기에 담을 차례다.

노마에서는 완두콩 미소를 발효시킬 때 식품 안전 플라스틱 양동이를 사용하지만, 유리나 도기 병을 사용해도 좋다. 발효용 삼나무 통을 구할 수 있다면 써도 좋지만 반드시 화학약품 처리를 하지 않은 목재로 만든 것을 골라야 한다.

한 손에만 장갑을 착용하고 완두콩 미소를 발효용 용기에 옮겨 담으며 최대한 꾹꾹 눌러 채운다. 용기 가장자리부터 시작해서 공기를 완전히 빼내며 가운데 부분까지 차례차례 담는다. 혼합물을 담고 나면 매번 주먹으로 꾹꾹 내려쳐서 제대로 꽉꽉 채워지게 한다. 완두콩 미소의 윗부분을 부드럽고 평평하게 고른 다음 소금을 가볍게 골고루 뿌려서 곰팡이가 생기지 않도록 한다. 완두콩 미소의 표면에 바로 닿도록 랩을 한 장 씌우고 가장자리까지 빠짐없이 꼼꼼하게 덮는다. 마지막으로 깨끗한 종이 타월을 이용해 용기 벽면을 훔쳐낸다.

완두콩 미소 혼합물이 너무 건조하면 꽉 쥐었을 때 부슬부슬 부서진다.

완두콩 미소 혼합물이 너무 축축하면 꽉 쥐었을 때 부드럽게 뭉개진다.

노란 완두콩 미소, 1일차

14일차

30일차

이제 완두콩 미소 위에 누름돌을 얹을 차례다. 누름돌은 사우어크라우트 등 젖산 발효 식품을 만들 때 내용물이 즙 아래 완전히 잠겨 있게 만들듯이 완두콩 미소가 발효되면서 다마리를 생성하는 내내 미소 혼합물이 다마리 아래 잠겨 있도록 누르는 역할을 한다. 원한다면 사용하는 발효용 용기의 둘레에 딱 맞는 크기의 발효용 맞춤 누름돌을 온라인으로 주문 제작할 수 있다. 또는 가장 간단한 방법으로 발효용 용기 안에 딱 들어맞는 크기의 평 평한 접시를 사용해도 좋다. 접시를 사용할 경우에는 시간이 지나면 접시가 아래로 가라앉아 결국 제거해야 하기 때문에 오도 가도 못하는 상황이 되 지 않도록 너무 꽉 차는 크기를 고르지 않도록 주의해야 한다. 완두콩 미소 위에 접시를 똑바로 얹은 다음 손으로 꾹 누른다. 그리고 돌이나 벽돌, 통조 림 여러 개를 완두콩 미소 무게의 약 절반, 즉 1.5kg 정도 준비한다. 위생 유 지를 위해서 준비한 누름돌을 비닐봉지에 넣은 후 접시 위에 골고루 분배해 얹는다.

또는 접시 대신 지퍼백이나 진공용 봉지에 물 3L를 채워서 대체할 수 있다. (이 경우에는 무게를 늘려야 하는데, 압력이 완두콩 미소로 직접 내려가지 않고 용기 벽 쪽으로 분산되기 때문이다.) 봉지를 이중으로 감싸서 물이 새지 않도록 한 다음 완성한 물 봉지 누름돌을 완두콩 미소 위에 얹는다.

용기 위에 깨끗한 종이 타월이나 면포를 덮은 다음 대형 고무줄로 단단히 고정시킨다.

완두콩 미소는 실온의 주방 작업대에 얹어놔도 효과적으로 발효되지만, 노 마의 완두콩 미소는 28℃를 유지하는 전용 발효실에서 약 3개월간 숙성시 킨다. 어느 쪽이든 충분히 제대로 숙성되겠지만 실온에서는 한 달 정도가 더 필요할 때도 있으며, 원한다면 그보다 더 오래 숙성시켜도 좋다. 노마에 서는 정말 오랜 기간에 걸쳐서 완두콩 미소 실험을 해봤는데, 흥미로운 결 과를 관찰할 수 있었다. 발효 기간이 길어질수록 훨씬 진하고 색이 어두워 지며 흙 향이 풍성해지지만, 우리는 활용도가 뛰어난 3개월짜리 완두콩 미 소를 선호한다.

60일차

90일차

3~4일 후에 완두콩 미소의 상태를 살핀다. 처음 시작할 때와 그리 달라 보이지 않을 것이다. 다른 점이 있다면 향이 조금 감돈다는 정도다. 향이 느껴진다면 좋은 징조다. 만일 젖산 발효 시와 비슷하게 시큼한 냄새가 나고 다리가 위쪽에 상당히 고여 있다면 혼합물이 너무 질다는 뜻이므로 처음부터 다시 시작해야 한다. 깨끗한 용기에 담아서 발효를 진행할 경우 완두콩 미소에 전체적으로 작은 기포가 형성되는 것을 확인할 수 있다. 이는 발효 과정이 정상적으로 이루어지고 있다는 뜻이다. 이 기포는 시간이 지날수록 가라앉는다.

1~2주 후에는 매주 또는 격주로 완두콩 미소 통을 열어 진행 상황을 확인해야 한다. 어느 순간 표면에 하얀 곰팡이가 생겨날 것이다. 그래도 전혀 문제는 없다. 경험상 이는 보통 혼합물의 노출된 부분까지 기어 올라와 곰팡이가 될 기회를 잡아낸 누룩 조각이다. 하지만 다른 곰팡이라 하더라도 완두콩 미소를 충분히 꾹꾹 눌러 담았다면 아래까지 파고들지 못한다. 완두콩 미소의 맛을 확인해야 할 때는 곰팡이를 약간 긁어내서 아래쪽 내용물을 건져내면 되지만 완두콩 미소를 완전히 수확하기 전까지는 완전히 제거하지 말고 그 자리에 계속 내버려두자.

질감이 눈에 띄게 부드러워지고 소금 맛이 살짝 약해지며 달콤하고 고소한 풍미가 드러나면 완두콩 미소가 완성된 것이다. 보통 3~4개월 정도가 소요된다. 지나치게 시큼하지 않되 가벼운 산미가 느껴져야 한다. 완두콩 미소의 질감은 살짝 덩어리진 상태이므로, 아주 부드럽고 매끄러운 페이스트를 원한다면 푸드 프로세서에 넣고 필요하면 물을 조금씩 더해가면서 곱게 간 다음 타미에 내리면 진정 벨벳 같은 느낌이 된다.

완두콩 미소는 밀폐용기나 밀폐 가능한 유리병에 담아서 냉장고에 1개월간 보관할 수 있다. 그보다 오래 사용할 경우에는 풍미를 가장 신선한 상태로 유지할 수 있도록 냉동 보관하면서 필요할 때 꺼내 쓰기를 권장한다.

293

1. 완두콩을 불려서 씻은 다음 최소 2배 분량의 물에 삶는다.

2 완두콩을 건져서 식힌 다음 갈거나 찧어서 굵은 가루 상태로
  만든다.

3. 익힌 완두콩 무게의 66.6%만큼 누룩을 계량한 다음 마찬가
   지로 갈거나 찧는다.

294

4. 완두콩과 누룩에 총량의 4%에 해당하는 소금을 넣고 골고루
   섞는다.

5. 혼합물을 발효용 용기에 꾹꾹 눌러 채워 담는다.

6. 상단에 소금을 뿌려서 곰팡이가 피는 것을 막는다.

7. 랩으로 완두콩 미소 표면을 덮는다.

8. 완두콩 미소 위에 누름돌을 얹는다.

9. 통기성이 좋은 천으로 용기를 덮은 후 고무줄로 고정한다.

10. 최소 3개월 동안 발효시킨다.

11. 완두콩 미소 표면에 형성된 곰팡이를 모조리 긁어낸다.

12. 완두콩 미소를 용기에서 꺼내 깨끗한 용기에 차곡차곡 눌러 담
고 냉장 또는 냉동 보관한다.

완두콩 미소와 물을 섞어서 냉동 후 정제하면 감칠맛 넘치는 액체가 완성된다. 이를 졸이면 노마 주방에서 가장 강력하고 귀중한 존재가 탄생한다.

다양한 활용법

완두콩 미소 다마리 졸임액

완두콩 미소를 처음 만들기 시작했을 때 우리의 이목을 끈 것은 발효 과정 중에 미소 위로 올라와 고이는 환상적인 다마리였다. 다마리는 감칠맛과 짠맛, 단맛, 신맛이 완벽한 균형을 이루는 시럽과 같은 결정체다. 문제는 절대로 충분한 양이 생산되지 않는다는 점이었기에 우리는 해결 방법을 찾아 고심했다.

믹서기에 완두콩 미소 130g과 물 860g을 담아 곱게 간 다음 바로 냉동 가능한 플라스틱 용기에 담는다. 뚜껑을 닫은 후 하룻밤 동안 단단하게 냉동한다.

다음 날 꽁꽁 언 완두콩 미소를 면포를 깐 체에 얹고 볼 위에 올려 해동되면서 떨어지는 액체를 받는다. 체에 밭친 고형물에 더 이상 국물이 남아 있지 않으면 찌꺼기를 제거하고 국물만 소형 냄비에 옮겨 불에 올린다. 숟가락 뒷면에 묻어날 정도가 될 때까지 천천히 졸인다. 완성된 완두콩 미소 다마리 졸임액은 식힌 다음 뚜껑을 덮어서 냉장고에 아주 오래 보관할 수 있다.

완두콩 미소 다마리 졸임액에 고수나 파슬리 등 곱게 다진 허브를 섞으면 채소 찜과 끝내주게 어울리는, 이 세상 것이 아닌 것 같은 수준의 허브 페이스트가 완성된다. 또는 동량의 정제 버터와 함께 거품기로 섞으면 삼겹살에 골고루 덧바르기 위해 탄생한 것 같은 마리네이드를 만들 수 있다. 노마의 테스트 키친이 사랑해 마지않는 메뉴는 갓 지은 밥 한 공기에 완두콩 미소 다마리를 두른 다음 송어알 한 숟갈이나 조금 사치스러운 기분을 내고 싶을 때라면 통통한 성게알을 몇 개 얹어 먹는 것이다.

구운 마늘 오일의 이상적인 동반자

미소에는 당이 풍부해서 그릴에 얹으면 아름답게 캐러멜화되며, 풍미 가득한 오일과 섞으면 기름기가 당에 영향을 미쳐서 건조하지 않고 제대로 보글보글 끓으며 갈색으로 물들게 만든다. 구운 마늘 오일은 완두콩 미소의 완벽한 동반자다. 구운 마늘 오일을 만들려면 마늘 1통의 껍질을 벗기고 으깬 후 소형 냄비에 담는다. 마늘 부피 2배 분량의 식물성 중성 오일을 잠기도록 붓는다. 냄비를 약한 불에 올리고 마늘이 부글부글 빠르게 끓어오르기 시작할 때까지 눈을 떼지 않고 살핀다. 불 세기를 최대한 낮추고 1시간 동안 익힌 다음 냄비를 불에서 내리고 오일을 실온으로 식힌다. 식은 마늘과 오일을 용기에 옮겨 담고 뚜껑을 덮어서 냉장고에 하룻밤 동안 보관한다. 오일을 체에 거른다(마늘은 건져서 보관했다가 원하는 대로 사용한다). 오일과 마늘을 각각 다른 밀폐용기에 담아서 냉장고에 보관한다. 오일은 몇 주일간 보관할 수 있다. 마늘은 며칠 정도 보관 가능하다.

마늘 완두콩 미소 양배추

마늘 오일과 완두콩 미소가 얼마나 강력한 조합을 보여주는지 확인하고 싶다면 양배추잎을 활용해보자. 냄비에 향긋한 육수(254쪽의 누룩 육수 등)를 담고 양배추잎을 데친 다음 얼음물에 담가 식힌다. 잎을 두드려서 물기를 제거한 다음 한쪽 면에 믹서기로 곱게 갈아낸 완두콩 미소를 얇게 한 켜 바른다(완두콩 미소 버터 만드는 법은 300쪽의 레시피 참조). 구운 마늘 오일을 잎 양면에 두른 다음 그릴에 완두콩 미소를 바른 면이 아래로 오도록 얹고 강한 불에서 완두콩 미소가 캐러멜화되고 가장자리가 바삭해질 때까지 굽는다. 구운 양배추잎은 그대로 내거나 굵게 썰어서 사워도우 크루통과 선골드 토마토[25], 안초비와 함께 샐러드로 만든다.

---

25 다 익으면 황금색을 띠는 방울토마토 품종

마늘 완두콩 미소 고기 그릴 구이

마늘 오일과 완두콩 미소는 모두 소고기와 아주 잘 어울린다. 구운 마늘 오일과 믹서기에 곱게 간 완두콩 미소를 부피 기준 1대 3의 비율로 섞고 거품기로 골고루 휘저어서 유화시켜 마리네이드(아래의 완두콩 미소 버터 참조)를 만든다. 원하는 소고기 부위에 혼합물을 두껍게 펴 바른 다음 그릴에 굽기 전에 냉장고에 넣어 몇 시간 동안 재운다. (완두콩 미소의 염분이 소고기를 염장시키므로 두꺼운 부위를 사용할수록 좋다.) 강렬한 풍미를 내는 주인공이자 맛있는 크러스트가 되기 때문에 마리네이드를 굳이 닦아낼 필요도 없다.

완두콩 미소 버터

완두콩 미소 버터는 아주 만들기 쉽고 활용도 높은 완두콩 미소 활용법이다. 먼저 완두콩 미소를 부드럽고 매끈하게 만들어야 한다. 믹서기에 완두콩 미소 100g을 아주 곱게 간다. 믹서기의 상태에 따라 잘 돌아가게 만들려면 물을 조금 부어야 할 수도 있으나 너무 많이 넣으면 풍미가 희석되니 주의한다.

완두콩 미소가 부드럽고 매끄러워지면 타미에 내린다. 필수적인 과정은 아니지만 토머스 켈러가 한때 말했듯이 타미는 '사치스러운 질감'을 만들어낸다. 이어서 완두콩 미소에 실온의 버터 400g을 더한 다음 거품기로 휘저어서 완전히 섞는다. 그런 다음 완성된 양념 버터를 단단하게 원통형으로 빚어서 랩에 감싸 냉장고에 보관하면, 필요할 때 원반 모양으로 잘라내어 무쇠 팬에 닭고기를 구울 때 골고루 끼얹는 용도로 사용하거나 보송하게 휘저어 섞은 감자 퓌레에 녹여 두를 수 있다.

완두콩 미소 버터를 원반 모양으로 자르고 있다.

301

장미 완두콩 미소

Rose Peaso

분량 2.5kg

익힌 건조 노란 완두콩(290쪽 참조) 1.5kg

통보리 누룩(231쪽) 950g

야생 장미 꽃잎 125g

비요오드 소금 100g + 뿌리기용 여분

노마에서는 미소 제조를 통해 자칫 버려질 수 있었던 찌꺼기를 새로운 음식으로 탈바꿈시키기도 한다. 다음 레시피는 야생 장미 꽃잎을 갈아서 장미 오일을 만든 다음 남은 찌꺼기를 활용하려고 만든 것이다. 그렇다고 반대로 부산물을 얻기 위해 전혀 다른 작업을 굳이 시작하기를 권장하지는 않으므로 여기서는 신선한 재료를 이용하는 식으로 레시피를 수정했으며, 맛있는 미소를 얻을 수 있다는 점에는 변함이 없다.

노란 완두콩 미소(289쪽)의 상세 설명은 이 장에 소개한 모든 미소 레시피의 견본이다. 아래 레시피를 읽기 전에 먼저 노란 완두콩 미소 레시피를 확인하고 오기를 권장한다.

깨끗하게 세척하고 소독한 고기용 그라인더나 푸드 프로세서를 이용해서 익힌 완두콩과 누룩을 굵게 간다. 장미 꽃잎을 모아서 차곡차곡 쌓은 다음 느슨한 원통형으로 돌돌 말아서 바질잎을 썰듯이 시포나드 방식으로 가늘게 채 썬다. 완두콩과 누룩에 장미 꽃잎을 더해서 접듯이 섞은 다음 소금을 더한다. 장갑을 끼고 전체적으로 골고루 잘 버무린다.

필요하면 염도 4%의 소금물을 한 번에 소량씩 더하면서 장미 완두콩 미소 혼합물의 질감과 수분 농도를 조절하여 손으로 꽉 쥐어보면 탄탄한 공 모양이 되도록 한다(자세한 내용은 노란 완두콩 미소 레시피 참조).

장미 완두콩 미소, 1일차

30일차

90일차

발효용 용기에 장미 완두콩 미소 혼합물을 꾹꾹 눌러 담는다. 윗부분을 평평하게 고른 다음 용기 안쪽 벽을 깨끗하게 훑어내고 표면에 소금을 뿌린다. 노란 완두콩 미소 레시피의 안내에 따라 장미 완두콩 미소에 누름돌을 얹고 덮개를 씌운다. 장미 완두콩 미소를 실온에서 3~4개월간 발효시킨다. 발효가 완료되면 물을 조금 더해서 곱게 갈아낸 다음 타미에 내려서 고운 질감을 내도 좋다. 완성한 미소는 밀폐용기나 밀폐 가능한 유리병에 꾹꾹 눌러 담아서 냉장 또는 냉동 보관한다.

기타 꽃 계열 미소

노란 완두콩 미소에 무게 기준 5%에 해당하는 꽃 재료를 더한다는 이 레시피의 기본 개념을 이용해서 단순한 재료의 합 이상의 환상적인 향기를 머금은 완두콩 미소를 만들어낼 수 있다. 발효 과정을 거치면 코를 찌르는 향기가 완전히 새로운 느낌으로 바뀐다. 여기서는 하나하나 자세하게 알아보는 대신 우리가 '대성공'을 거두었던 재료 목록을 일부 공개한다.

- 카카오
- 벚꽃
- 미송
- 엘더플라워
- 히비스커스
- 레몬 버베나
- 마리골드
- 메도스위트
- 수선화
- 오렌지꽃
- 족제비쑥
- 분홍 후추잎
- 자두씨
- 로즈 제라늄
- 바닐라빈
- 유자 껍질

미소와 완두콩 미소

장미 완두콩 미소를 버터에 캐러멜화한다.

다양한 활용법

여름 과일용 드레싱

장미 완두콩 미소의 강렬한 꽃향기는 자두, 블랙베리, 멀베리 등 색이 진한 과일류와 매우 잘 어울린다. 장미 완두콩 미소를 몇 숟갈 수북하게 퍼서 믹서기에 간 다음 타미에 내린다. 물을 소량 섞어서 묽은 요구르트와 비슷한 질감으로 만든다. 베리나 한 입 크기로 썬 핵과 과일에 적당한 양의 장미 완두콩 미소 소스를 더해서 골고루 버무린다. 천일염 플레이크를 아주 살짝 뿌려서 마무리한다.

으깬 뿌리채소

넙치나 가자미 등의 흰살 생선에 잘 어울리는 곁들임 요리가 필요하다면 냄비에 소금물을 담고 돼지감자나 햇감자를 삶는다. 건져서 물을 따라내고 감자만 다시 냄비에 넣은 다음 포크로 가볍게 으깬다. 버터를 넉넉하게 한 덩어리 넣고 동량의 장미 완두콩 미소를 더한다. 부드러워질 때까지 전체적으로 골고루 잘 버무린 다음 소금으로 간을 맞춘다.

캐러멜화한 장미 버터

장미 완두콩 미소는 원래 섬세하고 함축적인 풍미와 흙 향기를 지닌 식품이지만, 일단 캐러멜화를 거치면 따뜻한 비네그레트의 기초로 사용하기에 충분할 정도로 강렬한 매력을 뽐낸다. 소형 냄비에 장미 완두콩 미소 40g과 버터 200g을 담고 중간 불에 올린다. 버터가 녹아서 정제되는 동안 실리콘 스패출러나 소형 거품기로 계속 휘저어야 장미 완두콩 미소가 바닥에 가라앉아서 타지 않는다. 약 20분 후면 버터가 정제되고 장미 완두콩 미소는 달콤하고 노릇해진다. 냄비를 불에서 내리고 장미 버터는 막 익혀낸 게나 바닷가재, 새우 등에 둘러 먹는다.

장미 완두콩 미소는 여름철 베리류에 두르
기 딱 좋은 소스다.

호밀 미소는 북유럽 식재료와 일본의 기술이 만나 탄생한 작품
이다.

306

호밀 미소

Ryeso

분량 약 3kg

덴마크식 호밀빵 1.8kg
통보리 누룩(231쪽) 1.2kg
비요오드 소금 120g + 뿌리기용 여분

우리는 노마만의 독특한 북유럽식 미소를 만들기 위해서 강력한 대두에 범접할 수 있는 현지 식재료를 찾아내려고 온갖 이상한 방향으로 생각을 뻗어 나갔다. 예를 들어 만일 누룩이 통곡물의 전분을 분해한다면, 곡물로 만든 식품의 전분도 분해할 수 있지 않을까? 빵 같은 건 어떨까? 그래서 우리는 대부분의 덴마크식 베이커리로 실험을 거듭했고, 기쁘게도 호밀빵으로 효과적인 결과물을 얻어낼 수 있었다. 완성된 호밀 미소, 즉 우리가 붙인 별명에 따르면 '라이소ryeso[26]'는 막 구워낸 호밀빵에서 느껴지는 따뜻하고 만족스러운 풍미에 깊은 감칠맛과 톡 쏘는 매력, 짭짤함이 더해져서 노란 완두콩 미소보다 노마의 덴마크 정신을 훨씬 선명하게 표현하는 맛을 구현한다.

노란 완두콩 미소(289쪽)의 상세 설명은 이 장에 소개한 모든 미소 레시피의 견본이다. 아래 레시피를 읽기 전에 먼저 노란 완두콩 미소 레시피를 확인하고 오기를 권장한다.

식료품점이나 건강식품 전문점에 가면 작은 블록 형태로 미리 썰어서 판매하는 덴마크식 호밀빵(유대교식 호밀빵보다 조밀하고 신맛이 강하다)을 쉽게 구입할 수 있다. 물론 금방 구워낸 덴마크식 호밀빵을 판매하는 빵집에 갈 수 있다면 반드시 그쪽을 애용하자.

장갑을 끼고 호밀빵을 푸드 프로세서로 쉽게 작업할 수 있는 크기로 썬다.

---

26 호밀rye과 미소miso를 결합한 말장난

호밀 미소, 1일차

30일차

90일차

빵이 굵은 가루가 될 때까지 짧은 간격으로 간 다음 소독한 대형 볼에 담는다. 이어서 푸드 프로세서로 누룩을 분쇄한다.

호밀 빵가루에 누룩과 소금을 더하고 손으로 골고루 뒤섞는다. 처음부터 질감을 딱 맞게 조절할 수 있는 완두콩 미소와 달리 빵으로 미소를 만들 때는 건조함이 문제가 될 수 있고, 거의 언제나 수분을 첨가해야 한다. 물 100g에 소금 4g을 풀고 스틱 블렌더 또는 거품기로 휘저어서 소금을 완전히 녹여 간단하게 염도 4%의 소금물을 만든다. 혼합물을 손으로 꽉 쥐면 공 모양이 될 때까지 소금물을 한 번에 소량씩 더해가면서 섞는다.

호밀 미소 혼합물을 발효용 용기에 꾹꾹 눌러 담는다. 윗부분을 매끈하고 평평하게 고른 다음 용기 안쪽을 깨끗하게 훔쳐 닦고 표면에 소금을 뿌린다. 노란 완두콩 미소(289쪽) 레시피의 설명에 따라 호밀 미소에 누름돌을 얹은 다음 덮개를 씌운다. 호밀 미소는 실온에서 3~4개월간 발효시킨다. 완성한 미소는 밀폐용기나 밀폐 가능한 유리병에 꾹꾹 눌러 담아서 냉장 또는 냉동 보관한다.

다양한 활용법

호밀 미소 크림

호밀 미소를 달콤하게 변주하려면 먼저 호밀 미소 70g을 스틱 블렌더로 곱게 간 다음(잘 갈리지 않으면 물을 조금 더한다) 타미에 내려서 고르고 부드러운 페이스트로 만든다. 그런 다음 심플 시럽(머스커바도 설탕과 물을 동량의 무게로 섞어서 끓인 다음 식힌 것) 70g을 더해서 거품기로 골고루 섞은 후 더블 크림(또는 헤비 크림) 250g, 감초 가루 한 꼬집을 더한다. 거품을 내듯이 보송하게 만들 필요는 없으며 그냥 거품기로 잘 섞으면 충분하다. 완성한 호밀 크림은 모든 종류의 케이크와 단것에 널리 사용할 수 있지만, 노마에서는 특히 완연한 제철을 맞이한 신선한 베리류에 저마다 젖산 발효한 즙과 함께 두르는 것을 선호한다(97쪽의 젖산 발효 블루베리 참조). 구할 수 있다면 마리골드 꽃잎과 잎으로 장식해서 마무리한다.

호밀 미소에 설탕, 크림, 감초 가루 한 꼬집을 더해서 곱게 갈면 진하고 달콤한 소스가 된다.

309

호밀 미소 다마리와 호밀 미소 버섯 글레이즈

완두콩 미소와 마찬가지로 호밀 미소로도 호밀빵 특유의 복합적이고 달콤한 맥아 풍미를 이어받은 맛있는 다마리 졸임액을 얻을 수 있다. 완두콩 미소 대신 호밀 미소를 이용해서 완두콩 미소 다마리 졸임액(298쪽) 레시피를 따라 만들어보자.

또는 한 단계 더 나아가보자. 호밀 미소 다마리는 말린 버섯과 특히 잘 어울리며, 둘을 합하면 노마에서 수년간 기적의 재료로 활약한 초강력 감칠맛 폭탄이 탄생한다. 다마리 졸임액에서 혼합물을 졸이기 직전까지 과정을 진행한 다음 멈추고, 버섯에 다마리를 부어 향을 우려낸다. 이때 동결 정제한 호밀 미소 국물 500g당 말린 포르치니 버섯 10g, 모렐 버섯 10g, 뿔나팔 버섯 10g, 말린 다시마 25g을 더한다. 혼합물을 한소끔 끓인 다음 불 세기를 낮춰서 아주 잔잔하게 끓도록 조절한 다음 뚜껑을 꽉 닫는다. 약한 불에 2시간 동안 익힌다. 체에 내리고 버섯과 다시마를 꾹꾹 눌러 국물을 최대한 빼낸 다음 호밀 미소 다마리를 다시 불에 올린다. 숟가락 뒷면에 묻어날 때까지 약한 불에 졸인다.

완성한 글레이즈를 오리나 비둘기, 메추리 껍질에 입혀서 숯불에 구우면 경이로운 음식이 완성된다. 채식주의자라면 잎새 버섯 한 뭉치에 녹인 버터를 살짝 바르고 그릴에 구우면서 솔을 이용해 호밀 미소 버섯 글레이즈를 주기적으로 덧발라보자. 폭신한 버섯이 풍미를 흡수하여 바삭하면서 촉촉하고 훈연 향 감도는 고기 같은 진미로 돌변해서 어떤 육식주의자든지 만족시킬 수 있게 될 것이다.

310

정제한 호밀 미소 국물에 버섯과 다시마를 넣어서 뭉근하게 끓이면 고기와 채소 모두에 잘 어울리는 감칠맛 넘치는 글레이즈가 완성된다.

옥수수 미소

Maizo

분량 약 3kg

마사 2kg(315쪽)
재스민 쌀누룩(옆 페이지) 1.3kg
비요오드 소금 130g + 뿌리기용 여분

세상에 존재하는 수백 종류의 말린 옥수수가 닉스타말화를 거쳐 발효되기만을 기다리고 있다.

유카탄 정글에서 열리는 노마 팝업 레스토랑을 설계하고 진행하기 위해 멕시코 툴룸에서 수개월간 머무르는 동안 개발한 발효 식품이다. 다른 문화권에서 비슷한 역할을 하는 재료로 대체해서 미소를 만들어보자는 생각에 기인한 것이었다. 일본에서 대두는 북유럽의 완두콩, 멕시코의 옥수수처럼 필수적인 식품이다. 하지만 멕시코에서는 옥수수를 단순히 옥수수로 먹지 않는다. 날알을 수산화칼륨 용액에 삶아서 갈아내면 토르티야, 타말, 와라체huaraches, 소페스sopes 및 기타 수많은 멕시코 주요 식품의 기초가 되는 마사masa가 완성된다. 수산화칼륨 용액에 날알을 불리는 과정을 닉스타말화라고 부르는데, 옥수수 세포벽의 셀룰로오스를 효과적으로 분해해서 영양소 및 향미 화합물을 풀어내면서 옥수수를 소화하기 쉽게 만든다. 그래서 우리는 마사를 기초 삼아 새로운 발효물 만들기에 도전했고, 예상치 못한 매력적인 기술과 전통의 조합을 통하여 우리가 사랑을 담아 '메이조maizo[27]'라고 부르는 발효 식품 옥수수 미소가 탄생했다.

옥수수 미소는 강렬한 단맛이 특징이라 그릴에 올라가면 아름답게 캐러멜화되기 때문에 통옥수수나 돼지갈비, 복숭아에 발라 쓰기 좋다. 우리는 옥수수 미소와 이를 만들어낸 과정을 특히 자랑스럽게 여긴다. 시간을 내서 한 번 만들어보면 모두 그 이유를 알게 될 것이다.

노란 완두콩 미소(289쪽)의 상세 설명은 이 장에 소개한 모든 미소 레시피의 견본이다. 다음 레시피를 읽기 전에 먼저 노란 완두콩 미소 레시피를 확인하고 오기를 권장한다.

---

27 옥수수maize와 미소miso를 결합한 말장난

옥수수 미소, 1일차

30일차

75일차

주변에서 신선한 마사를 구할 수 있는 곳에 거주하는 사람이라면 직접 만드는 대신 사서 써도 좋지만, 건조 인스턴트 마사 브랜드 마세카Maseca를 이용할 생각은 하지도 말자. 풍미가 완전히 다르다. 재스민 쌀누룩에 대해서는, 만일 보리누룩을 이미 터득했다면 쌀로 누룩을 만드는 쪽이 훨씬 간단하다. 보리 대신 동량의 쌀을 이용해서 통보리 누룩(231쪽)의 안내에 따라 작업해보자. 앞서 보리누룩을 만들어본 적이 있다면 분명 문제없이 완성할 수 있을 것이다. 노마에서는 쌀누룩을 선호하지만 발효는 언제나 유연하게 변화하므로 우리도 그에 적응해야 한다.

장갑을 끼고 마사를 잘게 부수어 대형 볼에 담는다. 푸드 프로세서나 고기용 그라인더를 이용해서 쌀누룩을 마찬가지로 잘게 부순다. 마사와 누룩, 소금을 골고루 섞는다.

이 장에 속한 다른 미소와 달리 옥수수 미소 혼합물은 소금물을 이용해서 질감이나 수분 함량을 조절할 필요가 없다. 마사는 완두콩이나 대두의 전분에 비해서 물을 훨씬 많이 수용할 수 있다. 누룩의 아밀레이스가 전분의 긴 사슬을 끊어내면 그 모든 물이 자유롭게 퍼져 나온다. 따라서 옥수수 미소는 언제나 처음 발효를 시작할 때보다 훨씬 질어진다. 그렇다고 풍미가 나빠질까 봐 걱정할 필요는 없다. 마사는 pH 수치가 높아서 LAB 및 효모를 효과적으로 억제하기 때문에 거의 효소에만 기대어 발효가 진행된다.

옥수수 미소 혼합물을 발효용 용기에 꼭꼭 눌러 담는다. 윗부분을 매끈하고 평평하게 고른 다음 용기 안쪽을 깨끗하게 훔쳐 닦고 표면에 소금을 뿌린다. 노란 완두콩 미소(289쪽) 레시피의 설명에 따라 옥수수 미소에 누름돌을 얹은 다음 덮개를 씌운다. 옥수수 미소는 실온에서 다른 미소보다 조금 짧게 2개월에서 2개월 반 정도 발효시킨다. 옥수수 미소의 과일 풍미는 숙성 기간이 너무 길어지면 흙 향과 그리 잘 어우러지지 않는다. 완성한 미소는 밀폐용기나 밀폐 가능한 유리병에 꼭꼭 눌러 담아서 냉장 또는 냉동 보관한다.

미소와 완두콩 미소

다양한 활용법

생선 마리네이드

옥수수 미소의 강한 꽃과 과일 향기는 넙치나 가자미 등 납작한 흰살 생선의 맛을 완벽하게 개선한다. 얇은 필레 몇 개를 준비해서 앞뒤로 옥수수 미소를 넉넉히 펴 바른다. 생선 필레를 완전히 묻어야 할 필요는 없지만 전체적으로 빈틈없이 바르는 것이 중요하다. 베이킹 팬에 생선 필레를 얹고 냉장고에서 1시간 동안 재운다. 재우는 동안 곁들일 양념을 만든다. 실파는 가늘게 채 썰고 백향과는 씨를 발라내고 할라페뇨는 얇게 저미고 고수는 굵게 다진다. 냉장고에서 필레를 꺼내어 마리네이드를 숟가락으로 긁어낸 다음 젖은 종이 타월로 남은 마리네이드를 모조리 닦아낸다. 생선 필레를 결 반대 방향으로 얇은 리본 모양으로 저민다. 평평한 접시에 저민 생선을 얹고 준비한 양념을 얹은 다음 올리브 오일을 넉넉히 두르고 천일염을 약간 뿌린 후 라임 1개 분량의 제스트와 즙을 둘러서 마무리한다.

가자미 필레를 옥수수 미소에 한 시간 동안 재운 다음 얇게 저며서 허브와 라임즙을 뿌려 내보자.

마사

Masa

분량 약 3kg

말린 옥수수 1kg
수산화칼륨 5g

수산화칼륨은 온라인 쇼핑몰이나 멕시코 식품 전문점에서 구입할 수 있으며, 'cal'이나 '라임 절임용'이라는 이름으로 판매하기도 한다. 이때 식용이 불가능한 위험 물질인 칼륨옥사이드calcium oxide가 아니라 수산화칼륨calcium hydroxide이 맞는지 제대로 확인해야 한다.

대형 냄비에 옥수수와 수산화칼륨, 물 5L를 부어서 한번씩 휘저어가며 한소끔 끓인다. 보글보글 끓을 정도로 불 세기를 낮춘 다음 옥수수가 알 덴테로 익어서 손톱으로 낟알을 부술 수 있을 정도가 될 때까지 약 50분간 천천히 익힌다. 냄비를 불에서 내리고 면포를 덮은 다음 하룻밤(또는 최소한 12시간) 동안 재운다. 다음 날 옥수수를 건져서 흐르는 찬물에 약 1분간 씻는다. 씻은 옥수수를 푸드 프로세서에 담고 고운 가루 상태가 될 때까지 짧은 간격으로 간다. 완성한 마사는 밀폐용기에 담아서 필요할 때까지 냉장 보관한다.

다양한 활용법

토스타다

당신이 신선한 토르티야(또는 토스타다)를 구입할 수 있는 세상에 살고 있다면, 좋은 일이다. 하지만 그렇지 않더라도 이제 직접 만들 수 있다. 마사 30g을 공 모양으로 빚어서 랩 2장 사이에 둔 다음 손바닥으로 꾹 눌러 약 2mm 두께의 동그라미 모양으로 만든다. 마른 팬을 뜨겁게 달궈서 토르티야를 얹고 앞뒤로 부풀어 오를 때까지 굽는다. 익은 토르티야는 베이킹 시트에 옮겨서 140℃의 오븐에 넣어 완전히 말라 바삭해질 때까지 약 20분간 굽는다. 토스타다에 옥수수 미소를 한 숟갈 넉넉히 펴 바르고 뭐든지 원하는 재료를 얹는다. 예를 들자면 저민 아보카도, 그릴에 구운 문어와 살사 베르데, 매콤하게 양념한 귀뚜라미, 아도보 소스에 재운 닭고기 등이 있다.

헤이즐넛 미소는 기름기를 제거한 헤이즐넛 찌꺼기를 활용하려
다가 탄생했다.

헤이즐넛 미소

Hazelnut Miso

분량 약 3kg

무지방 헤이즐넛 가루(448쪽의 구입처 참조) 1.9kg
통보리 누룩(231쪽) 1.2kg
비요오드 소금 120g

기름기를 뺄 수 없다면 시간을 줄이자

무지방 헤이즐넛 가루를 구하기 힘들다면 일반 헤이즐넛 가루로도 미소를 성공적으로 만들 수 있지만, 어느 정도 타협을 해야 한다. 분해된 지방이 과도하게 축적될 위험을 막기 위해서 평소보다 발효 시간을 훨씬 줄이도록 한다. 호박씨 미소(325쪽)처럼 3~4주일 정도의 숙성 시간이면 기름 쩐내가 나는 것을 막으면서 흥미로운 발효 풍미를 느끼기에 충분하다.

견과류는 언뜻 보기에는 미소로 발효시키기 딱 좋은 후보군 같다. 단백질 함량이 높고 전분이 들어 있으며 북유럽에서 풍부하게 생산된다. 하지만 견과류에는 주의해야 할 점이 있다. 바로 지방이다. 우리는 처음 헤이즐넛 미소 만들기에 도전한 이후 미처 복합적인 발효 풍미가 생산되기도 전에 지방이 산패酸敗한 맛이 퍼지는 꼴을 여러 번 봐야 했다. 이는 헤이즐넛의 지방질이 정상적인 발효 과정의 일부로 분해되면서 생겨나는 현상이다. 누룩곰팡이는 리파아제를 생산하는데, 왕성하게 활동하는 다른 두 효소인 아밀레이스와 프로테아제보다 훨씬 농도가 낮기는 하나 그래도 지방을 구성 분자(지방산)로 분리하는 역할을 한다.

지방이 온전하고 신선한 상태일 때는 만족스럽고 맛있는 풍미가 나므로 강렬하게 열망하며 게걸스럽게 먹을 수 있게 된다. 반면 지방산은 부패한 지방(즉, 산패)과 연관되므로 역겹게 느껴진다.

해결책은? 기름기를 긁어내는 것이다. 우리가 노마에서 헤이즐넛 미소를 만드는 시도를 한 지 얼마 지나지 않아 테스트 키친은 새로운 장난감을 갖추게 되었다. 바로 견과류 압착기다. 견과류 압착기는 견과류를 갈아낸 다음 가열된 나사송곳을 통해 배출하면서 기름기와 찌꺼기를 분리한다. 테스트 키친 팀은 메뉴에 들어갈 견과류 오일을 만들기 위해 견과류 압착기를 사용했지만, 발효 실험실은 이걸 기회라고 생각했다. 기름기를 제거한 견과류 찌꺼기를 얻어낸 것이다. 이는 달갑지 않은 지방산이 배제된 견과류 미소를 만들어볼 완벽한 기회였고, 훌륭하게 성공을 거두었다. 다행히 헤이즐넛 미소를 만들기 위해 대형 산업용 기계를 마련할 필요는 없다. 온라인 쇼핑몰에서 저지방 또는 무지방 헤이즐넛 가루를 구할 수 있다.

미소와 완두콩 미소

헤이즐넛 미소, 1일차

30일차

90일차

노란 완두콩 미소(289쪽)의 상세 설명은 이 장에 소개한 모든 미소 레시피의 견본이다. 아래 레시피를 읽기 전에 먼저 노란 완두콩 미소 레시피를 확인하고 오기를 권장한다.

오븐을 160℃로 예열한다. 헤이즐넛 가루를 베이킹 시트에 펴 담고 오븐에서 가볍게 노릇해지고 향이 감돌 때까지 20~25분간 굽는다. 5분 간격으로 골고루 뒤적여서 전체적으로 노릇해지게 한다. 작업대에 얹어서 실온으로 식힌다. 가루의 무게를 다시 측정한다. 결과적으로는 1.8kg이 필요하지만 굽는 사이에 견과류 가루에서 수분이 날아가므로 처음에는 1.9kg을 준비해야 한다.

헤이즐넛 가루를 굽는 동안 보리누룩을 푸드 프로세서에 넣고 갈아서 곱게 부순다.

볼에 구운 헤이즐넛 가루와 누룩, 소금을 담는다. 장갑을 끼고 골고루 잘 섞는다. 처음부터 질감을 딱 맞게 조절할 수 있는 완두콩 미소와 달리 헤이즐넛 미소를 만들 때는 건조함이 문제가 될 수 있다. 거의 언제나 수분을 첨가해야 할 것이다. 물 100g에 소금 4g을 풀고 스틱 블렌더 또는 거품기로 휘저어서 소금을 완전히 녹여 간단하게 염도 4%의 소금물을 만든다. 혼합물을 손으로 꽉 쥐면 공 모양이 될 때까지 소금물을 한 번에 소량씩 더해가면서 섞는다.

헤이즐넛 미소 혼합물을 발효용 용기에 꾹꾹 눌러 담는다. 윗부분을 매끈하고 평평하게 고른 다음 용기 안쪽을 깨끗하게 훔쳐 닦고 표면에 소금을 뿌린다. 노란 완두콩 미소(289쪽) 레시피의 설명에 따라 헤이즐넛 미소에 누름돌을 얹은 다음 덮개를 씌운다. 헤이즐넛 미소는 실온에서 3~4개월간 발효시킨다. 발효가 완료되면 물을 조금 더해서 곱게 갈아낸 다음 타미에 내려서 고운 질감을 내도 좋다. 완성한 미소는 밀폐용기나 밀폐 가능한 유리병에 꾹꾹 눌러 담아서 한 달간 냉장 또는 수개월 동안 냉동 보관한다.

다양한 활용법

양파 샐러드

골프공 크기의 달콤한 양파의 껍질을 벗기고 뿌리를 기준으로 세로로 반 자른 다음 오일 약간을 가볍게 둘러서 골고루 버무린 다음 단면이 아래로 가도록 그릴에 얹고 뜨거운 숯불에 굽는다. 양파의 단면이 까맣게 캐러멜화되면 그릴에서 꺼내서 포일에 싼다. 그릴 가장자리에 얹고 양파가 부드럽지만 약간 아삭한 질감은 남아 있을 정도가 될 때까지 약 10분간 익힌다. 양파를 포일에서 꺼낸 다음 켜켜이 분리해서 볼에 담는다. 곱게 갈아서 체에 내린 헤이즐넛 미소를 넉넉히 한 숟갈 더한 다음 오일을 조금 두르고 소금, 후추, 타임잎과 오레가노잎을 뿌려서 골고루 버무린다. 이대로도 훌륭한 곁들임 요리가 되지만 물냉이와 민들레, 루콜라를 더해서 마저 섞어도 좋다.

스모어

헤이즐넛 미소를 한 번 맛보면 모든 견과류 버터를 대체하게 되어버릴 것이다. 그리고 일단 이것을 견과류 버터라고 인식하면 어디에든지 손쉽고 다양하게 활용할 수 있다. 간단한 예로 아이와 함께(혹은 아이가 없더라도) 스모어를 만들 때 그래엄 크래커에 헤이즐넛 미소를 한 숟갈 발라보자.

319

처음에는 남은 빵을 처리하는 작업의 일환으로 만들었지만, 곧
빵 미소 자체도 특별한 제품으로 자리매김했다.

320

빵 미소

Breadso

분량 약 2.5kg

껍질을 제거한 사워도우 빵 3kg
누룩곰팡이 누룩균(448쪽의 구입처 참조)
비요오드 소금 100g + 뿌리기용 여분

호밀 미소(307쪽)와 마찬가지로 빵 미소에서도 누룩을 이용하여 빵을 분해한다. 하지만 호밀 미소와는 달리 쌀이나 보리 대신 빵에다 바로 누룩을 키운다. 여기서는 하루 동안 묵힌 저민 빵을 준비한다. 또한 곡물 낟알을 도정해서 겨를 깎아내는 것과 같은 이유로 빵 껍질을 제거한다. 빵 속에 비해서 누룩 균사가 파고들어 가기 힘들기 때문이다. 그야말로 곰팡이의 영향력을 이용하여 남은 음식을 맛있는 진미로 탈바꿈시키는 레시피다.

장갑을 끼고 톱니칼을 이용하여 빵을 적당히 2cm 정도 크기로 깍둑 썬다. 깍둑 썬 빵을 푸드 프로세서에 담고 잘게 부서져 가장자리에 공처럼 뭉칠 때까지 간다. 갈아낸 빵을 5분간 쪄서 습기를 살짝 머금게 한다. 찜기에서 빵을 꺼내서 작업대에 올려 10분간 식히며 물기가 빵으로 파고들어 골고루 수화되도록 한다.

통보리 누룩 레시피(231쪽)에서 설명한 과정을 따른다. 빵을 펼쳐서 담고 누룩 포자를 접종한 다음 발효시킨다. 이후 48시간 내에 누룩이 빵가루 위를 골고루 뒤덮어야 한다. 빵 누룩이 완성되면 3kg을 계량한 다음 푸드 프로세서에 담고 짧은 간격으로 갈아서 페이스트를 만든다. 볼에 담고 소금을 더해서 장갑을 낀 손으로 골고루 버무린다.

미소와 완두콩 미소

빵 미소. 1일차

30일차

90일차

빵 미소는 다른 미소보다 수분 함량과 질감을 조정하기 조금 까다롭다. 빵 미소는 스펀지처럼 기능하기 때문에 콩류를 이용해서 만든 미소와 같은 방식으로 포화 상태를 확인하기 어렵다. 물 100g에 소금 4g을 풀고 스틱 블렌더 또는 거품기로 휘저어서 소금을 완전히 녹여 간단하게 염도 4%의 소금물을 만든다. 소금물을 한 번에 조금씩 더하면서 빵 누룩이 충분히 촉촉해서 손으로 꽉 쥐면 다시 통 하고 퍼지고 싶지만 실제로 그러지는 않는, 탄력감이 있는 공 모양으로 뭉쳐질 때까지 잘 섞는다. 상당히 되직하고 끈적끈적하므로 골고루 잘 섞어서 모든 재료가 잘 분산되도록 해야 한다.

혼합물을 발효용 용기에 꾹꾹 눌러 담는다. 윗부분을 매끈하고 평평하게 고른 다음 용기 안쪽을 깨끗하게 훔쳐 닦고 표면에 소금을 뿌린다. 노란 완두콩 미소(289쪽) 레시피의 설명에 따라 빵 미소에 누름돌을 얹은 다음 덮개를 씌운다. 빵 미소는 실온에서 3개월간 발효시킨다. 상태가 갑작스럽게 변할 수 있으므로 자주 발효 상황을 확인한다. 7~8주 안에 감미롭고 가벼운 신맛이 도는 감칠맛이 발달할 것이다. 완성한 미소는 밀폐용기나 밀폐 가능한 유리병에 꾹꾹 눌러 담아서 냉장 또는 냉동 보관한다.

다양한 활용법

빵 미소 수프

빵 미소가 감미로운 풍미 모자를 쓰면 스쳐 지나가는 모든 것에 감칠맛 넘치는 따스한 매력을 주입하게 된다. 빵 미소 수프를 만들려면 대형 냄비에 닭 뼈 1kg을 담고 찬물을 잠기도록 붓는다. 한소끔 끓인 다음 표면에 올라온 거품은 모두 걷어내고 굵게 썬 리크 흰색 부분과 양파, 당근, 셀러리, 마늘에 타임 한 줌, 월계수잎, 검은 통후추 등 향미 채소 500g을 더한다. 수시간 동안 뭉근하게 천천히 익힌 다음 체에 거른다. 닭 육수 1L당 빵 미소 150g을 넣고 스틱 블렌더로 곱게 갈아 섞는다. 소금으로 간을 맞추고 먹기 직전에 1cm 너비의 리본 모양으로 길게 썬 사보이 양배추를 더해서 몇 분 정도 삶은 다음 낸다.

322

고전 영국식 소스에 노마식으로 발효 식품을 가미했다.

빵 미소 소스

고전 영국식 소스를 새롭게 만들어보려면 우선 빵 미소 수프 레시피에서 설명한 대로 닭 육수를 만들되 닭 뼈를 냄비에 넣기 전에 200℃의 오븐에서 짙은 갈색을 띨 때까지 구워야 한다. 육수를 완성해서 체에 거르고 나면 깨끗한 냄비에 옮겨서 원래 부피의 20%로 줄어들 때까지 졸인다. 졸임액 100g당 버터 10g과 믹서기로 갈아서 타미에 내려 아주 곱고 부드럽게 만든 빵 미소 25g을 더해서 거품기로 골고루 섞는다. 이 입맛을 다시게 만드는 소스를 활용하려면, 모렐 버섯을 볶은 다음 소스를 더해서 골고루 버무린 후 얇은 팬에 옮겨 담는다. 사워도우 빵가루를 얹고 브로일러에서 바삭하고 노릇해질 때까지 굽는다. 아직 뜨겁고 보글보글거릴 때 재빨리 낸다.

베리와 크림을 얹은 빵 미소 버터 토스트

빵 미소는 저녁 식사만큼이나 디저트로도 활용하기 좋은 발효 식품이다. 빵 미소와 부드러운 버터, 황설탕을 2대 1대 1의 비율로 담고 거품기로 골고루 휘저어 섞는다. 신선한 사워도우 빵을 두껍게 썬 다음 빵 미소 버터를 펴 바르고 프라이팬에 버터를 바른 부분이 아래로 오도록 얹어서 지글지글 소리가 나며 캐러멜화될 때까지 굽는다. 절인 살구나 체리를 즙과 함께 얹고 거품 낸 신선한 크림을 한 덩어리 올려서 장식한다.

구워서 향긋하고 고소해진 호박씨의 풍미가 발효를 통해 미소
로 옮겨간다.

호박씨 미소
Pumpkin Seed Miso

분량 약 3kg

무염 껍질을 벗긴 생호박씨 1.8kg
통보리 누룩(231쪽) 1.2kg
비요오드 소금 120g + 뿌리기용 여분

호박씨 미소는 우리가 멕시코 툴룸에서 일할 때 핵심 재료로 활용한 발효 식품으로, 구운 호박씨로 만드는 되직한 소스 겸 딥인 유카테크식 지킬팩을 노마식으로 변주하는 근간이 되었다. 이후 코펜하겐으로 돌아와서도 호박이 풍성하게 나는 늦여름과 가을 내내 호박씨 미소의 부드럽고 진한 맛과 깊은 감칠맛이 노마는 물론 우리의 자매 레스토랑 108의 메뉴를 장식했다.

오븐을 160℃로 예열한다. 베이킹 시트 몇 개에 호박씨를 고르게 펴 담은 후 오븐에서 고소하고 노릇해질 때까지 45~60분간 굽는다. 약 10분 간격으로 호박씨를 휘젓고 뒤적이며 베이킹 시트를 돌려 넣어 색이 골고루 나게 한다. 호박씨를 실온으로 충분히 식힌다.

호박씨를 푸드 프로세서에 담고 고운 가루가 될 때까지 짧은 간격으로 간 다음 대형 볼에 옮겨 담는다. 이어서 누룩을 푸드 프로세서에 담고 마찬가지로 곱게 분쇄한다. 누룩을 호박씨 가루에 더한다. 소금을 부은 다음 장갑을 낀 손으로 골고루 섞는다.

물 100g에 소금 4g을 풀고 스틱 블렌더 또는 거품기로 휘저어서 소금을 완전히 녹여 간단하게 염도 4%의 소금물을 만든다. 소금물을 한 번에 조금씩 더하면서, 혼합물을 손으로 꼭 쥐면 질어서 부드럽게 뭉개지거나 너무 건조해서 부슬부슬 부서지지 않고 단단한 공 모양으로 뭉쳐질 때까지 섞는다. 제대로 발효가 진행될 수 있을 정도로 촉촉하게 만들려면 생각보다 많은 양의 소금물을 섞어야 한다. 하지만 호박씨는 기름기가 많은 편이므로 물이 너무 많으면 발효를 전반적으로 과하게 촉진하여 지방이 지방산으로

호박씨 미소, 1일차

14일차

30일차

분해되는 속도가 함께 빨라진다. 그러면 산패한 맛이 날 수 있다(관련 설명은 317쪽의 헤이즐넛 미소 레시피 참조).

호박씨 미소 혼합물을 발효용 용기에 꾹꾹 눌러 담는다. 윗부분을 매끈하고 평평하게 고른 다음 용기 안쪽을 깨끗하게 훔쳐 닦고 표면에 소금을 뿌린다. 노란 완두콩 미소(289쪽) 레시피의 설명에 따라 호박씨 미소에 누름돌을 얹은 다음 덮개를 씌운다. 호박씨 미소는 실온에서 3~4주간 발효시킨다. 그보다 오래 발효하면 지방산의 불쾌한 냄새가 퍼지기 시작한다. 완성한 미소는 밀폐용기나 밀폐 가능한 유리병에 꾹꾹 눌러 담아서 냉장 또는 냉동 보관한다.

다양한 활용법

지킬팩

원래 호박씨 미소를 처음 개발한 장소는 추운 코펜하겐이었지만 멕시코 툴룸에서 열리는 노마 팝업 레스토랑의 메뉴에 소개할 기회를 놓칠 수 없었다. 그곳에서 우리는 구운 호박씨로 만드는 전통 멕시코식 살사 지킬팩을 처음 접했다. 서로 떨어진 점들이 알아서 선으로 연결되는 순간이었다. 우리가 멕시코에서 실제로 만들었던 소스 레시피에는 거의 24가지에 가까운 재료가 들어갔지만 여기서는 그보다 단순하되 맛은 결코 뒤떨어지지 않는 버전을 제공한다.

토마토 250g을 굵직하게 썬다. 흰 양파 1개, 하바네로 고추 1개, 마늘 4쪽을 다진다. 중형 소테 팬을 중간 불에 올리고 식물성 오일을 두른다. 오일에서 연기가 올라오기 시작하면 채소를 넣고 토마토에서 배어나온 즙이 팬에 고여 보글거릴 때까지 지지듯이 볶는다. 팬을 160℃의 오븐에 넣어서 혼합물이 걸쭉한 페이스트가 될 때까지 5~10분 간격으로 휘저으면서 약 30분간 졸인다. 혼합물을 믹서기에 담고 호박씨 미소 150g, 고수를 줄기째 한 줌, 그리고 라임 2개 분량의 제스트를 더한다. 곱게 갈아서 부드러운 페이스트를 만든다(잘 갈리지 않으면 물을 조금 더한다). 소고기 가룸(373쪽)이나 간장 몇 숟갈로 간을 맞춘다. 진하고 매콤한데다 걸쭉해서 그릴에 구운 해산물은 물론 모든 종류의 타코에 환상적으로 어울리는 소스가 완성된다.

호박씨 미소는 유카테크식 지킬팩에 발효 풍미를
선사한다.

양상추 그릴 구이

호박씨 미소를 활용하는 덜 복잡한 방법이 궁금하다면 물을 약간 섞어서
래커처럼 솔로 바를 수 있는 정도의 묽기로 농도를 조절한다. 어린 로메인이
나 젬 양상추를 통째로 4등분한 다음 미소 소스를 잎 속까지 고루 스며들도
록 골고루 두른다. 올리브 오일을 약간 뿌리고 소금으로 간을 한 다음 아주
뜨거운 그릴에 단면이 아래로 가도록 얹는다. 골고루 살짝 그슬도록 돌려가
며 구운 다음 접시에 담는다. 잘게 부순 호밀빵 크루통과 훈제 그뤼에르나
고다 등 경질 치즈 깎아낸 것을 얹어 낸다.

호박씨 미소 '아이스크림'

호박씨 미소는 활용도가 좋아서 노마에서는 심지어 일종의 아이스크림으로
내기도 한다. 호박씨 200g을 160℃의 오븐에서 고소하고 노릇해지도록 굽
는다. 구운 호박씨를 믹서기에 담고 호박씨 미소 200g, 물 750g, 양질의 꿀
140g을 더한다. 아주 곱게 간 다음 고운 시누아에 내린다. 혼합물을 아이
스크림 기계에 담고 설명서에 따라 교반한다. 단단해질 때까지 냉동한 다음
구운 코코넛 또는 아몬드 피낭시에를 곁들여 낸다.

미소와 완두콩 미소

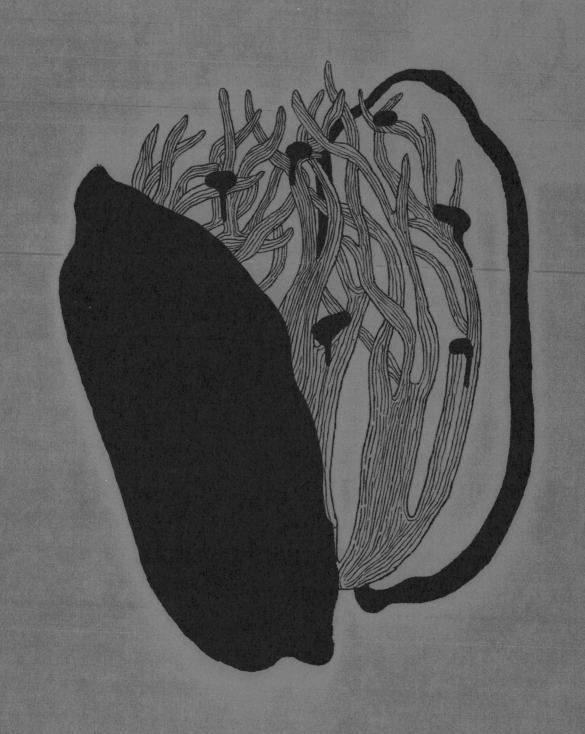

7.

간장

—

세상에서 가장 인기 있는 발효의 맛

최초의 간장은 아마 사고로 발생한 신나는 결과물이었을 것이다. 몇몇 중국 요리사가 콩 페이스트 한 더미를 발효하자, 용기 윗부분에 짙은 색의 액체가 고였다. 모여서 맛을 보자 그야말로 감동을 받지 않을 수 없었다. '맛'을 제대로 이해하는 사람만이 전체의 일부를 이루는 존재의 맛을 보고 '이봐, 이것만으로도 끝내주게 맛있잖아?'라고 생각할 수 있다. 하지만 실제로 그런 일이 일어난 것이다. 서양에서는 대부분 '소이 소스'라고 부르는 간장은 이처럼 부산물로 탄생한 이후 수 세기에 걸쳐 세상에서 가장 인기 있는 소스로 성장했다.

간장은 원래 장유라고 불렸는데, 중국어로 '발효한 콩 페이스트(醬)' 위에 고인 '기름(油)'이라는 뜻이다. 이러한 액체(실제로는 대부분 기름이 아니라 수분이다)가 발생하는 이유는 두 가지다. 첫째, 장은 소금에 절여서 발효된다. 소금은 혼합물 전체의 염도가 동일해질 때까지 삼투압을 통해 익힌 콩류에서 수분을 이끌어낸다. 젖산 발효물에서는 같은 효과가 며칠에 걸쳐서 발생하지만, 장이나 미소처럼 되직한 발효물에서는 삼투압의 효과가 눈에 띄게 드러나기까지 시간이 더 걸린다.

두 번째 요소는 효소 작용이다. 대두에 함유된 전분은 조리 과정을 통해 물을 흡수하고 머금어 유지한다. 콩류에 누룩, 즉 누룩곰팡이균을 접종한 곡물을 골고루 섞으면 곰팡이가 생성한 아밀레이스 효소가 전분을 분해한다. 전분이 당으로 분해되면서 물과 결합되어 겔화되는 특성이 사라지며 혼합물의 점도가 낮아진다. 그리고 장은 원래 전통적으로 공기가 빠져나가면서 무게가 줄어드는 특징이 있으므로, 삼투압과 효소 작용으로 자유롭게 풀려난 액체는 결국 위쪽으로 모여서 고이게 된다.

간장에 관련된 용어는 약간 애매한 경향이 있으므로 먼저 정의를 명확하게 짚고 넘어가자. 중국의 승려가 6세기에 일본으로 장을 전파했을 때, 장은 미소로 진화하고 미소 위에 고이는 액체는 다마리tamari라고 불리게 되었다. 우리도 이와 동일한 의미로 사용한다.

다마리에 대한 소문이 퍼지고 수요가 급증하자 일본 장인들은 미소를 먼저 만들지 않고도 대량으로 다마리를 생산할 수 있는 방법을 고안해냈다. 이런 식으로 생산한 제품은 장유의 일본식 발음인 쇼유, 즉 여기서는 간장이라고 칭한다. (중국과 일본은 많은 한자를 공유하지만 읽는 방법이 서로 다르다.)

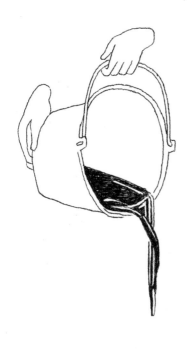

간장 제조업자는 대두와 밀을 소금물에 담가 발효시키면 훨씬 많은 양을 얻을 수 있다는 사실을 알아냈다.

간장 생산에 얽힌 많은 기술적 측면은 직간접적으로 누룩 및 미소 제조법과 밀접하게 연관되어 있다. 이 책에서 필요한 부분만 골라 읽고 있는 사람이라면 이 장만 봐도 간장의 정의와 제조법을 충분히 이해할 수 있겠지만, 더 깊이 알아보려면 앞선 미소 장을 읽어보고 올 것을 강력하게 권장한다.

간장은 어떻게 만들어졌는가

영국의 철학자 존 로크John Locke는 1679년 일지에서 처음으로 '사이오saio'라는 단어를 언급했다. 곧 독일의 과학자 겸 여행가 엥겔베르트 캠퍼Engelbert Kaempfer가 일본사 책을 통해 간장을 언급하며 일본의 '수자sooja'가 그와 비슷한 중국 소스보다 맛있다고 밝혔다. 이처럼 서양 기록물에 최초로 등장하는 간장shoyu에 대한 오기誤記 사례는 이후 콩의 영문명 소야soya로 발전한다. 다른 많은 언어에도 존재하는 재미있는 언어학적 왜곡의 예시처럼, 대두의 영문명 '소이빈soybean'은 사실 '간장shoyu'의 잘못된 발음에서 비롯된 것이다. 이후 간행물에서는 '소야 소스soya sauce'를 만드는 콩을 '소이빈soybean'으로 칭했다.

초기 중국의 장을 살펴보면 우리가 앞으로 개별 영역으로 나누어 살펴볼 미소와 가룸, 간장 사이의 경계가 상당히 흐리다는 사실을 알 수 있다. 육류나 해산물을 함유하는 경우가 종종 있기 때문이다. 또한 장유는 원래 덩어리가 섞인 탁한 액체로, 우리가 지금 간장이라 알고 있는 소스와는 전혀 다른 모습이다. 마찬가지로 일본 최초의 미소는 오늘날에 존재하는 미소보다 아주 거친 형태를 띤다. 모두 같은 재료를 사용해서 만들기는 하지만, 히시오(즉, 초기의 미소)는 미소와 간장의 혼합물과 비슷하다.

히시오는 시간이 지나면서 점점 정제되어 결국 우리가 현재 미소로 인식하는 되직한 페이스트가 되기에 이른다. 다마리는 처음에는 부산물일 뿐이었지만, 수요가 증가하면서 제조업자는 다마리를 더욱 많이 생산하도록 전통 미소 레시피를 조정하기 시작했다. 액체가 흘러나올 수 있도록 구멍을 뚫은 새로운 발효용 통을 제조했다. 레시피는 수분 함량이 훨씬 높은 형태로 바뀌었다. 그러나 이러한 발전을 거쳐 오늘날 사용되는 생산 방식이 최초로 등장한 것은 17세기에 들어선 이후였다.

과정은 나중에 더 자세하게 설명하겠지만, 우선 간장은 누룩곰팡이가 보유한 생화학 기술을 통해 생산되는 기적 같은 식품 중 하나다. 생산 과정은 누룩, 그리고 당연히 미소와 매우 유사하지만 근본적인 차이점이 몇 가지 있다. 미소를 만들려면 아스페르길루스균을 접종한 쌀 또는 보리에 대두를 섞어서 함께 발효해야 한다. 간장은 삶은 대두에 구워서 부순 밀을 섞은 다음 이 혼합물에 바로 누룩을 키운다. 전통 누룩을 만들 때는 삶는 대신 찌는 방식을 택해야 쌀이나 보리가 과포화되거나 아스페르길루스균을 익사시키지 않는다. 하지만 대두와 같은 콩류는 찔 경우 제대로 익지 않는다. 물에 푹 담가서 조리할 필요가 있다. 밀은 여분의 수분을 전하는 매개체로 기능한다. (다마리는 비글루텐 식품이지만 간장은 그렇지 않은 이유다.)

전분 형태로 묶여 있는 단당류를 분해시키기 위한 용도로 누룩을 사용하는 일본주 생산 과정과 달리 간장에서 아스페르길루스균을 사용하는 목적은 식물성 단백질을 아미노산으로 분해하여 간장 특유의 진한 감칠맛 풍미를 만들어내는 것이다. (많은 간장 공장에서는 프로테아제가 강력하게 활동하도록 특별히 만들어낸 품종인 아스페르길루스 소자에aspergillus sojae를 선호한다.) 콩과 밀 혼합물에 아스페르길루스균을 바로 접종하면 곰팡이가 생산한 프로테아제가 곧장 기질 속의 단백질을 분해하는 작업에 돌입한다.

일단 접종을 마치고 나면 대두 밀 누룩을 염도 20~23%의 소금물에 담근다. 조리법에 따라 소금물과 누룩의 비율은 달라지지만, 보통 총 혼합물의 염도가 15~16%를 이루는 것을 이상적으로 본다. 이제 영양소가 풍부한 액체 상태의 혼합물을 공기 중에 노출시킨 채로 내버려두는데, 그래도 염분 함량이 높아서 원치 않는 미생물이 번식하지 않는다. 내염성을 지닌 이로운 미생물은 가벼운 알코올 함량과 더불어 복합산의 진한 풍미를 불어넣어 장인이 빚어낸 최고의 간장을 완성시킨다.

처음에는 콩에 약간의 밀이 섞인 잡탕국처럼 보이던 혼합물(모로미諸味라고 불리며, 이는 일본주 제조의 유사한 과정에도 쓰이는 단어)은 천천히 이유식과 비슷한 점도를 지닌 끈적끈적한 물질로 변해간다. 미소와 마찬가지로 누룩이 생산한 효소가 단백질을 천천히 아미노산으로 분해하면서 기타 맛있는 성분과 더불어 글루탐산을 간장 가득 채운다. 효소는 미소처럼 점도가 높은 물질보다 이렇게 유동성이 좋은 혼합물에서 훨씬 효율적으로 작동한다.

대량의 모로미는 키오케라고 불리는 대형
삼나무 통에 담아 골고루 휘젓는다.

전통적으로 간장은 지름 약 2m에 깊이는 거의 3m에 달하는 거대한
삼나무 통 키오케를 이용하여 만들었다. 미소처럼 간장도 여름철의 고
온이 효소 및 미생물 활동을 가속화하는 사태를 피할 수 있도록 수확
이 끝난 겨울철부터 생산에 돌입한다. 혼합물을 처음 통에 담고 나면
몇 주간은 매일 골고루 휘저어주고, 이후 3년간 그대로 발효시킨다. 완
성된 모로미는 퍼내서 여러 장의 천을 겹쳐 깐 대형 직사각형 목재 압
착기에 담는다. 그리고 거대한 지렛대로 나무 판을 아래로 눌러서 모
로미에서 액체를 추출해낸다. 모로미에서 간장을 모두 추출하고 나면
판지처럼 딱딱하고 건조해진 건더기가 남는다. 이것은 주로 농부에게
넘겨서 동물 사료로 사용했다. 추출한 간장은 그대로 두어서 가라앉
힌 다음 체에 다시 걸러내 열처리를 하고 병에 담는다.

간장, 과거와 현재

17세기 초, 유럽 상인은 점점 더 동양에 관심을 가지게 되었다. 영국과 네덜란드는 유한책임 회사를 설립하고 무역 기회를 얻고자 작은 함대를 가지고 전 세계를 정찰했다. 그로 인해 서양은 간장의 맛을 알게 되었다. 간장은 중독성 있는 풍미와 찬장에 오래 보관할 수 있는 간편함 덕분에 누구나 탐내는 양념으로 자리매김했다.

간장은 다시 유럽으로 돌아오는 긴 항해에도 끄떡없이 버티며 밋밋하던 요리에 활기를 불어 넣었다. 그리고 곧 우스터소스와 같은 유럽 발효 식품군에 견주는 중요한 재료가 되었으며, 프랑스의 셰프는 간장을 가장 전통적인 요리에도 첨가할 수 있는 놀라운 양념으로 받아들였다. 1800년대 프랑스의 산업가 겸 원예학자 니콜라 오귀스트 파이외Nicolas-Auguste Paillieux는 "코르동 블루 요리사가 [간장을] 사용하면 음식이 완전히 변화하면서 훨씬 나아지지만, 누구도 이 유명한 소스를 적절히 쳤다는 사실은 깨닫지 못한다"고 말했다.

간장이 유럽에 미치는 영향력이 점점 커지고 마침내 북미에 퍼지는 동안 아시아 내에서의 지배력도 견고해졌다. 오늘날 일본인은 평균적으로 매년 간장 10L를 소비한다. 소비자를 위해 간장을 대량 생산하는 다국적 대기업과 비범한 간장을 소량 생산하는 장인이 공존한다. 한편 동아시아에서는 간장의 사촌격인 양념을 곳곳에서 찾아볼 수 있다. 아마 그중 제일 유명한 소스는 인도네시아의 케찹마니스kecap manis일 것이다. 아니스와 정향, 대량의 종려당을 더해서 단맛이 나고 시럽 같은 농도가 될 때까지 졸여서 만든다. 베트남 북부에서는 아마 농도와 풍미 면에서는 중국의 원조 장에 더 가까울 트엉tuong을 찾아볼 수 있다. 트엉은 밀을 굽고 콩을 쪄서 사용하는 간장과 달리 대두를 볶은 다음 물에 담가서 젖산 발효한 후 아스페르길루스균을 접종해 만든다. 그런 다음 체에 내리거나 압착해서 간장과 비슷한 액체로 만드는 대신 갈아서 곱고 되직한 페이스트 형태를 만든다.

기쿠나에 이케다는 '감칠맛'을 정의하고 아지노모토 그룹을 설립했다.

전통에서 매우 벗어난 제조법도 새롭게 등장했다. 산 가수분해는 스위스 매기Maggi 회사의 줄리어스 매기Julius Maggi가 개발한 화학 공정이다. 염산과 따뜻한 온도를 이용해서 식물성 물질을 분해하여 발효 과정을 거치지 않은 채로 식물성 단백질에서 유리 아미노산을 추출한 다음 탄산나트륨으로 혼합물을 중화시킨다. 이 중화 반응을 통해 염분과 휴민이라는 유기물, 가수분해된 식물성 단백질이라는 뜻의 HVP가 함유된 갈색 액체를 얻을 수 있다. HVP에서는 아미노산 트레오닌의 영향으로 진한 고기 육수와 비슷한 풍미가 난다.

일본의 화학자 기쿠나에 이케다는 1900년대 초반 산 가수분해를 이용하여 대두에서 아미노산을 추출해냈다. (이케다는 일본어로 맛있다는 뜻의 '우마이'와 맛이라는 뜻의 '미'를 합하여 우마미, 즉 감칠맛이라는 단어를 만들어낸 사람이기도 하다.) 그런 다음 전통 모로미를 두 번 침지시켜 만든 간장과 대두 HVP를 혼합했다. 그 결과 아주 적은 비용으로 몇 년이 아니라 며칠 만에 생산할 수 있는 HVP 간장이 탄생했다. 전통 원조 간장만큼 맛있다는 평은 절대 듣지 못했지만, 미국에서 기업이 처음으로 병입 간장을 생산하던 당시에는 HVP 간장(화학간장이라고도 부른다) 제조법이 상당히 인기를 끌었다. 아직 이 방식을 그대로 사용하는 회사도 있다. 상표에 '가수분해 콩 [또는 식물성] 단백질'이라는 단어가 적힌 것이 있는지 찾아보자.

북유럽의 간장

노마의 간장 여정은 간장 자체의 역사와 아주 유사한 형태로 이루어졌다. 우리는 처음으로 노마식 미소인 노란 완두콩 미소(289쪽)를 만들었을 때, 용기 위쪽에 고인 다마리와 순식간에 사랑에 빠졌다. 하지만 양이 너무 부족했다. 그래서 다마리를 더 많이 얻어내기 위해서 완두콩 미소를 계속 만들었다. 솔직히 말해서 이 다마리는 아마 노마 주방에서 가장 귀중한 풍미 구성 요소일 것이다.

우리는 메뉴 곳곳에 널리 쓰이기 시작한 다마리를 얻어내기 위해서 엄청난 양의 완두콩 미소를 만들고 사용했다. 완두콩 미소는 전통 일본 미소에 비해서 염도가 낮기 때문에(중량의 4%) 일본 미소 제조업자가 천 년 전에 그랬듯이 간단하게 물을 더 붓는 방식으로는 다마리를 많이 얻어낼 수 없다. 완두콩 미소는 너무 질어지면 염분이 부족해서 원치 않는 박테리아가 번식하여 맛이 시큼해진다.

335

결국 우리는 다마리를 더 많이 생산하려면 선조의 논리에 따라 간장 자체를 만들어내는 방법을 택할 수밖에 없다는 결단을 내렸다. 그래서 완두콩 미소를 만들 때처럼 전통 일본식 방법을 따라 고전 재료를 북유럽 식재료로 대체하여 간장을 만들어봤다. 하지만 그 결과물은 그냥…… 간장이었다. 완두콩 미소에서 수확해낸 다마리와 같은 맛이 나지 않았다. 물론 복합적이고 짭짤하면서 진하고 아름다운 맛이 났지만, 기본적으로 양질의 일본 간장에서 맛보던 바로 그 맛이었다.

간장은 이쪽 세상에 익숙한 풍미가 아니다. 물론 우리도 집에서는 닭고기 수프나 달걀 요리에 간장으로 양념을 해서 아침 식사로 즐긴다. 아시아 전역에서 간장의 요리적 잠재력을 목격하고 경탄하기도 했다. 우리는 간장의 광팬이다. 하지만 노마의 목표는 손님이 이 장소에서 느낄 감각을 창조하고 키워나가는 것이다. 우리는 고객이 먹는 음식과 그 순간, 그 공간을 모두 연관 지을 수 있기를 바란다. 하지만 테스트 키친에서 간장을 요리에 사용해보려고 들기만 하면 이 검은 소스는 우리를 이 순간에서 끌어내어 일본에서 먹은 라멘, 상하이에서 접한 도기에 조린 돼지고기 등 멀고 먼 기억 속으로 집어넣어 버리겠다고 위협한다.

물론 여기저기 간장을 소소하게 한 방울씩 떨어뜨려도 전혀 눈치채지 못하는 사람도 있지만, 즉시 감지하는 손님도 있다. 온전히 여기 현지 재료만 사용해서 만들었는데도 우리의 간장에서는 너무나 두뇌가 다른 지역과 연관시키려고 들 법한 맛이 났다. 마치 연대의 힘을 보여주는 증거와 같다. 우리는 북유럽의 간장을 만들었고, 매우 자랑스럽게 여기고 있지만 여기서 일본 간장과 같은 맛이 난다는 점은 부정할 수 없다. 앞으로 극복해야 할 까다로운 장애물이다. 그래서 우리는 궁극적으로 간장을 생산하는 대신 다마리를 더 많이 얻어내기 위해서 노마식 발효 식품을 활용하는 쪽을 택했다. (자세한 내용은 298쪽의 완두콩 미소 다마리 졸임액 참조.)

하지만 간장은 여전히 놀랍도록 다재다능한 양념이다. 대량 생산품이든 재래식이든 간장 한 병쯤 갖춰놓지 않은 주방은 찾아보기 힘들 것이다. 간장은 마리네이드, 소스, 육수, 국물 요리에 너무 당연하게 쓰이는 양념이자 글레이즈와 비네그레트의 가치를 훌쩍 끌어올리는 숨은 주인공이며, 캐러멜과 버터스카치 등의 달콤한 변주곡으로도 활약한다.

간장을 생성하는 재료를 공부하고 직접 만들어보는 것은 품을 들일 가치가 있는 일이다. 아직 노마의 메뉴에 완벽하게 합류시킬 수 있는 방법은 알아내지 못했지만, 우리의 실험은 여전히 계속되는 중이며 매번 새로운 깨달음을 얻고 있다.

다음은 노마식 노란 완두콩 간장을 만드는 방법에 대한 간략한 설명이다.

1. 삶은 노란 완두콩과 구워서 잘게 부순 밀을 대략 2대 1 비율로 섞은 다음 아스페르길루스 소자에 포자를 접종한다. 발효실에서 2일간 누룩을 키운다.

2. 누룩을 발효용 용기에 담고 소금물을 잠기도록 붓는다. 통기성이 좋은 천이나 뚜껑을 닫고 서늘한 곳에서 3~4개월간 발효시킨다.

3. 증발로 손실된 물을 보충하고 건더기를 압착해 간장을 추출한다.

노마의 대표적인 간장은 노란 완두콩과 코니니 밀로 만든다. 코니니는 재래종 밀로 보라색을 띠며 구우면 복합적인 풍미가 발달한다. 코니니 밀은 구하기 어려운 편이므로 양질의 통밀로 대체해도 좋다. 우리는 호밀과 보리로도 큰 성공을 거둔 바 있다.

이 장에서는 말린 포르치니 버섯이나 커피 등의 재료로 만든 변형 간장도 함께 소개하고 있다. 다시 한 번 말하지만 아직 노마에서의 미식 경험에 간장을 완전히 융합시킬 방법을 찾지는 못했으나, 실험은 계속 이어가는 중이다. 일부 레시피는 간장의 정의에 딱 들어맞지 않으며, 가룸과 비슷한 점이 더 많기도 하다. 그중에서 가장 성공적인 조합은 구멍장이 버섯 간장이다. 구멍장이 버섯은 버섯류인 만큼 그 자체에 누룩을 재배하기란 거의 불가능에 가까운 일이기 때문에 완성한 보리누룩을 섞어서 소금물에 담근다. 우리의 기본 간장과는 아주 다른 느낌으로 과일 향이 가득하며 새콤하고 짭짤한 맛에 기분 좋은 곰팡내가 섞인 독특한 액체가 된다. 감칠맛 또한 풍부하기 때문에 그 자체로도 다재다능하고 맛있는 양념으로 기능하고, 다른 소스에 넣으면 탁월한 촉진제로 활약한다.

337

노란 완두콩 간장

Yellow Pea Shoyu

분량 약 2L

건조 노란 완두콩 600g
통밀 600g
물 1.9kg
비요오드 소금 365g
씨누룩(누룩균. 448쪽의 구입처 참조)

처음으로 직접 간장을 만들 준비를 할 때는 전통 재료(대두)를 스칸디나비아의 주요 작물(노란 완두콩)로 대체해서 완전히 새로운 식품을 만들 수 있기를 바랐다. 하지만 아주 색다른 콩류를 이용해서 만들었는데도 우리의 '북유럽식 간장'에서는 일본 간장과 현저하게 유사한 풍미가 났다. 이는 수제 간장을 직접 만들어볼 가치가 충분히 있다는 뜻이다. 과정도 매우 보람찰 뿐더러 독특하지만 아주 익숙한 양념을 얻을 수 있다. 이 책에 나오는 발효 식품 중에 모든 독자가 이미 익숙하게 사용하고 있는 것을 꼽으라면 아마 간장일 것이다. 이제 마음대로 사용할 수 있는 초고품질 수제 간장을 직접 만들어볼 수 있다.

간장을 만들려면 단백질이 풍부한 기질, 이 경우에는 완두콩에 바로 누룩을 길러야 한다. 쌀누룩이나 보리누룩을 아직 만들어본 적이 없다면 최소한의 연습 삼아 시도하기 좋은 영역이니 통보리 누룩(231쪽)의 상세 설명 부분을 먼저 읽어보자. 또한 전통 방식에 따른 간장을 만들고 싶다면 아래 레시피를 따르되 노란 완두콩 대신 건조 대두를 사용해도 문제없다.

장비 참고

간장을 만들려면 발효실(42쪽의 '발효실 제작하기' 참조)과 발효실 크기에 맞는 접종용 쟁반(삼나무나 구멍 뚫린 비반응성 철제 또는 플라스틱 제품)이 필요하다. 또한 약 6L 용량의 유리 또는 플라스틱 발효용 용기를 준비하고 발효용 용기를 덮을 수 있는 깨끗한 주방용 면 행주나 면포, 대형 고무줄 또는 느슨한 뚜껑을 마련하자. 간장을 추출할 때는 사과주용 압착기를 사용하는 것이

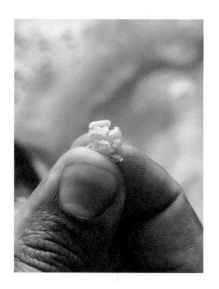

완두콩은 손가락으로 으깰 수 있을 정도로 조리하되 물컹
해질 만큼 오래 삶지 않도록 주의한다.

가장 간편하지만 채반과 깨끗한 누름돌을 활용해도 좋다. 또한 손으로 작업할 때는 반드시 소독한 장갑을 착용하고, 모든 장비는 철저하게 청소하고 소독하도록 한다(36쪽 참조).

상세 설명

건조 완두콩을 콩 부피의 2배 가까이 되는 찬물에 담근 다음 실온에서 4시간 동안 불린다.

완두콩을 불리는 동안 밀을 굽는다. 오븐을 170℃로 예열한다. 밀을 대형 베이킹 시트에 넓게 펼쳐 담고 오븐에서 1시간 동안 굽는다. 15분 간격으로 골고루 휘저어 섞는다. 자칫 태울까 봐 걱정이 될 정도로 아주 짙은 색을 띠게 구워야 한다. 그래야 간장에 짙은 향기와 풍미를 불어넣을 수 있다.

오븐에서 밀을 꺼낸 다음 실온으로 식힌다. 이제 밀을 잘게 분쇄해야 한다. 노마에서는 탁상용 곡물 제분기를 가장 굵은 단계로 설정하여 사용한다. 제분기가 없으면 밀을 푸드 프로세서에 담고 45~60초간 갈아서 잘게 부순다. 최후의 수단으로는 인내심을 가지고 절구와 절굿공이를 이용할 수도 있다. 목표는 밀을 완전히 고운 가루로 빻는 것이 아니라 낟알을 부수는 것이다. 분쇄한 밀은 옆에 따로 담아둔다.

이제 다시 완두콩에 집중한다. 완두콩이 완전히 불면 물을 따라내고 냄비에 완두콩을 옮긴 다음 다시 2배 분량의 찬물을 붓는다. 물을 한소끔 끓인 다음 아주 잔잔하게 끓도록 불 세기를 낮추고 표면에 올라오는 거품은 모두 걷어낸다. 완두콩은 엄지와 검지로 살짝 누르면 으깨질 만큼 부드러워질 때까지 45~60분간 삶는다. 완두콩을 너무 오래 삶아서 물컹해지지 않도록 주의해야 하지만, 마찬가지로 덜 삶는 것도 위험하다. 완두콩이 충분히 부드러운 상태가 아니면 누룩 균사체가 파고들어 점령하기 힘들다.

339

보리누룩을 만들 때처럼 완두콩과 밀 혼합물에
고랑을 파서 세 줄로 배열한다.

완두콩이 익으면 건져서 사람 체온 정도가 될 때까지 식힌다. 식으면 익힌 완두콩을 1.125kg까지 계량한 다음 대형 볼에 담고 구워서 분쇄한 밀 600g을 더해서 골고루 섞는다.

이제 누룩 포자를 접종할 시간이다. 씨누룩은 두 가지 모양으로 판매한다. 단순한 분말 포자 형태와 포자에 뒤덮인 건조 쌀 또는 보리 낟알 형태다. 온라인 쇼핑몰이나 수제 양조 전문점(구입처는 448쪽 참조) 등에서 다양한 크기로 구입할 수 있다. 그러나 일단 누룩을 직접 만들게 되면 포자를 수확해서 반복하여 사용할 수 있다(241쪽의 '나만의 포자 수확하기' 참조).

접종용 쟁반(삼나무 또는 구멍이 뚫린 철제나 플라스틱 제품)에 물을 살짝 적신 깨끗한 행주를 간다. 완두콩과 밀 혼합물을 행주 위에 고루 펴 담는다. 차거름망이나 슈거 파우더용 셰이커를 이용해서 밀과 완두콩 위에 포자를 골고루 뿌린다. (정확한 방법은 사용하는 누룩균의 종류에 따라 달라진다. 자세한 설명은 231쪽의 통보리 누룩 레시피 참조.)

발효실 온도를 25℃로 설정하고 쟁반을 밀어 넣는다. 이때 발효실 바닥이나 열원과 너무 가까운 곳에 두지 않도록 주의한다. 발효실 문을 살짝 열어서 신선한 공기가 들어오고 열이 빠져나갈 수 있도록 한다. 발효실 온도는 30℃까지 올라가도 괜찮지만 그보다 높아지지는 않도록 주의해서 살펴야 한다.

처음 24시간이 지나면 손에 장갑을 끼고 누룩을 잘게 부수면서 뒤섞은 다음 논밭에 고랑을 파듯이 세 줄로 다듬는다. 누룩을 다시 발효실에 넣고 24시간 더 발효시키되 온도 설정을 29℃까지 올린다. 48시간 후면 (알비노가 아닌) 흑색 변종 아스페르길루스균을 사용했을 경우 포자가 뚜렷한 색조를 띠므로 상당히 급격한 색상 변화를 관찰할 수 있다.

노란 완두콩 간장, 1일차

14일차

45일차

120일차

이제 누룩을 소금물에 담가야 한다. 물 950g을 한소끔 끓인 다음 소금을 더해서 휘저어 녹인다. 불에서 내린 다음 나머지 물을 부어서 소금물을 식힌다.

누룩을 잘게 부숴서 발효용 용기에 담는다. 간장은 원래 전통적으로 키오케라 불리는 삼나무 통을 이용해 만들었다. 작은 삼나무 통을 구할 수 있다면 아주 축하할 일이다. 구하기 힘들다면 입구가 넓고 옆면이 일자형인 비반응성 용기라면 무엇이든 사용해도 좋다. 약 6L짜리 식품 안전 양동이 또는 유리 용기를 준비하자.

소금물을 반드시 35℃ 이하로 식힌 다음 누룩에 부어서 거품기를 이용하여 잘 섞는다. 용기째로 내용물의 무게를 잰 다음 기록해둔다. 나중에 쓸데가 있다.

랩 한 장을 표면에 닿도록 꼼꼼하게 덮은 다음 입구에 뚜껑을 느슨하게 닫거나 통기성이 좋은 행주를 씌워서 고무줄로 고정시킨다. 어떤 방식을 택하든 가스가 빠져나갈 수 있게 해야 한다. 모로미(용기에 담긴 이 혼합물을 가리키는 일본 용어)는 보통 실온보다 살짝 낮은 온도와 보통 습도에서 4개월간 발효시킨다. 처음 2주 동안은 하루에 한 번씩 모로미를 잘 휘저어 섞는다. 이후로는 일주일에 한 번씩 휘젓는다. 휘저을 때마다 깨끗한 숟가락으로 모로미를 퍼서 맛을 확인하여 발효 상태를 살핀다. 매주 조금씩 더 맛있어지고 시간이 지날수록 짭짤하고 구수한 향기가 훨씬 뚜렷해진다.

간장 표면에 곰팡이가 생길 수도 있다. 누룩 자체가 포자를 피운 것일 가능성이 크지만 캄 효모일 수도 있다. 둘 중 어느 것인지 구분하기 힘들다면 걷어내서 제거하면 된다.

341

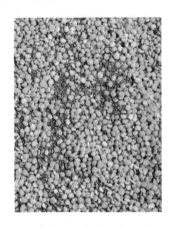

아스페르길루스 소자에를 접종한 완두콩
과 밀. 1시간차

48시간차

4개월이 지나면 모로미는 짙은 갈색을 띠는 되직하고 거친 사과 소스 같은 형태가 될 것이다. 이 점도 높은 덩어리에 간장이 숨어 있으므로 추출해야 한다.

먼저 모로미의 농도를 조절하면서 간장 풍미의 균형을 맞추려면 그동안 어느 정도의 수분이 증발했는지 계산해서 다시 더해야 한다. 처음에 측정한 모로미의 무게를 활용해야 하는 시점이다. 용기째로 내용물의 무게를 측정한 다음 처음 잰 무게에서 지금 무게를 뺀다. 그만큼에 해당하는 찬물을 붓는다.

모로미에서 간장을 추출할 때는 소형 사과주용 압착기를 사용하는 것이 제일 좋다. 모로미를 망으로 된 봉지에 담고 과일에서 즙을 짜내듯이 압착한다. 물론 모로미를 행주 등으로 짜내도 좋다. 모로미를 적당량씩 나누어서 깨끗하고 튼튼한 행주(기꺼이 내버려도 좋은 것으로)에 퍼 담은 후 대형 볼이나 용기 위에 대고 건조한 건더기만 남을 때까지 짠다. 손으로는 건더기를 충분히 짜내기 힘들다면 모로미를 담은 행주를 채반이나 파스타용 냄비에 들어가는 찜기에 담는다. 그 위에 깨끗한 누름돌을 몇 개 올리고 모로미에서 떨어지는 간장을 용기에 받는다. 원한다면 남은 건더기는 냉동고에 보관하다가 다음 간장을 만들 때 덧넣기(33쪽 참조) 용도로 사용하면(새로운 간장 혼합물 총 무게의 10%가량) 초반의 발효 과정을 성공적으로 이끌 수 있다.

모든 간장을 추출하고 나면 면포를 깐 체에 다시 한 번 거른다. 간장은 보존성이 상당히 뛰어난 양념이므로 밀폐용기에 담아 냉장고에서 수개월간, 냉동고에서는 그보다 오래 보관할 수 있다.

1. 밀을 아주 짙은 색이 될 때까지 굽는다.

2. 밀을 굵게 분쇄한다.

3. 불린 완두콩을 부드러워질 때까지 익히되 과조
   리하지 않도록 주의한다.

343

4. 완두콩과 밀을 섞는다.

5. 혼합물에 누룩균을 접종한 후 2일간 발효시킨다.

6. 완성한 완두콩 밀 누룩을 발효용 용기에 담는다.

7.   소금물을 잠기도록 붓고 4개월간 발효시킨다.

8.   증발로 손실된 수분을 보충한다.

9.   혼합물(모로미)을 걸러서 간장을 추출한다.

345

다양한 활용법

간장 굴 유화액

놀라울 정도로 맛있고 효과적인 유화제인 굴 특유의 짭짤한 바다 풍미는 흙 향기를 풍기는 감칠맛과 상당히 잘 어울린다. 구할 수 있는 제일 신선한 작은 굴 12개를 준비해서 껍데기를 깐 다음 믹서기에 살점만 담는다. 굴 부피의 절반 분량에 해당하는 간장(양은 눈대중으로 가늠한다)을 붓고 레몬 1/2개 분량의 즙을 넣는다. 믹서기를 켠 상태에서 중성 식물성 오일을 천천히 부어서 혼합물이 마요네즈 같은 상태가 될 때까지 섞는다.

이 유화액은 아삭아삭한 채소와 훌륭하게 어울린다. 절반 분량의 셀러리악을 가늘게 채 썬 다음 소금을 넉넉히 뿌려서 간을 한다. 덮개를 씌우고 30분간 재워서 수분을 끌어낸다. 그런 다음 셀러리악을 손으로 꽉 짜서 물기를 최대한 제거하고 간장 굴 유화액을 듬뿍 뿌린 다음 레몬즙을 조금 더 추가하고 다진 차이브를 한 줌 더하면 그냥 먹어도 맛있고 곁들임 요리로도 제격인 끝내주는 셀러리악 레물라드가 완성된다.

간장 버터밀크 프라이드치킨

튀김용 닭을 손질하는 방법에 관해서는 온갖 종류의 철학이 존재한다. 고집하는 스타일이 딱히 없다면 간단한 다음 방식을 따라보자. 버터밀크와 간장을 동량으로 섞어서 절임액을 만든 다음 닭고기를 담가 재운다. 건져서 여분의 절임액을 털어내고 밀가루를 묻힌다. 다시 한 번 버터밀크 간장 혼합물에 담갔다가 뺀 다음 밀가루를 묻힌다. 175℃의 기름에 푹 담가 튀긴다.

간장 캐러멜

달콤하고 짭짤한 토핑을 원한다면 노란 완두콩 간장으로 캐러멜을 만들어 보자. 중형 냄비에 물 100g과 설탕 250g을 섞는다. 내용물을 한소끔 끓인 다음 한번씩 저으면서 설탕을 골고루 녹이되 특히 가장자리에 고인 부분의 설탕을 잘 풀어내도록 주의한다. 약 5~10분 후면 설탕이 완전히 녹아서 옅은 호박색을 띠는 시럽이 될 것이다. (제과용 온도계로 쟀을 때 120℃가 되어야 한다.) 간장 50g과 헤비 크림 200g을 더한 다음 불 세기를 줄이고 내용물을 쉬지 않고 접듯이 휘저어서 거품이 생기거나 타지 않도록 한다. 3분간 익힌 다음 불에서 내리고 내열용 용기에 옮겨 담는다. 캐러멜은 덮개를 씌워서 냉장고에 보관할 수 있으며, 그러면 살짝 되직해진다. 언제든지 꺼내서 애플파이나 머핀, 크루아상 및 기타 달콤하고 짭짤한 간식으로 어울릴 만한 곳에 토핑으로 뿌려보자.

캐러멜화한 설탕에 간장과 크림을 넣고 거품기로 섞어서 간장 캐러멜을 만든다.

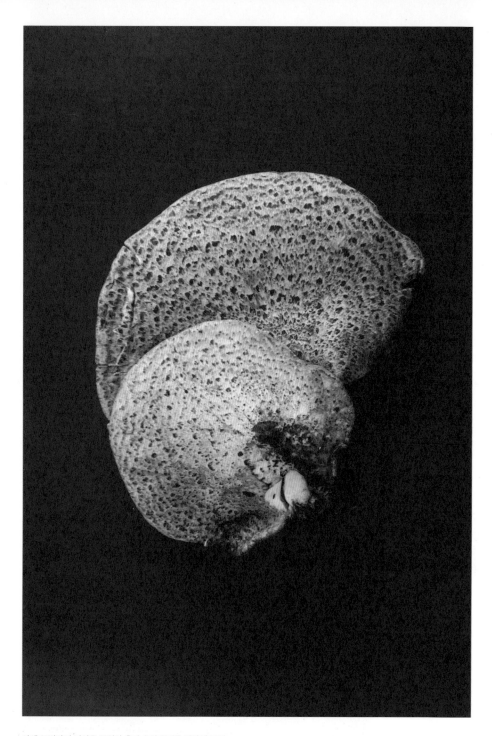

야생 구멍장이 버섯은 뚜렷한 흙과 숲의 풍미를 간장에 불어
넣는다.

348

구멍장이 버섯 간장

Dryad's Saddle Shoyu

분량 약 1.5L

신선한 구멍장이 버섯 2kg
통보리 누룩(231쪽) 400g
물 600g
비요오드 소금 150g

구멍장이 버섯 간장은 젖산 발효의 힘을 입어서 단순한 간장보다는 하이브리드 혼합물에 가까운 맛이 난다. 하지만 발효의 역사를 살펴보면 알 수 있듯이 때로는 경계선을 흐트러트리는 것이 새로운 영역을 만들어내는 가장 좋은 방법이 된다. 이 전통에서 매우 벗어난 숲속과 같은 풍미를 지닌 간장은 볼로네제는 물론 알리오 올리오 등 온갖 파스타 요리 및 참 샐러드, 바삭하게 지진 스테이크, 구운 가금류, 팬 소스, 데친 브로콜리 등 그야말로 모든 음식에 잘 어울리는 탁월한 양념이다.

구멍장이 버섯polyporus squamosus은 늦봄인 5~6월에 걸쳐 축축한 숲속의 쓰러진 나무줄기에서 자라나는 커다란 부채꼴 모양의 버섯이다. 수박 껍질과 아주 비슷한 향기가 나며, 표면에 얼룩덜룩한 갈색 비늘이 돋아 있어 가을철의 야생 조류 깃털을 떠올리게 만들기 때문에 꿩등 버섯이라고 불리기도 한다. 경험이 풍부한 버섯 전문가가 동행한다면 야생 숲에서도 생각보다 찾기 쉬우니 직접 채집해보기를 권장한다. 만져봐서 탄탄하게 느껴지고 벌레가 파먹은 자국이 없는 것을 고르자. 당연하지만 야생 버섯은 계절과 지역에 따라 서식 여부가 크게 달라지므로 주변에서 구멍장이 버섯을 쉽게 구하지 못할 수도 있다. 참고로 우리는 덕다리 버섯이나 소혀 버섯으로도 성공적인 간장을 만든 적이 있다. 하지만 야생 버섯을 채집할 생각이 없다면 시판 잎새 버섯을 사용해도 좋다.

구멍장이 버섯 간장, 1일차

7일차

30일차

버섯은 솔을 이용해서 먼지와 찌꺼기를 털어낸다. 심하게 지저분하다면 젖은 타월을 이용해서 깨끗하게 닦는다. 푸드 프로세서에 넣기 좋은 크기로 잘게 썬 다음 굵은 가루 상태가 될 때까지 짧은 간격으로 간다. 비반응성 발효용 용기에 담는다. 이어서 푸드 프로세서로 누룩을 분쇄한 다음 물, 소금과 함께 버섯에 더한다. 깨끗한 숟가락으로 휘저어서 되직하고 고른 상태로 만든다.

랩 한 장을 표면에 바로 닿도록 얹어서 가장자리까지 꼼꼼하게 덮는다. 가벼운 발효용 누름돌 여러 개나 물을 적당히 담은 대형 지퍼백 여러 개를 얹는다. (지퍼백을 사용할 때는 이중으로 싸서 물이 새지 않게 한다.) 지퍼백이 혼합물 아래로 가라앉으면 물을 조금 빼서 무게를 줄인다. 용기의 뚜껑을 닫되 꽉 잠그지 말고 살짝 열어서 가스가 빠져나올 수 있도록 한다.

간장을 실온에서 3~4주간 발효시키며 일주일에 한 번씩 깨끗한 숟가락으로 골고루 젓는다. 발효가 진행되면 액체와 고형물이 분리되면서 기포가 생길 것이다. 4주일 후면 액체에서 흙 향이 나면서 짠맛과 함께 젖산 발효로 인한 산미가 느껴져야 한다.

간장을 추출하려면 사과주용 착즙기를 이용해서 고형물과 액체를 분리하거나 깨끗한 행주에 담아서 꽉 짠다. 추출한 간장은 면포에 다시 한 번 걸러서 자잘한 입자까지 모두 제거한다. 완성한 간장은 밀폐용기에 담거나 병입해서 냉장 보관한다. 냉동고에 넣으면 더 오래 보관할 수 있다. 동일한 간장을 다시 만들 예정이라면 간장을 짜내고 남은 고형물을 보관했다가 새로운 간장 혼합물 무게의 10%만큼 계량해서 덧넣기(33쪽 참조)에 사용한다.

다양한 활용법

구멍장이 버섯과 구운 누룩 소스

구멍장이 버섯 간장을 만들었다면 누룩 키우기를 완전히 터득했다고 말할 수 있으며, 이는 다음 소스를 만들 준비가 끝났다는 뜻이다. 누룩 250g을 잘게 부숴서 베이킹 시트에 얹고 160℃의 오븐에서 45분간 굽는다. 당 성분 덕분에 짙은 갈색을 띠고 곰팡이 핀 곡물에서 초콜릿을 연상시키는 풍미가 발달할 것이다. 구운 누룩을 믹서기에 담고 물 500g을 더해서 고속으로 5분간 간다. 혼합물을 용기에 옮겨서 실온에 1시간 동안 재운다. 면포를 깐 고운체에 거른다. 이 구운 누룩수의 향을 맡아보면 분명히 커피가 들어가 있을 거라고 생각하게 된다. 이제 소스를 만든다. 소형 냄비에 구멍장이 버섯 간장 100g과 구운 누룩수 100g을 담고 불에 올려서 한소끔 끓인다. 부드러운 버터 75g을 더해서 스틱 블렌더로 갈아 유화한다. 살짝 숨이 죽도록 익힌 양상추나 찐 방울양배추, 구운 관자, 돌돌 말리도록 팬에 구운 오징어 등에 아주 잘 어울리는 버터 향이 감도는 짭짤하고 묽은 소스가 완성된다. 사실 이 시점까지 도달하려면 발효에 상당히 익숙해져야 하므로 시판 간장과 누룩으로 만들어도 상관없지만, 일단 직접 만들기 시작하면 절대 멈출 수 없을 것이다.

351

포르치니 버섯 간장

Cep Shoyu

분량 약 2L

건조 노란 완두콩 400g

통밀 600g

씨누룩(누룩균. 448쪽의 구입처 참조)

물 2.125kg

비요오드 소금 375g

건조 포르치니 버섯 250g

버섯의 왕이라고도 하는 포르치니 버섯은 지역에 따라 여러 이름으로 불린다. 신선한 상태보다는 말린 버섯 쪽이 더 구하기 쉬우며, 말린 버섯으로 간장을 만들면 흥미로운 훈연 풍미만큼이나 신선한 버섯으로 만들었을 때만큼의 흙 향도 구현할 수 있지만 젖산 발효로 인한 산미는 약간 떨어진다.

노란 완두콩 간장(338쪽)의 상세 설명은 이 장에 소개한 모든 간장 레시피의 견본이다. 아래 레시피를 읽기 전에 먼저 노란 완두콩 간장 레시피를 확인하고 오기를 권장한다.

노란 완두콩 간장 레시피에서 지시하는 대로 완두콩을 불려서 익힌 다음 건져서 식힌다. 그동안 밀을 170℃의 오븐에서 자주 뒤적여가며 아주 짙은 갈색이 될 때까지 1시간 정도 굽는다. 밀이 식으면 곡물 도정기나 푸드 프로세서를 이용해서 밀을 분쇄해 굵은 가루를 만든다.

식힌 완두콩은 700g을 계량해서 대형 볼에 담는다. 분쇄한 밀을 더해서 골고루 잘 섞는다. 혼합물을 살짝 적신 행주를 깐 접종용 쟁반에 넓게 펼쳐 담고 누룩 포자를 접종한다. 25℃로 설정한 발효실에서 1일간 발효한 다음 장갑을 낀 손으로 골고루 뒤섞은 후 고랑을 파서 세 줄로 다듬는다. 발효실 온도 설정을 29℃로 올리고 누룩이 포자를 생성할 때까지 24시간 더 발효시킨다.

포르치니 버섯 간장, 1일차

45일차

120일차

절반 분량의 물을 끓인 다음 소금을 더해서 거품기로 골고루 저어 섞은 후 나머지 물을 더해서 전체 온도를 35℃로 조정하여 소금물을 만든다.

말린 포르치니 버섯은 푸드 프로세서나 믹서기를 이용해서 짧은 간격으로 갈아 가루를 낸다.

누룩, 포르치니 버섯 가루, 소금물을 비반응성 발효용 용기에 담고 깨끗한 숟가락으로 골고루 휘젓는다. 용기째 내용물의 무게를 재고 잊어버리지 않도록 어딘가에 기록해둔다. 랩을 완두콩과 밀 혼합물 표면에 바로 닿도록 덮은 다음 뚜껑을 살짝 느슨하게 닫아서 가스가 배출될 수 있도록 한다.

간장은 서늘한 곳에서 4개월 동안 발효시킨다. 처음 2주 동안은 매일 한 번씩 골고루 휘저으면서 간장의 맛을 확인하고 그 이후로는 일주일에 한 번씩 휘젓는다. 발효가 끝나면 용기째 내용물의 무게를 다시 재서 처음 무게와 비교하여 그동안 증발로 날아간 수분의 무게를 계산한다. 그만큼의 찬물을 다시 넣는다.

간장을 추출하려면 사과주용 착즙기를 이용해서 고형물과 액체를 분리하거나 깨끗한 행주에 담아서 꽉 짠다. 추출한 간장은 면포에 다시 한 번 걸러서 자잘한 입자까지 모두 제거한다. 완성한 간장은 밀폐용기에 담거나 병입해서 냉장 보관한다. 냉동고에 넣으면 더 오래 보관할 수 있다. 동일한 간장을 다시 만들 예정이라면 간장을 짜내고 남은 고형물을 보관했다가 새로운 간장 혼합물 무게의 10%만큼 계량해서 덧넣기(33쪽 참조)에 사용한다.

다양한 활용법

포르치니 버섯 간장 뵈르 블랑

지금은 고인이 된 위대한 알랭 상드랑Alain Senderens 셰프가 처음 시연한 것처럼 간장은 프랑스 소스인 뵈르 블랑과 제 짝을 만난 것처럼 잘 어울린다. 냄비에 화이트 와인 약 150mL를 붓고 3분의 2로 줄어들 때까지 졸인다. 검은 통후추와 다진 샬롯을 조금 더해도 좋다. 불 세기를 낮춰서 아주 잔잔하게 끓도록 한다. 깍둑 썬 차가운 버터 100g(물론 양이 많기는 하지만 그럴 가치가 있다)를 한 번에 하나씩 넣는다. 소스가 분리될 위험이 있으므로 절대 끓지 않도록 주의해야 한다. 반드시 혼합물이 따뜻한 상태를 유지할 정도로만 가열한다. 모든 버터가 유화되면 소스를 불에서 내리고 스토브 옆에 두어 따뜻한 온도를 유지한다. 내기 직전에 소스를 거세게 휘저어 골고루 유화시킨 다음 포르치니 버섯 간장 50mL로 간을 한다.

간장 뵈르 블랑은 생선찜이나 팬에 구운 생선, 찐 녹색 채소 등에 환상적으로 잘 어울린다. 잘게 썬 케일잎에 물을 아주 약간 더해서 숨이 죽을 때까지 익힌 다음 소금으로 간을 한다. 곰파 케이퍼나 그린 구스베리 등 새콤한 베리류를 저며서 직당량 더해 골고루 버무린다. 불에서 내린 다음 잎에 뵈르 블랑을 두른다. 볼에 담고 크루통을 얹어 낸다.

포르치니 버섯 간장 글레이즈를 입힌 포르치니 버섯

포르치니 버섯 간장을 이용하면 조리한 버섯의 풍미를 두 배로 확장시킬 수 있다. 신선한 포르치니 버섯 적당량을 반으로 길게 잘라서 단면에 격자 모양의 칼집을 넣는다. 뜨거운 팬에 바닥을 덮을 만큼의 정제 버터를 녹여서 달군 다음 포르치니 버섯을 칼집을 낸 부분이 아래로 가도록 넣는다. 버섯이 노릇해지면 불 세기를 낮추고 버터 한 덩어리, 으깬 마늘 1쪽, 타임 1줄기를 더한다. 거품이 일고 지글거리기 시작하면 버섯을 뒤집어서 버터를 끼얹어가며 마저 익힌다. 기름기를 따라내고 팬을 다시 불에 올린다. 포르치니 버섯 간장을 넉넉히 둘러서 보글보글 끓이며 졸인다. 버터를 새로 한 숟갈 더해서 팬을 빙빙 돌려가며 혼합물을 글레이즈로 만들어 포르치니 버섯과 함께 골고루 버무린다. 팬에서 꺼낸다. 레몬즙이나 가능하면 젖산 발효 포르치니즙(83쪽)을 몇 방울 떨어뜨린다.

신선한 포르치니 버섯을 팬에 구운 다음 포르치니 버섯 간장
을 더하면 감칠맛과 버섯 풍미가 두 배로 강해진다.

355

이미 발효를 거친 식품인 커피를 다시 발효시키면 깊고 복합적
인 맛이 나는 간장이 된다.

356

커피 간장
Coffee Shoyu

분량 약 1L

통보리 누룩(231쪽) 800g
남은 커피 가루 200g 또는 막 갈아낸 커피 가
　루 100g
물 1kg
비요오드 소금 80g

이 간장 레시피에서 제일 먼저 눈에 띄는 것은 콩류가 전혀 들어가지 않는다는 점이다. 대두도, 노란 완두콩도 사용하지 않는다. 원래 남은 커피 가루를 재미있게 활용할 요량으로 이 레시피를 개발하기 시작했는데, 솔직히 간장은 물론 이 책의 어떤 발효 식품군에도 딱 들어맞지는 않는다. 커피 간장은 실온에서 발효하는 대신 가룸을 만들 때처럼 발효실에 넣어 효소 작용을 가속화하고 구수한 풍미를 끌어낸다. 하지만 간장을 본떠 만들었기 때문에 우리는 커피 간장이라고 부른다.

누룩을 푸드 프로세서에 담고 작은 알갱이 크기가 될 때까지 골고루 분쇄한다. 대형 볼에 옮겨 담고 커피 가루와 물, 소금을 더한다.

혼합물을 발효용 용기(식품 안전 양동이 또는 뚜껑이 있는 4L짜리 유리 용기)에 옮겨 담는다. 또는 볼에 담아서 바로 발효시키거나 전기밥솥의 내솥에 담고 '보온' 기능을 이용해도 좋다. 이 간장은 고온인 60℃에서 발효시키므로 다른 간장에 비해서 증발이 조금 더 문제된다. 수분 증발을 막으려면 뚜껑을 덮을 예정이더라도 랩을 이용해서 발효용 용기를 이중으로 포장하는 것이 좋다. 발효용 용기를 발효실에 넣는다. 밥솥을 사용할 때에도 밥솥 뚜껑을 랩으로 감싼다.

커피 간장은 일주일에 한 번씩 휘저으면서 4주간 발효시킨다. 쌉쌀하며 달콤한 간장 맛에 구운 과일 풍미가 더해지면 완성된 것이다. 맛이 만족스러우면 간장을 고운체에 거른 다음 면포를 깐 체에 다시 한 번 거른다. 완성한 간장은 밀폐용기에 담거나 병입하여 냉장고에서 수개월간 보관할 수 있다. 냉동고에 넣으면 더 오래 보관 가능하다.

357

커피 간장. 1일차

7일차

28일차

다양한 활용법

생선 글레이즈

팬에 커피 간장을 담고 타지 않도록 천천히 조심스럽게 졸이면 맛있는 시럽이 된다. 팬에 생선 필레 몇 개를 구울 때 완성하기 20초 전에 이 시럽을 한 작은술 더해서 버무리면 심오하게 짭짤하고 달콤한 풍미를 더할 수 있다.

커피 간장 버터스카치

커피 간장을 이용한 별난 레시피를 소개한다. 바로 커피 간장 버터스카치다. 아마 소금을 더한 소금 캐러멜이나 소금 버터스카치 정도는 이미 맛본 적이 있을 것이다. 이 경우에는 발효의 복잡한 풍미가 가미된 짠맛을 느낄 수 있다. 게다가 버터스카치는 직접 만들기에도 그리 복잡하지 않고 정말, 진짜로 맛있다. 중형 냄비를 중약 불에 올리고 버터 60g을 녹인 다음 흑설탕 100g, 헤비 크림 125g, 커피 간장 60g을 더한다. 내용물을 4~5분간 끓인 다음 바닐라빈 절반 분량의 씨를 긁어내서 더한다. 골고루 섞은 다음 불에서 내린다. 식혀서 뚜껑을 덮은 다음 냉장 보관하면서 케이크나 파이는 물론 원하는 온갖 달콤한 과자류에 소스로 활용해보자.

오버나이트 닭고기 수프

건강에 좋은 간단한 식사로 하루를 시작하는 아주 간편한 방법을 소개한다. 로스트 치킨 1마리 분량의 뼈를 냄비에 넣고 물을 잠기도록 부은 다음 향미 채소를 적당량 더하고 약한 불에 올려서 저녁 내내 잔잔하게 보글보글 끓인다. 잠들기 전에 불을 끄고 냄비 뚜껑을 닫은 후 아침까지 그대로 내버려둔다. 다음 날 국물을 체에 걸러서 커피 간장, 또는 어떤 간장으로든 간을 한다. 면이나 밥, 채소를 더하면 훨씬 든든한 아침 식사가 된다.

커피 간장을 천천히 졸여서 시럽 같은 글레이즈를 만든 다음
서대기 필레에 골고루 입힌다.

가룸

—

펑키한 맛을 내고 싶어

생선 대신 육류로 가룸을 만들어볼 것을 처음으로 제안한 사람은 노마 테스트 키친의 전 책임자 토머스 프뢰벨이었다.

세상에는 특히 작은 것으로도 큰일을 이룰 수 있는 존재가 있다. 정직과 친절, 바퀴 윤활제…… 그리고 피시 소스 같은 것들이다.

피시 소스를 널리 포괄하는 가룸은 서양에서 널리 잊힌 존재다. 한때는 유럽 음식 문화의 주류였지만 오늘날의 레시피에서는 사라진 지 오래다. 가장 순수한 형태의 가룸은 생선과 소금, 물을 섞어서 분해 및 부패시킨(물론 통제된 방식으로) 거친 혼합물이다. 노마에서는 가룸이라는 단어를 조금 더 광범위하게 확장하여 생선 이외에도 다양한 재료를 포함시킨다.

생선 대신 육류로 가룸을 만들어볼 것을 처음으로 제안한 사람은 노마 테스트 키친의 전 책임자 토머스 프뢰벨Thomas Frebel이었다. 우리는 당시 어떻게 해야 가룸과 같은 고대 전통 음식을 새롭고 독특한 노마식 물건으로 보이게 만들 수 있을지 고심하던 차였다. 토머스의 제안은 아주 훌륭한 생각이었던 것으로 판명되었다.

가룸은 비교적 만들기 쉬우며 제조 과정은 생선만큼이나 육류에도 아주 효과적으로 작용했다. 또한 방정식에 누룩을 추가하면 가룸을 만드는 데 걸리는 시간을 절반 이상 줄일 수 있다는 사실도 알아냈다. (누룩을 제외하면 우리가 만든 가룸은 엄밀히 말해 대체로 발효가 아니라 자가 분해의 산물이다. 이에 대해서는 나중에 자세히 설명한다.)

수많은 시도와 실패를 겪은 후 우리는 노마의 가룸 제조법, 즉 동물성 단백질을 소금, 물, 누룩과 함께 따뜻한 환경에서 발효하는 것은 전통적 방법론의 새로운 해석이라고 자신 있게 말할 수 있게 되었다. 그 결과물로 탄생한 가룸은 순식간에 우리의 무기고에서 가장 손쉽게 사용할 수 있는 재료가 되었다. 주연을 맡는 일은 없지만 수면 아래 숨어서 무형의 마술을 발휘하여 접시를 가득 메우며 식재료의 타고난 풍미를 생생하게 되살려 이목을 집중시킨다. 우리는 새로운 단어를 만들어내 가룸이 '강율함intricity'을 선사한다고 표현하는데, 이는 발효 식품이 요리에 선사하는 강렬함intensity과 전율electricity을 한데 묶은 말이다. 그 외에는 녹인 버터와 다진 파슬리 한 줌을 버무렸을 뿐인 수북한 찐 감자 한 냄비에 오징어 가룸 1작은술이 가져오는 엄청난 효과를 어떻게 표현할 방법이 없다. 깊이와 감칠맛을 더하면서 그 자체의 맛을 한 단계 강화시키는 식으로 정확히 요점을 부각시킨다.

여기서 가장 신나는 부분은 우리가 가룸의 잠재력을 이제 막 이해하기 시작한 참이라는 것이다. 우리는 레시피에 적힌 대로 소금 한 꼬집을 뿌리는 대신 가룸을 집어서 짠맛과 감칠맛을 동시에 가미하며 일석이조의 효과를 거둔다. 그리고 일 년 내내 메뉴판에서 육류가 크게 활약하는 일이 없는 노마 같은 레스토랑에서 가룸은 위장이 묵직해지는 느낌 없이도 소고기나 닭고기를 먹은 것 같은 만족감을 느끼게 해준다. 육류를 낼 때는 주로 그에 상응하는 가룸을 사용해서 강도를 높이는데, 저며낸 생소고기에 소고기 가룸을 몇 방울 떨어뜨리거나 다시마 사이에 끼워서 재운 오징어에 오징어 가룸을 사용해서 풍미를 강화하는 식이다.

어떤 면에서는 가룸이 노마에서 동물과 채소의 역할을 뒤집어 고기가 양념이 되고 채소가 주역을 맡을 수 있게 해주었다고 할 수 있다. 가룸 약간이면 겸손한 양배추잎도 기억에 길이 남는 만족스러운 식사로 격상시킬 수 있다. 아무튼 간에 우리가 원래 이렇게 먹어야 마땅한 방식을 보여주는 양념이다. 육류는 지금처럼 일상 식재료가 되기 전에는 사치품이었다. 그리고 일단 손에 들어오면 한 줌도 남김없이 활용하고 보존해야 했다. 중국의 가장 초기의 장은 육류와 대두, 아스페르길루스균의 혼합물이었으며 현지 음식 문화에서 가룸과 비슷한 위치를 점했다. 그리고 스칸디나비아에서는 몇 세기에 걸쳐 청어를 절이고 거기서 흘러나온 국물을 양념으로 활용했다. 모두 손에 넣은 자원을 확장하는 행위이자 종종 맛있는 혁신으로 이어지던 시도라 할 수 있다.

약간의 가룸으로 큰일을 해낼 수 있다.

카르타고의 피시 소스

가룸의 역사는 북아프리카 중에서도 오늘날 튀니지가 자리한 곳에 위치한 성벽으로 둘러싸인 페니키아의 대도시 카르타고가 항구로써 번성하던 시절인 2,500년 전부터 시작된다. 도시의 성벽 안에는 참치, 고등어, 멸치, 정어리 등 지중해의 풍요로운 바닷물에서 잡아낸 생선이 넘쳐난 덕분에 잘게 썰어서 비늘, 대가리, 내장 할 것 없이 모두 석회암 통에 집어넣고 소금을 켜켜이 뿌린 채 내버려둬 발효시켰다. 통 위에는 그물을 둘러서 동물이나 파리의 접근을 막았다. 태양열이 생선을 솜씨 좋게 익히면서 짭짤한 염분이 해로운 미생물의 번식을 막는 역할을 했다. 무엇보다 가장 중요한 것은 생선의 내장에 통 속의 생선 조각을 맛이 강렬한 양념으로 전환시키는 능력을 지닌 효소가 그득하다는 점이다.

카르타고인은 제2차 포에니 전쟁으로 도시가 로마 제국에 넘어가기 전까지 거의 500년 가까이 지중해에서 치세를 누렸다. 전리품은 승리자에게 넘어가는 것이 당연한 만큼 카르타고의 주인이 바뀌면서 식품의 소유권도 그를 따랐다. 비록 기원은 북아프리카지만 가룸을 전파한 공덕은 로마인에게 있으며, 이름 자체도 특정 생선 품종의 명칭에서 유래한 라틴어다. 카르타고에 인접한 시실리는 이 생선 소스 복음이 처음으로 전파된 곳이자 고대 로마 제국에서 가룸 생산의 중심지였다.

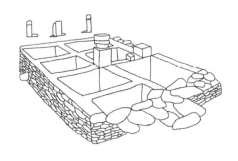

고대 카르타고의 가룸 공장은 지중해 해안선을 따라 이어지는 항구의 석회암을 깎아 만들었다.

베트남에서 느억 맘을 디핑 소스 겸 양념으로 활용하는 것과 마찬가지로 가룸은 그 자체로 식탁에 내놓기도 하면서 주방에서는 오이노가룸 oenogarum[28]이라 부르며 조리용 와인처럼 사용했다. 가룸은 로마 군대에서도 제 역할을 톡톡히 했다. 병사들은 농축된 짭짤한 액체를 휴대용 병에 담아 다니다가 전장에서 희석하여 사용했다. 제3차 포에니 전쟁 및 이베리아의 로마 합병 이후 가룸은 서쪽으로 전파되었다. 스페인 남부에는 석회암을 깎아내 만든 가룸 공장 터가 오늘날까지 남아 있다.

가룸이 발전하면서 상세한 분류가 이루어지기 시작했다. 가룸을 거른 후 남은 찌꺼기는 알레크allec라 부른다. 알레크는 고위층에게 분배하기에 적합하지 않은 식품으로 분류되어 평민에게 넘어갔다. 내장과 대가리를 제거한 생선으로 만들어서 훨씬 톡 쏘는 냄새가 덜한 가룸은 뮈리아muria라고 부른다. 생선 내장과 피만 사용해서 만든 발효 식품 하이마티온Haimation은 어장의 부산물을 이용한 것이다. 색깔이 짙어서 '검은 가룸'이라는 별명으로 불

---

28 오이노는 그리스 신화 아니오스의 딸로 디오니소스로부터 무엇이든 포도주로 만드는 힘을 받았다.

리기도 했다. 리콰멘Liquamen은 한때는 가룸과 구분해서 사용했지만 로마 시대 초기에는 병용되었으며 그 둘의 차이점은 명확하지 않다. 발효한 생선에서 조금이라도 추출물을 더 끌어내기 위해 알레크를 재활용하면서 만들어낸 소스라고 주장하는 사람도 있다. 생선 전체를 활용하여 만든 소스만 가룸이라고 부를 수 있다는 주장도 있으나 기본적으로 가룸은 그와 관련된 모든 소스를 포괄하는 넓은 의미를 지닌 단어다.

어째서 서양에서 가룸의 인기가 사그라졌는지는 아직 불명확하다. 가룸이 유럽에 남긴 마지막 흔적은 콜라투라 디 알리시colatura di alici라는 이름의 희귀한 이탈리아 소스로, 전통적으로 세타라라는 작은 어촌 마을에서 생산한다. 중세 시대에 수도사들이 그보다 훨씬 오래된 로마 문헌에서 레시피를 다시 찾아내면서 만들어졌다. 한편 피시 소스는 동남아시아 요리 문화의 기반이자 우리들 대부분이 훨씬 친숙하게 여기는 식재료다. 가룸과 피시 소스를 만드는 방식은 놀랍도록 비슷하다. 태국 만에서 잡은 멸치를 대형 나무통에 넣고 생선과 소금의 비율을 2~3대 1로 잡아 켜켜이 소금을 뿌린다. 소금에 절인 생선 위에 대나무 돗자리를 얹고 누름돌을 얹어서 열대의 태양 아래 9~12개월간 내버려두었다가 압착해서 체에 걸러 액젓을 받아낸다. 우리가 지금까지 살면서 맛본 피시 소스는 대부분 이런 식으로 만든다.

동양식 피시 소스의 흥미로운 점은 7세기 이전의 현지 역사 문헌에는 그에 관한 언급이 많지 않다는 것이다. 로마 제국과 아시아 사이의 문화 교류는 훨씬 오래전부터 이루어졌다. 고대 로마인에게 가룸의 가치 및 휴대성을 고려해보면, 태국 피시 소스와 가룸이 각기 따로 개발되었다고 가정하기보다 둘 사이를 연관 짓고 싶은 유혹이 느껴진다. 참으로 이질적인 동남아시아와 지중해 요리 문화 사이에 직접적인 연관성이 있을 것으로 상상하는 작업은 상당히 흥미롭지만, 우리보다 자격이 있는 사람에게 넘겨주고자 한다.

365

생선을 소화시키는 생선

피시 소스로 요리를 해본 사람이라면 쿰쿰한 냄새가 난다는 사실을 이미 알고 있다. 하지만 피시 소스에서는 사실 생선 비린내가 나지 않는다. 적어도 제대로 만든 것이라면 그렇다. 생선 비린내는 생선 살점과 지방이 박테리아로 부패한 결과물이다. 가룸에 신선하지 않은 생선을 사용하면 완성된 가룸이 고통받게 된다. 가룸을 형성하는 주요 촉매제인 물고기 내장은 부패한 생선보다 덜 불쾌하고 흙 향이 나며 상당히 다른 느낌의 톡 쏘는 자극적인 맛을 낸다.

전통 가룸 제조법은 야생 발효와 자가 분해를 결합한 것이다. 자가 분해 과정은 유기체가 생성한 효소에 의해 유기체 자체의 조직 또는 세포가 분해되는 과정을 뜻한다. 즉 가룸을 만들려면 동물이 자기 스스로를 평범하게 소화시키도록 만들어야 한다.

모든 동물의 살점에는 자가 분해에 기여하는 단백질 분해 효소가 함유되어 있다. 그렇다면 왜 지금 이 자리에서 우리가 우리 스스로를 소화시키지 않는 것일까? 이들 효소는 극소량만 존재하며 유기체 내 건강한 세포의 리소좀이라는 세포 기관 안에 격리되어 있기 때문이다. 하지만 동물이 죽으면 이 효소가 풀려나 살점에 무차별적으로 작용하기 시작한다. 드라이 에이징 소고기를 예로 들어보자. 도축해서 손질한 소고기를 냉장고 선반에 내버려두면 살점 내의 효소가 천천히 결합 조직과 근육을 분해하면서 단백질을 구성 아미노산으로 잘라내어 고기를 부드럽고 훨씬 맛있게 만든다.

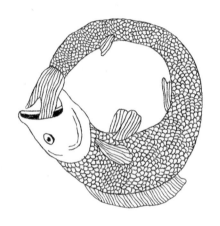

자가 분해란 자기 스스로를 소화시키는 유기체를 뜻하는 단어다.

가룸을 만드는 과정은 수분 함량이 더 높고 속도가 빠르며 효과가 강력할 뿐 본질적으로는 소고기를 드라이 에이징하는 것과 동일하다. 가룸은 동물 살점의 효소보다는 더욱 집중적이고 강력한 위장관의 효소에 의존한다. 전통적인 가룸 제조법의 필수적인 부분은 내장, 살점을 가리지 않고 생선을 통째로 잘게 써는 것이다. 생선을 소금과 함께 통에 담으면 보통 서로 분리되어 있는 소화액(위산과 내장 효소 모두)과 생선 살점이 접촉하게 된다. 소화액은 생선 살점 소화에 돌입해서 단백질을 구성 아미노산, 지방을 지방산으로 분해한다. 이때 소금은 자가 분해를 촉진하면서 유해한 미생물로부터 혼합물을 보호하는 이중 임무를 수행한다. 즉 이 소금 생선 혼합물에 서식하는 내염성을 지닌 미생물이 간장에 있는 유익한 미생물군과 같은 방식으로 가룸에 향기로운 풍미를 더한다.

효소는 효율적으로 기능하려면 액체 매질에 기대야 한다. 그렇지 않으면 한 단백질 사슬에서 다른 사슬로 옮겨 다니며 싹둑싹둑 잘라 아미노산으로 분해할 수 없다. 소금은 삼투압을 통하여 생선의 수분을 끌어내어 주변으로 퍼트리면서 효소가 타고 이동할 수 있도록 국물처럼 축축한 환경을 만들어낸다. 물고기의 근육이 분해되면 소금은 수분을 훨씬 쉽게 끌어낼 수 있게 된다. 이렇게 눈덩이처럼 과정이 진행되면서 고체였던 물고기가 액화되어 가룸으로 바뀌어간다. (열 또한 효소 반응을 촉발시키므로, 가룸을 전통적으로 뜨거운 지중해 햇볕 아래 발효시킨 이유를 이해할 수 있다. 고대 카르타고의 여름 기온은 약 30℃였다. 그 정도 기온이라면 가룸은 대략 6~9개월 안에 완성될 것이다.)

소금 / 물

가룸 통 내에서 소금의 다른 임무는 부패를 방지하는 것이다. 이 책에서 여러 번 언급했듯이, 살짝 염도가 있는 환경에서도 문제없이 살아남을 정도의 내염성을 갖춘 해로운 박테리아도 여럿 존재한다. 하지만 그 내염성에도 한계가 있고, 가룸의 염도는 그 한계를 초과한다. 염도가 높은 액체는 앞서 말한 삼투압과 다른 모든 발효에 해당하는 수분 활동도라는 두 가지 메커니즘을 이용해서 부패를 방지한다.

수분 활동도는 물질 내에 함유된 물의 양을 가리키는 것이 아니라 물이 해당 물질과 얼마나 밀접하게 결합되어 있는가를 보는 것으로, 샘플이 얼마나 많은 수증기를 배출하는지를 측정하여 비율로 표시한다. 증류수의 수분 활동도는 1이지만 완전히 건조된 물질, 예를 들어 오븐에 구워서 내부의 수분을 완전히 증발시킨 모래 등의 수분 활동도는 0이다. 말린 과일의 수분 활동도는 약 0.6이다. 날고기는 약 0.99다. 대부분의 박테리아가 성장하려면 수분 활동도가 0.9 이상인 환경이 필요하다. 곰팡이는 0.7 이상이어야 한다. (물 분자를 단단한 격자에 가두는 동결은 효과적으로 수분 활동도를 낮추는 방법이며, 냉동이 효과적인 보존 방식인 것도 같은 이유다.)

가룸을 만들 때 소금은 개별 물 분자에 결합해서 이들을 효과적으로 용액에서 제거하며 수분 활동도를 낮춘다. 물 분자가 소금 이온에 의해서 격리되기 때문에 미생물의 정상적인 생존 과정에 이용될 수 없다. 이러한 과정이 삼투압과 한통속을 이루어 고기나 생선과 같은 방식으로 미생물 세포에도 작용한다. 즉 소금이 미생물 세포에서 물을 끌어내서 붕괴시켜 쪼그라들어 죽게 만든다. 이 메커니즘은 가룸뿐만 아니라 숙성한 치즈, 염장 고기, 미소, 간장, 젖산 발효에 이르기까지 모든 염장 식품의 부패를 효과적으로 방지하는 역할을 한다.

367

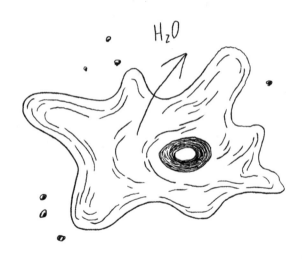

소금 용액에 둘러싸이면 세포 내부의 수분이 훨씬 이온 농도가 높은 바깥 영역으로 이동한다. 그 결과 세포가 쪼그라들어 죽는다.

누룩으로 공정을 개선하다

가룸의 감미로운 맛을 책임지는 풍미 분자는 글루탐산이다. 글루탐산은 거의 모든 단백질에 존재하는 아미노산이다. 자유로운 형태(단백질 사슬의 일부가 아니라 그저 걸려 있을 뿐이다)로 고기나 치즈, 토마토, 해조류, 밀 등에서 특히 높은 농도로 발견된다. 가룸 통에서 단백질 분해 효소가 생선 또는 고기의 단백질을 분해하면 글루탐산 분자가 분리되고, 곧 유리 양전하를 풀어내며 글루타메이트로 바뀐다. 이어서 글루타메이트는 나트륨과 같은 미네랄 이온에 결합하여 글루탐산나트륨(MSG)을 형성한다.

MSG는 아주 잘 알려진 분말 식품 첨가물일 뿐만 아니라 라면에서 리소토에 이르기까지 세상에서 가장 맛있는 음식을 당연한 듯이 책임지고 있다. MSG는 혀에 그 자체의 풍미가 아니라, 1900년대 초 일본 화학자 기쿠나에 이케다가 처음 규명하였으며 종종 '맛있음'의 본질로 간주되는 감칠맛이라는 감각으로 기록되어 있다. 아마 이 맛을 가장 잘 설명하는 표현은 '더 먹고 싶다'일 것이다. 그야말로 맛을 보면 더 먹고 싶게 만든다. 글루타메이트는 심지어 생리적 반응으로 타액이 분비되게 만들어서 말 그대로 입에 침이 고이게 한다.

368

우리는 날 때부터 감칠맛을 느낄 준비가 되어 있다. 사람의 모유에는 젖소 우유보다 10배나 많은 양의 유리 글루타메이트가 함유되어 있기 때문이다. 모유 수유를 하는 동안 모유 내의 글루타메이트 함량은 시간이 지나면서 꾸준히 증가하여 총 유리 아미노산의 50%까지 차지할 수 있게 된다. 심지어 인간에게는 감칠맛이 풍부한 음식을 먹기 시작할 때 뇌에 신호를 보내는 글루타메이트 수용체가 있다. 신호를 받으면 식욕이 즉시 증가하지만, 감칠맛이 적은 음식을 먹을 때보다 만족감을 더 빨리 더 오래 느낀다. 감칠맛을 맛있다고 느끼도록 타고났기 때문에 자연스럽게 추구하게 되는 것이다.

가룸과 피시 소스의 가장 두드러지는 특징은 자가 분해와 발효로 생성되는 강력한 냄새지만, 여기에는 사실 오해의 소지가 있다. 냄새의 가치도 이해해야 하지만 무엇보다 가룸이 가진 매력의 기본은 닿은 모든 것을 맛있게 만드는 글루타메이트다. 만일 복합적인 풍미와 글루타민 함량을 유지하면서 가룸의 향기를 완화하고 싶다면 어떻게 해야 할까? 자가 분해를 촉진하는 내장을 제거하는 것도 방법이지만 그러면 단백질을 아미노산으로 분해할 다른 도구가 필요하다. 여기서 다시 한 번 우리의 친구인 누룩이 등장한다.

글루타메이트($C_5H_8NO_4$)는 맛있는 감칠맛의 분자 형태다.

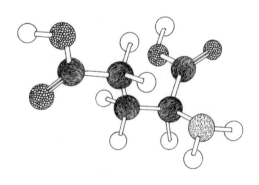

370

노마에서는 누룩이 생산하는 프로테아제라는 효소를 이용해서 소고기, 오징어, 고등어, 조개 및 기타 단백질원의 단백질을 분해한다. 간단히 말해서 누룩은 물고기 내장에 든 소화 효소의 역할을 수행하여 전통 제조법만큼이나 감칠맛이 풍성하지만 훨씬 산뜻한 향기가 나는 가룸을 완성한다.

우리는 가룸의 생산 속도를 높이기 위해서 발효실의 온도를 60℃로 유지한다. 60℃는 미생물 활동이 배제되면서 효소 활동을 최대한으로 가속화하는 동시에 마이야르 반응을 일으켜서 소스에 구운 고기의 풍미를 주입하는 온도다. 이 온도를 유지하면 양동이 가득 담긴 고기를 보통 10~12주일 안에 완전히 발효시킬 수 있다. 몇 주일이 지나면 뚜렷한 변화가 감지된다. 처음에는 탁한 국물 같은 맛이 나지만 일주일가량이 지나면 효소 작용이 늘어나면서 감칠맛이 쌓이는 것을 느낄 수 있다. 약 1개월 후면 캐러멜화된 풍미가 우뚝 솟아난다. 그러다 마무리될 즈음이면 전체적인 풍미가 어우러져서 맛이 감미로워진다.

날생선을 소금물에 담근 다음 곰팡이 핀 곡물을 더해 몇 개월간 보관한다는 발상 자체가 기본적으로 우려를 살 수 있지만, 안심하자. 가룸은 지금까지 노마에서 만든 것 중 가장 정밀하고 안전한 발효 식품이다. 높은 염분 함량(무게의 약 12%)과 고온이 결합되어 거의 모든 식품 매개 병원균이 견딜 수 없는 환경을 만들어낸다.

한편 우리는 가룸을 해부해서 새로운 방식으로 재건하기 위해 끊임없이 노력하고 있다. 수분을 제거하는 방법을 실험해보았지만 완성물은 태국식 새우 페이스트와 비슷하게 되직한 혼합물이 되고 말았다. 완두콩처럼 단백질이 풍부한 식물성 재료로도 가룸을 만들어보았는데, 어느 정도 성공적이었지만 동물성 단백질처럼 열을 오래 가할 수는 없었다. 그 외에도 꿀벌 화분이나 메뚜기, 나방 애벌레, 돼지 피 등 색다른 단백질원으로 가룸 만들기를 시도해보았다. 같은 맥락으로 활용할 수 있는 재료가 아직 많다. 모험적인 영혼의 소유자라면 파인애플과 파파야를 고려해보자. 둘 다 단백질 분해 효소가 풍성하게 들어 있는 과일이므로 열대 가룸을 만들어낼 수 있을지도 모른다. 덴마크에는 파인애플이 흔하지 않지만 나름 흥미로운 발상이다.

가룸은 전통적으로 생선을 부패시켜 만드는 소스지만 노마
에서는 다진 소고기로 만들기 시작했다.

소고기 가룸

Beef Garum

분량 1.5L

신선한 다진 소고기(기름기 없는 부위) 1kg
통보리 누룩(231쪽) 225g
물 800g
비요오드 소금 240g

노마에서 소고기 가룸이 제대로 인기를 끌기 시작한 것은 메뉴에 소고기 갈비를 올려서 자투리 소고기가 잔뜩 남아 있을 때였다. 어떤 발효 식품을 만들든 재료는 반드시 신선하고 청결한 것을 준비해서 부패나 곰팡이가 생길 위험을 피해야 한다. 특히 육류나 해산물을 기반으로 삼은 발효 식품을 만들 때는 더욱 주의해야 하며, 여기 쓰지 않으면 내버릴 자투리 고기여도 마찬가지다. 먹을 수 있을 만큼 신선하지 않다면 발효에 사용하기에도 신선하지 않은 것이다. 이 레시피에 사용하는 소고기는 직접 갈거나 정육점에 갈아달라고 부탁하되 가룸을 만드는 당일 이전에 갈거나 다져둔 제품은 피하도록 한다.

마지막으로 이 레시피에는 누룩곰팡이를 접종한 누룩을 사용해도 좋지만 (우리가 레스토랑에서 사용하는 것도 이 종류다) 간장 장에서 언급한 아스페르길루스 소자에(332쪽)도 가룸 발효에 아주 잘 맞는다. 아스페르길루스 소자에는 다른 균류보다 프로테아제를 많이 생산하므로 소고기를 훨씬 효과적으로 분해하여 글루타메이트, 즉 감칠맛이 많이 늘어나게 한다.

장비 참고

우리처럼 가룸을 60℃에서 발효시키려면 발효실(42쪽의 '발효실 제작하기' 참조) 또는 대용량 전기밥솥이나 슬로우 쿠커를 마련해야 한다. (역사적 진정성을 중시하는 사람은 378쪽의 '고전식 가룸'을 참조하여 실온에서 가룸을 발효시키는 방식을 따르자.) 아니면, 가룸을 만드는 데는 혼합물을 담아둘 식품 안전 양동이만 있으면 된다. 노마에서는 레스토랑에서 대량으로 사용할 요량으로

373

소고기 가룸, 1일차

7일차

30일차

30L짜리 양조용 통을 사용하지만 다음 레시피를 따른다면 3L짜리 용기면 충분하다. 유리 용기와 고전적인 발효용 도자기 항아리를 이용해도 좋다.

상세 설명

원하는 발효용 용기에 소고기, 누룩, 물, 소금을 담는다. 스틱 블렌더를 이용하거나 장갑을 낀 손으로 내용물을 골고루 뒤섞는다. 용기 벽면을 깨끗하게 훔쳐낸 다음 랩 한 장을 가룸 표면에 닿도록 얹고 용기 안쪽 벽까지 꼼꼼하게 덮어서 공기를 완전히 차단한다. 용기 뚜껑을 닫되 돌려서 닫는 뚜껑이라면 완전히 꽉 닫지 말고, 덮는 뚜껑이라면 한쪽을 살짝 열어서 발생한 가스가 빠져나갈 수 있게 한다.

가룸을 발효실에 넣고 온도를 60℃로 설정한다. 전기밥솥이나 슬로우 쿠커를 사용할 때는 발효용 용기와 볼 바닥 틈새에 김밥용 발이나 철망을 하나 깐다. '보온' 기능을 설정한다. (슬로우 쿠커나 전기밥솥의 내솥 용량이 가룸 혼합물의 총 부피와 거의 비슷하다면 발효용 용기를 포기하고 내솥에 바로 가룸 혼합물을 담아 발효시켜도 좋다.)

가룸을 10주간 발효시킨다. 시간이 지날수록 내용물이 분리되어 액체는 바닥으로 가라앉고 다진 고기는 그 위를 뗏목처럼 떠다닐 것이다. 소금과 열기가 해로운 미생물을 퇴치하는 역할을 하지만 소고기의 기름기가 유리 지방산으로 분해되면서 산패한 느낌이 드는 퀴퀴한 냄새가 나기 시작할 것이다. 이를 방지하려면 처음 일주일간 여러 번 뚜껑을 열고 랩을 걷은 다음 깨끗한 숟가락이나 국자로 기름기를 최대한 많이 떠낸다. 가룸을 골고루 휘저은 다음 다시 랩과 뚜껑을 덮는다. 일주일 후부터는 매주 한 번씩 기름기를 제거하고 내용물을 휘저으면 된다. 10주 후면 소고기 가룸은 짙은 갈색을 띠면서 고소한 견과류 향기를 풍기며 깊고 진한 고기 풍미를 낸다.

75일차

가룸을 고운체에 거르되 고형물이 빠져나오지 않도록 주의하며 꾹꾹 눌러 국물을 최대한 걸러낸다. 받아낸 국물은 면포를 깐 체에 다시 한 번 거른다. 남은 찌꺼기는 따로 보관하다가 미소에 넣거나 양념으로 사용할 수 있다.

국물 위에 기름기가 고이면 국자나 숟가락으로 건져낸다. 완성한 가룸은 병입하거나 용기에 담아서 덮개를 씌운다. 가룸은 보존성이 상당히 뛰어난 양념이므로 냉장고에서 최소한 1개월간 보관할 수 있다. 냉동하면 품질이 저하되는 일 없이 더 오래 보관할 수 있지만 염분 함량이 높으므로 완전히 고체로 동결되지는 않는다.

375

1. 신선한 다진 소고기(기름기 없는 부위), 물, 누룩, 소금을 준비한다.

2. 발효용 용기에 모든 재료를 담고 손이나 스틱 블렌더로 골고루 섞는다.

3. 가룸에 랩을 덮고 뚜껑을 닫은 후 60℃에서 발효시킨다.

4. 처음 일주일 동안은 여러 번 가룸에서 기름기를 걷어내고 매번 골고루 휘저은 다음 다시 랩을 덮는다.

5. 이후 일주일에 한 번씩 기름기를 제거하고 저으면서 9주간 더 발효시킨다.

6. 가룸을 걸러낸 다음 덮개를 씌워서 냉장 또는 냉동 보관한다.

다양한 활용법

고전식 가룸

상세 설명에서 소개한 레시피는 노마에서 가룸을 만드는 방식이며, 다른 방법으로도 가룸을 만들 수 있다. 고대 카르타고인과 로마인(및 오늘날 동남아시아 생산자의 대부분)은 일반적인 기온에서 가룸을 발효시켰다. 또한 누룩의 힘보다 생선 내장 속의 단백질 분해 효소에 의존했다. 여기서는 두 가지 전통 방식을 간략하게 설명한다.

가룸을 실온에서 발효시키려면(발효실 없이), 소금 함량을 365g(무게의 18%)으로 늘려서 부패를 방지한다. 식품 안전 유리나 도기, 플라스틱 용기에 모든 재료를 담고 랩으로 표면을 덮는다. 뚜껑을 완전히 꽉 닫지 말고 살짝 열어서 8~9개월간 발효시킨다. 자주 휘저어서 발효가 고르게 진행되고 곰팡이가 생기지 않도록 한다. 표면에 곰팡이가 보이면 바로 제거한다. 완성된 액체는 붉은 기가 도는 호박색에 살짝 곰팡내나 땀내와 비슷한 향이 나지만 아주 깔끔하고 켜켜이 쌓인 감칠맛과 은은한 소고기 풍미가 느껴질 것이다. 이 설명은 이 장에 소개한 모든 가룸에 적용할 수 있다.

누룩 없이 가룸을 만들려면, 다른 프로테아제 공급원이 필요하다. 대장균 오염 위험이 있으니 소 내장은 사용하지 않는 것이 좋다. 대신 생선 가룸을 만들 때는 고등어나 빙어류, 정어리(내장째) 등을 통째로 사용한다. 대가리, 지느러미, 살점, 뼈, 내장 등을 가릴 것 없이 모두 잘게 썬 다음 푸드 프로세서나 믹서기로 간다. 60℃에서 발효시킬 때는 생선 무게의 12%에 해당하는 소금을 더한다. 실온에서 발효시킬 때는 18%의 소금을 더한다. 고전식 가룸에 훨씬 가까운 방법이라 향이 훨씬 강렬하지만 여전히 맛은 좋다.

달걀노른자 소스

여기서 공개하는 것이 가장 적절할 법한 비밀이 하나 있는데, 소고기 가룸은 노마에서 선보인 메뉴 중 가장 인기가 좋은 '달걀노른자를 곁들인 게'에서 풍미의 중추 역할을 한다. 이 단순한 조합은 우리에게 완벽한 소스이며, 활용법도 무궁무진하다. 달걀 4개의 흰자와 노른자를 분리해서 노른자만 볼에 담는다. (날달걀을 먹기에는 비위가 상한다면 먼저 달걀을 반숙으로 삶은 다음 노른자를 분리해도 좋다.) 체에 거른 소고기 가룸 15g을 더해서 거품기로 친다. 이게 끝이다. 콜리플라워 1개를 통째로 삶은 다음 작게 송이로 나눈다. 달걀노른자 소스를 넉넉히 두어 숟갈 두른 다음 소금 및 다진 파슬리와 더불어 막 갈아낸 검은 후추를 듬뿍 뿌린다. 또는 군고구마에 버터 한 덩어리와 꿀 1작은술, 다진 차이브를 두르고 달걀노른자 소스를 곁들여서 풍성한 채식(에 가까운) 식사를 준비해보자. 물론 녹색 채소를 조금 곁들인 스테이크와 함께 내는 소스로도 제격이다. 부드러운 녹색 채소 한 줌에 바삭하면서도 부드러운 양질의 크루통을 약간 곁들여서 달걀노른자 소스를 두르면 든든한 점심 식사가 된다. 마지막으로 여름이 한껏 무르익었을 때 알싸하고 아삭한 래디시 한 접시에 달걀노른자 소스를 딥 소스로 차린 다음 샴페인이나 맥주 한 잔을 곁들여보자.

달걀노른자 소스 파스타

달걀노른자 소스를 활용하는 탁월한 방법 중 하나가 신속 간단한 파스타다. 소스에 막 갈아낸 파르미지아노 레지아노 치즈를 수북하게 2순갈 더하여 거품기로 섞는다. 좋아하는 모양의 파스타 225g을 알 덴테로 삶는다. 파스타가 아직 김이 올라올 정도로 뜨거울 때 달걀노른자 소스와 함께 버무린다. 이 상태로 먹어도 좋지만 즉석에서 갈아낸 검은 후추를 넉넉히 뿌리거나 다진 토마토, 신선한 바질을 수북하게 더해보자. 아이들도 좋아하는 완벽한 주중의 저녁 식사 메뉴다.

버거와 수프의 도약

고기 반죽을 패티로 빚기 직전에 소고기 가룸을 한 숟갈 섞으면 버거의 맛이 훨씬 개선된다. (또는 가룸을 걸러내고 남은 찌꺼기를 섞으면 엄청난 효과를 낼 수 있다.) 정말로 가룸은 고기로 만든 간장이라고고 생각해야 한다. 지금까지 만들어본 어떤 수프나 국물 요리든 소고기 가룸을 조금 넣으면 훨씬 맛있어진다. 볶음 요리나 소스도 마찬가지다.

소고기 가룸 유화액

앞서 말했듯이 가룸을 만들고 남은 찌꺼기에도 풍미가 가득하므로 내버릴 이유가 없다. 프라이팬을 중간 불에 올리고, 체에 거르고 남은 소고기 가룸 찌꺼기 250g을 더하여 천천히 기름기를 빼면서 익힌다. 찌꺼기가 바삭하게 캐러멜화되면서 기름기가 빠져나오기 시작할 것이다. 지방을 완전히 제거하지는 말고 라르동처럼 바삭해질 때까지만 익힌다. 아직 따뜻할 때 믹서기에 옮겨 담아 고속으로 간다. 마요네즈를 만들듯이 믹서기를 계속 돌리면서 동량의 중성 오일을 천천히 부어 섞는다. 혼합물이 되직하게 유화될 것이다. 레몬즙, 젖산 발효 포르치니 버섯즙(83쪽), 흑마늘 발사믹(206쪽) 등을 가미해서 화사한 맛으로 마무리한다. 이 유화액은 익힌 채소나 생채소에 신선한 홀스래디시를 갈아 얹은 다음 절묘한 맛의 드레싱이나 딥 소스 삼아 곁들이기를 추천한다.

소고기 가룸에 절인 달걀노른자

장미 새우 가룸에서는 발효시킨 새우의 자극적인 맛이 야
생 장미의 꽃향기로 상쇄된다.

380

장미 새우 가룸

Rose and Shrimp Garum

분량 약 3L

신선한 작은 북쪽분홍새우, 머리와 껍데기가
   붙어 있는 것 1kg
물 1kg
야생 장미 꽃잎 500g
비요오드 소금 450g

장미 새우 가룸은 누룩을 사용하지 않는 만큼 고전식 가룸에 훨씬 가까운데, 이는 새우 내장이 기타 모든 재료와 함께 골고루 섞여서 새우가 제대로 자가 분해될 수 있다는 뜻이다. 우리가 이 가룸에 사용한 새우는 자그마해서 통째로 넣어도 쉽게 갈린다. 발효 과정은 장미의 꽃향기를 유지하기 위해서 대체로 뜨거운 발효실보다 실온에서 진행된다. 꽃의 달콤한 향기는 발효시킨 새우에서 풍기는 쿰쿰한 비린내를 완벽하게 감싸는 포장지가 된다.

소고기 가룸(373쪽)의 상세 설명은 이 장에 소개한 모든 가룸 레시피의 견본이다. 아래 레시피를 읽기 전에 먼저 소고기 가룸 레시피를 확인하고 오기를 권장한다.

작은 북쪽분홍새우를 구할 수 없다면 현지에서 판매하는 어떤 새우를 사용해도 좋다. 다만 반드시 양식이 아닌 야생 새우를 사용해야 한다.

푸드 프로세서나 믹서기에 모든 재료를 담고 부드러운 페이스트가 될 때까지 간다. 전기밥솥이나 슬로우 쿠커의 내솥에 담고 뚜껑을 닫은 후 '보온' 기능을 설정한다. 사용하는 기기에 고무 패킹과 잠금쇠가 없다면 기기 전체를 랩으로 꼼꼼하게 감싸서 수분 손실을 방지한다.

밥솥에서 혼합물을 24시간 동안 발효시킨 다음 원하는 발효용 용기에 옮긴다(최소한 몇 리터 정도의 용량이 되는 것을 고른다). 장갑을 낀 손이나 고무 스패출러로 용기 안쪽을 깨끗하게 훔쳐낸 다음 랩을 혼합물 표면에 닿도록 덮는다. 용기에 뚜껑을 느슨하게 닫아서 가장자리를 살짝 열어둔 채로 일주일에

장미 새우 가룸, 1일차

7일차

75일차

한 번씩 휘저으면서 2~3개월간 발효시킨다. 냄새가 아주 강렬하지만 좋은 느낌으로 강하다. 송로 버섯의 향기가 사람을 당황시키면서 동시에 유혹하는 것 같은 식이다.

가룸이 완성되면 면포를 깐 고운체에 거른다. 찌꺼기는 따로 보관해서 일종의 양념 페이스트와 비슷하게 사용할 수 있다. 취향에 따라 더 곱게 갈아서 고운체에 내리면 질감이 좋아진다. 태국의 새우 페이스트처럼 사용해서 냄비에 향미 채소를 숨이 죽도록 볶은 다음에 더하여 커리를 만들어도 좋다. 또는 쌀 식초와 간장, 고추기름으로 만든 매콤한 디핑 소스에 살짝 한 꼬집 더해보자.

완성한 가룸은 병입하거나 용기에 담아서 덮개를 씌운다. 가룸은 보존성이 상당히 뛰어난 양념이므로 냉장고에서 몇 달간 보관할 수 있다. 냉동하면 품질이 저하되는 일 없이 더 오래 보관할 수 있지만 염분 함량이 높으므로 완전히 고체로 동결되지는 않는다.

다양한 활용법

해산물용 양념

가장 맛있게 표현하자면 장미 새우 가룸에서는 멋지게 졸여낸 조개 및 갑각류 국물에 소금을 조금 과하게 탄 듯한 맛이 난다. 피시 소스와 비슷하게 조금 특색을 가미해야 하지만 가끔 강한 치즈 냄새가 나기도 하는 오징어 가룸보다는 쿰쿰한 풍미가 덜한 양념이 필요한 요리라면 어디에든 넣어보자. 우리는 주로 양질의 올리브 오일을 동량으로 섞어서 간단한 양념을 만들어 해산물 요리의 맛을 보완하는 용도로 즐겨 사용한다. 생새우, 찐 새우, 그릴에 구운 새우에 전부 잘 어울린다. 또는 조개찜이나 클램 차우더를 만들 때 개별용 접시에 소금 대신 새우 가룸을 1작은술씩 가미해 간을 맞춰보자.

땅콩호박 수프

날씨가 변화하고 겨울 호박이 무르익는 이른 가을이면 전 세계의 레스토랑과 가정 식탁에 땅콩호박 수프가 등장하기 시작한다. 물론 맛이야 있지만 뻔한 풍미라는 단점이 있다. 여기에 수프 속의 각종 풍미와 함께 어우러지면서 동시에 대조적인 느낌을 불러일으키는 장미 새우 가룸을 추가해서 완전히 다른 방향의 맛을 내보자. 땅콩호박은 껍질을 벗기고 씨를 제거한 다음 냄비에 담고 채소 국물 또는 닭 육수를 잠기도록 부어서 뭉근하게 익힌다. 호박이 완전히 부드러워지면 육수와 함께 믹서기로 곱게 간다. 믹서기를 돌리면서 장미 새우 가룸을 1인분당 1작은술씩 더해서 간을 한다. 결코 다른 것으로는 흉내 낼 수 없는 향기가 바로 피어오를 것이다. 수프를 접시에 담고 거품을 낸 크렘 프레슈를 한 덩어리 얹은 다음 살짝 간 라임 제스트를 뿌려 마무리한다.

383

유럽화살오징어를 사용하면 강렬한 향기와 풍미를 지닌 가룸을
만들 수 있다.

오징어 가룸

분량 2L

내장과 먹물을 포함한 통오징어, 딱딱한 부리
    와 뼈만 제거한 것 1kg
통보리 누룩(231쪽) 225g
물 800g
비요오드 소금 240g

노마의 발효 프로젝트에서 계속 되풀이되는 주제는 버려질 음식물에 두 번째 삶을 선사하는 것이다. 언젠가 메뉴에 대형 유럽화살오징어의 부드러운 부위로 만든 요리를 올리면서 오징어의 내장과 촉수, 질긴 자투리 부분이 잔뜩 남아돌게 되었다. 그때 남은 부분을 모아서 만든 이 가룸은 우리가 노마에서 처음 생산한 발효 식품 중 하나이자 아직까지 발효 실험실에서 배출한 것 중 가장 성공적인 업적으로 남아 있다. 무엇보다 오징어 단백질 분해에 동물 소화관의 천연 효소와 누룩이 생산한 효소 모두를 이용하는 유일한 가룸이라는 점이 특징이다.

소고기 가룸(373쪽)의 상세 설명은 이 장에 소개한 모든 가룸 레시피의 견본이다. 아래 레시피를 읽기 전에 먼저 소고기 가룸 레시피를 확인하고 오기를 권장한다.

오징어는 고기용 그라인더나 푸드 프로세서, 믹서기 등을 이용해서 갈아 거친 퓌레를 만든다. 고기용 그라인더를 사용하는 것이 제일 좋지만 없다면 오징어를 적당한 크기로 잘게 썬 다음 푸드 프로세서나 믹서기에 넣고 짧은 간격으로 간다. 오징어 퓌레를 3L짜리 식품 안전 발효용 용기에 담는다.

이어서 보리누룩을 분쇄한(또는 간다) 다음 물, 소금과 함께 발효용 용기에 더한다. 깨끗한 숟가락으로 모든 재료를 골고루 휘저어 섞은 다음 장갑을 낀 손이나 고무 스패출러로 용기 안쪽을 깨끗하게 훔쳐낸다. 랩을 혼합물 표면에 바로 닿도록 씌운 다음 용기 뚜껑을 느슨하게 닫아서 살짝 빈틈을 남긴다. 60℃로 설정한 발효실이나 전기밥솥의 '보온' 기능을 이용해서 일주

오징어 가룸, 1일차

7일차

75일차

일에 한 번씩 골고루 휘저어가며 가룸을 8~10주간 발효시킨다.

발효가 끝날 무렵이면 오징어의 살점이 거의 완전히 분해되어야 한다. 바다와 대지가 끈끈하게 결합한 듯한 기분 좋은 향기가 나면서 미각을 사로잡는 짭짤한 감칠맛이 느껴져야 한다.

완성된 가룸은 두 가지 방식으로 처리할 수 있다. 첫째, 면포를 깐 고운체에 가룸을 붓고 볼 위에 얹어서 24시간 동안 그대로 두어 국물을 받거나 둘째, 가룸을 갈아서 되직한 페이스트를 만드는 것이다. 전자를 따르면 번갈아 사용할 수 있는 액상 가룸과 남은 찌꺼기라는 두 가지 제품을 손에 넣게 된다. 페이스트는 데친 아스파라거스 같은 음식에 솔로 발라 양념하기 좋고, 액상 가룸은 육수나 국물 요리 등에 잘 녹아들어 섞인다는 장점이 있다.

완성한 가룸은 병입하거나 용기에 담아서 덮개를 씌운다. 가룸은 보존성이 상당히 뛰어난 양념이므로 냉장고에서 몇 달간 보관할 수 있다. 냉동하면 품질이 저하되는 일 없이 더 오래 보관할 수 있지만 염분 함량이 높으므로 완전히 고체로 동결되지는 않는다.

다양한 활용법

피살라디에르

오징어 가룸은 이미 생겨난 비릿한 풍미를 아주 우아한 방향으로 강조하며, 짭짤하고 톡 쏘는 맛이 끈적한 단맛과 흙 내음을 아울러 한데 어우러지도록 품는다. 즉 프랑스 전역을 여행한 많은 노마 요리사들이 사랑해 마지않는 소박한 음식인 피살라디에르에 가미하기 탁월한 재료라는 뜻이다. 피살라디에르는 파트 브리제를 피자 반죽처럼 사용해서 캐러멜화한 양파를 깐 다음 검은 올리브와 안초비를 얹어 먹는 요리다. 팬에서 양파를 캐러멜화하다가 완성되기 직전에 오징어 가룸을 1큰술 섞으면 이 간단하고 솔직한 니스의 고전 간식이 훨씬 맛있어진다.

크루디테

오징어 가룸은 생채소를 완벽한 요리로 만들어내는 능력이 있다. 로마네스코와 당근, 혹은 래디시 등을 섞어서 담아낸 크루디테[29] 한 접시에 올리브 오일과 천일염, 레드 페퍼 플레이크 한 꼬집을 뿌린 후 오징어 가룸을 아주 살짝 두르면 어딘가 톡 쏘는 향이 나면서 상쾌한 맛이 나는 애피타이저가 완성된다.

---

29 '날것'이라는 뜻의 프랑스어로 생채소를 담아 차리는 애피타이저 메뉴

피살라디에르에 얹는 캐러멜화한 양파에 오징어 가룸을 살짝 두르면 풍미가 강화된다.

가룸

구운 닭 날개 가룸의 목표는 이미 최고로 맛있는 고기 부위를 발
효시키면 어떤 일이 벌어지는지 확인하는 것이었다.

388

구운 닭 날개 가룸

Roasted Chicken Wing Garum

분량 약 1.5L

닭 뼈 2kg
닭 날개 3kg
통보리 누룩(231쪽) 450g
비요오드 소금 480g

오븐에 굽는 과정을 통해서 이미 진하고 풍성한 풍미를 가미했기 때문에 감칠맛이 충분히 발달하기까지 약 1개월 정도의 발효 기간이면 충분하다. 소고기 가룸이나 오징어 가룸을 만들 때처럼 닭 날개 가룸을 오래 발효시키면 절묘하고 복합적인 풍미가 사라질 것이다.

소고기 가룸(373쪽)의 상세 설명은 이 장에 소개한 모든 가룸 레시피의 견본이다. 아래 레시피를 읽기 전에 먼저 소고기 가룸 레시피를 확인하고 오기를 권장한다.

대형 냄비에 닭 뼈를 넣고 3L 정도의 물을 딱 잠길 정도만 붓는다. 물을 한소끔 끓인 다음 온도가 올라가는 동안 표면에 떠오르는 불순물은 모조리 제거한다. 일단 끓으면 불 세기를 낮춰서 3시간 동안 뭉근하게 익혀 육수를 만든다.

그동안 오븐을 180℃로 예열한다. 베이킹 시트에 유산지를 깔고 닭 날개를 얹은 다음 오븐에 넣는다. 중간에 여러 번 뒤적여서 전체적으로 고르게 짙은 갈색을 띠면서 익을 때까지 40~50분간 굽는다.

오븐에서 닭 날개를 꺼내서 식힌다. 구운 닭 날개를 2kg까지 계량한 다음 칼로 작게 자른다. (남은 구운 닭 날개는 간식 삼아 먹는다.)

389

구운 닭 날개 가룸, 1일차

7일차

30일차

닭 육수를 고운체에 걸러서 식힌다.

누룩을 푸드 프로세서에 넣고 작은 크기로 분쇄한다. 원하는 종류의 3L짜리 발효용 용기에 잘게 썬 닭 날개와 누룩, 소금, 닭 육수 1.6kg을 붓고 골고루 잘 섞는다. 장갑을 낀 손이나 고무 스패츌러로 용기 안쪽을 깨끗하게 훔쳐내고 랩을 혼합물 표면에 바로 닿도록 씌운다. 용기 뚜껑을 닫되 돌려서 닫는 뚜껑이라면 완전히 꽉 닫지 말고, 덮는 뚜껑이라면 한쪽을 살짝 열어서 발생한 가스가 빠져나갈 수 있도록 한다. 60℃로 설정한 발효실이나 전기밥솥의 '보온' 기능을 이용해서 가룸을 4주간 발효시킨다.

처음 일주일간은 매일 한 번씩 깨끗한 숟가락이나 국자로 표면의 기름기를 최대한 걷어낸 다음 가룸을 골고루 휘저어서 다시 랩과 뚜껑을 씌운다. 그 후에는 일주일에 한 번씩 기름기를 제거하고 내용물을 휘젓는다.

완성된 가룸은 고운체에 거른 다음 면포를 깐 체에 다시 한 번 거른다. 잠시 그대로 두어서 안정시킨 다음 표면에 올라오는 기름기를 모조리 제거한다.

완성한 가룸은 병입하거나 용기에 담아서 덮개를 씌운다. 가룸은 보존성이 상당히 뛰어난 양념이므로 냉장고에서 몇 달간 보관할 수 있다. 냉동하면 품질이 저하되는 일 없이 더 오래 보관할 수 있지만 염분 함량이 높으므로 완전히 고체로 동결되지는 않는다.

다양한 활용법

라멘 육수

구운 닭 날개 가룸을 처음 맛볼 때, 노마의 거의 모든 요리사가 같은 단어를 중얼거렸다. '라멘.' 실제로 이 가룸은 맛있는 라멘 한 그릇에서나 느껴지는 깊고 진한 육향을 지니고 있다. 다시마와 말린 가다랑어포로 만든 기본 국물에 이 가룸을 살짝 두르면 아주 설득력 넘치는 꼼수를 부릴 수 있다. 물론 정통에 가까운 라멘 육수를 만든 다음 구운 닭 날개 가룸을 살짝 가미해도 풍미를 훨씬 살릴 수 있다.

구운 캐슈너트

캐슈너트(또는 기타 원하는 견과류)에 녹인 버터를 골고루 버무린 다음 베이킹 시트나 오븐 조리 가능한 팬에 펴 담는다. 160℃로 예열한 오븐에서 노릇해지고 고소한 향이 올라올 때까지 굽는다. 오븐에서 꺼낸 다음 구운 닭 날개 가룸 두어 큰술을 둘러서 골고루 섞는다. 가룸을 팬 아래에 흥건하게 고일 정도로 많이 붓지 않도록 주의한다. 두른 가룸은 견과류에 모조리 흡수되면서 열기에 의해 증발해야 한다. 캐슈너트가 축축해지면 좋지 않다. 식으면 바삭하고 짭짤하며 감칠맛이 나는 크러스트를 입힌 캐슈너트 간식이 완성된다.

팬에 구운 견과류를 구운 닭 날개 가룸과 함께 버무리면 믿을 수 없을 정도로 맛있는 간식이 된다.

391

메뚜기 가룸은 수년간 노마의 곤충 요리로 활약해왔다.

메뚜기 가룸
Grasshopper Garum

분량 약 2L

메뚜기 또는 귀뚜라미(생 또는 죽은 것) 600g
벌집 나방 애벌레 400g
통보리 누룩(231쪽) 225g
물 800g
비요오드 소금 240g

메뚜기 가룸은 특히 곤충을 먹거나 요리하는 것에 대한 정신적인 거부감을 순식간에 제거한다는 점에서 이 책에서 가장 마술 같은 발효물이라 할 수 있다. 너무 맛있어서 심하게 의지하게 될까 봐 노마에서 메뉴를 개발할 때 메뚜기 가룸을 사용하기를 꺼리게 될 정도다.

메뚜기는 반려동물 전문점이나 식용 곤충 회사를 통해 구입할 수 있다. 벌집 나방 애벌레는 조금 더 구하기 까다로운데, 정 없으면 애벌레를 빼고 메뚜기를 같은 양만큼 늘리면 된다. 진한 풍미는 조금 떨어지지만 맛은 그대로 유지된다. (메뚜기를 구하기 힘들다면 귀뚜라미를 사용해도 좋다.)

소고기 가룸(373쪽)의 상세 설명은 이 장에 소개한 모든 가룸 레시피의 견본이다. 아래 레시피를 읽기 전에 먼저 소고기 가룸 레시피를 확인하고 오기를 권장한다.

메뚜기와 애벌레를 갈아서 페이스트를 만든 다음 볼에 담는다. 누룩은 푸드 프로세서에 담고 짧은 간격으로 돌려서 잘게 분쇄한다. 곤충 페이스트와 누룩, 물, 소금을 골고루 접듯이 섞은 다음 혼합물을 원하는 종류의 3L 짜리 발효용 용기에 담는다. 장갑을 낀 손이나 고무 스패출러로 용기 안쪽을 깨끗하게 훔쳐내고 랩을 혼합물 표면에 바로 닿도록 씌운다. 용기 뚜껑을 닫되 돌려서 닫는 뚜껑이라면 완전히 꽉 닫지 말고, 덮는 뚜껑이라면 한쪽을 살짝 열어서 발생한 가스가 빠져나갈 수 있도록 한다.

메뚜기 가룸, 1일차

7일차

60℃로 설정한 발효실이나 전기밥솥의 '보온' 기능을 이용해서 일주일에 한 번씩 골고루 휘저어가며 가룸을 10주간 발효시킨다. 완성된 메뚜기 가룸에는 고소한 구운 향과 감칠맛이 가득하다.

발효가 마무리되면 가룸을 갈아서 고운 페이스트를 만든 다음 고운체나 타미에 내린다. 완성한 가룸은 병입하거나 용기에 담아서 덮개를 씌운다. 가룸은 보존성이 상당히 뛰어난 양념이므로 냉장고에서 1개월간 보관할 수 있다. 냉동하면 품질이 저하되는 일 없이 더 오래 보관할 수 있다.

다양한 활용법

메뚜기 버터

버터 스틱 1개 분량(약 113g)을 실온으로 되돌린 다음 무게의 20%에 해당하는 메뚜기 가룸을 더해서 거품기로 골고루 섞는다. 밀폐용기에 담아서 냉장 보관한다. 메뚜기 버터는 일반 버터를 사용하는 요리라면 어디에 넣어도 좋다. 채소를 구울 때, 고기나 생선을 구우면서 위에 끼얹을 때, 심지어 팬케이크를 구울 때도 사용해보자.

짭짤한 팬케이크

좋아하는 팬케이크 레시피에서 설탕을 빼고 반죽을 만든 다음 메뚜기 버터로 구워보자. 완성한 팬케이크에 솔로 메뚜기 가룸을 약간 바르고 반으로 접은 다음 속에 다진 적양파와 크렘 프레슈 한 덩어리, 양질의 캐비어나 생선알 등을 한 숟갈 채운다. (생선알은 종류보다 품질이 훨씬 중요하다. 애매한 캐비어보다는 신선한 양질의 도치류나 연어, 송어알이 훨씬 바람직하다.) 신선한 차이브를 뿌려서 마무리한다. 다들 신들린 듯이 먹어치울 것이다.

75일차

395

꿀벌 화분은 벌집 근처에 피어난 꽃에서 얻어낸 향기가 나는
굉장히 복합적인 식재료다.

꿀벌 화분 가룸

Bee Pollen Garum

분량 약 1.5L

생 또는 냉동 꿀벌 화분 1kg
통보리 누룩(231쪽) 200g
물 300~600g
비요오드 소금 60g

우리는 다시 한 번 저평가받는 식용 곤충 왕국으로 주의를 돌렸다. 꿀벌 화분은 수십 종에 이르는 곰팡이와 박테리아가 서식하는, 화학적으로 매우 복합적인 존재다. 매우 달콤하며, 때로는 50% 이상이 단백질로 구성되어 있다. 그러나 화분의 구성과 풍미는 꿀벌이 어떤 꽃에서 수확했는지에 따라 크게 달라진다. 보통 영양 보충제로 판매하고 있으며 건강식품 전문점에서 주문할 수 있으므로 생각보다 쉽게 구할 수 있다(구입처는 448쪽 참조).

소고기 가룸(373쪽)의 상세 설명은 이 장에 소개한 모든 가룸 레시피의 견본이다. 아래 레시피를 읽기 전에 먼저 소고기 가룸 레시피를 확인하고 오기를 권장한다.

만일 건조 화분을 구입했다면 먼저 700g을 덜어서 물 300g과 함께 믹서기에 담고 곱게 갈아 수분 함량을 신선한 꿀벌 화분과 같은 수준으로 맞춰야 한다.

믹서기에 꿀벌 화분(또는 꿀벌 화분 퓌레), 누룩, 물 300g, 소금을 담고 곱게 간 다음 원하는 종류의 3L짜리 발효 용기에 담는다. 장갑을 낀 손이나 고무 스패출러로 용기 안쪽을 깨끗하게 훔쳐내고 랩을 혼합물 표면에 바로 닿도록 씌운다. 용기 뚜껑을 꽉 닫거나 여분의 랩으로 감싸서 단단히 봉한다.

꿀벌 화분 가룸, 1일차

7일차

21일차

가룸을 60℃로 설정한 발효실에서 일주일에 한 번씩 골고루 휘저어가며 3주일간 발효시킨다. 꿀벌 화분은 당 함량이 높아서 다른 가룸보다 갈변화 및 캐러멜화가 빠르게 진행되므로 열에 오래 노출시킬 필요가 없다.

발효가 마무리되면 갈아서 고운 페이스트로 만든 다음 고운체에 거른다. 완성한 가룸은 병입하거나 용기에 담아서 덮개를 씌운다. 가룸은 보존성이 상당히 뛰어난 양념이므로 냉장고에서 1개월간 보관할 수 있다. 냉동하면 품질이 저하되는 일 없이 더 오래 보관할 수 있다.

다양한 활용법

화분 오일

발효 실험실에서 처음으로 꿀벌 화분 가룸을 활용하는 법을 이해하려고 노력할 당시 짧은 공부를 통해 꿀벌 화분에 지방 용해성이 있다는 사실을 알아냈다. 우리는 이 간단한 상식을 통해 맛있는 실험을 시도했다. 믹서기에 꿀벌 화분 가룸 250g과 식물성 중성 오일 500g을 담는다. 유채씨 오일이나 포도씨 오일을 사용하면 좋다. 6분간 곱게 간 다음 용기에 담아서 냉장고에 하룻밤 동안 재워 향을 우린다. 다음 날, 무거운 침전물이 용기 바닥에 침전되고 나면 면포를 깐 체에 오일을 조심스럽게 부어 거른다. 용기 바닥에 고인 찌꺼기도 매우 맛이 좋으므로 보관했다가 다른 용도로 사용하도록 한다. 걸러낸 꽃 향이 나는 짙은 겨자색 화분 오일은 풍미가 미묘하게 강력해서 혀에 오래 머무를수록 훨씬 화려하게 피어난다. 소고기 타르타르에 두르거나 달걀노른자와 함께 유화하여 아주 독특하지만 탁월한 맛이 나는 마요네즈를 만드는 등 올리브 오일을 사용하는 곳에 대체하기 제격이다. 또는 셀러리약이나 고구마 등 뿌리채소를 오븐에 구울 때 간단하게 화분 오일을 둘러서 버무린 다음 구워서 꺼내고 화분 오일을 조금 더 뿌려서 향을 돋워보자.

꿀벌 화분 리소토

꿀벌 화분 가룸은 아마 우리가 노마에서 만든 것 중 유일하게 숟가락으로 퍼서 먹을 수 있을 만큼 맛이 부드러운 음식일 것이다. 한참 전, 이탈리아의 미슐랭 3성급 레스토랑 르 칼렌드레 인 사르미올라 디 루바노의 막시밀리아노 알라이모Massimiliano Alajmo 셰프가 노마를 방문해서 치즈 대신 꿀벌 화분 가룸을 이용하여 손님 모두가 사랑에 빠지게 만든 리소토를 선보였다. 집에서도 양파와 화이트 와인, 닭 육수로 고전 리소토를 만든 다음 1인분당 꿀벌 화분 가룸 2큰술씩을 더해 마무리하는 식으로 쉽게 따라할 수 있다. 가룸을 더하면 어딘가 익숙하면서도 아주 다른 느낌의 맛이 난다.

구운 토마토

토마토가 더 이상 맛이 들 수 없을 정도로 무르익은 한여름에 감미로운 꽃 향기가 감도는 방울토마토(선골드Sun Golds는 실로 멋진 품종이다)를 한 바구니 수확해서, 올리브 오일을 두르고 연기가 피어오를 정도로 뜨겁게 달군 팬에 집어넣자. 몇 초 정도 골고루 흔들어 버무린 다음 팬을 오븐 제일 윗칸에 넣어서 뜨거운 브로일러로 마저 익힌다. 토마토가 부글부글 끓어오르면서 터지고 캐러멜화되어 팬 바닥에 토마토즙이 걸쭉하게 졸아들 때까지 약 10분간 굽는다. 오븐에서 팬을 꺼내고 레몬 타임 두어 줄기를 넣은 다음 꿀벌 화분 가룸을 수북하게 한 숟갈 더한다. 전체적으로 골고루 잘 버무린 다음 레몬 타임 줄기를 제거하고 오팔 바질잎을 적당량 뜯어서 섞어 마무리한다. 그릴에 바삭하게 구운 빵과 함께 내거나 녹색 샐러드 채소에 드레싱을 버무린 다음 볶은 꾀꼬리버섯과 함께 얹어서 끝내주는 따뜻한 여름 샐러드를 만들어보자.

효모 가룸
Yeast Garum

분량 약 2.5L

제빵용 생효모 300g
영양 효모 725g
노란 완두콩 미소(289쪽) 250g
통보리 누룩(231쪽) 225g
물 1kg
비요오드 소금 200g

이 장에서 소개한 다른 모든 가룸은 동물성 단백질을 이용해서 만들었지만, 동물 외에도 단백질이 풍부한 유기체가 있다. 우리가 보통 발효제로 사용하는 효모 또한 그 자체로 발효시켜 맛있는 채식 가룸을 만들 수 있는 재료다. 제빵용 생효모는 좋은 식료품점의 냉장 구역이나 온라인 쇼핑몰에서 구입할 수 있으며, '압축 효모'나 '케이크 효모'라는 이름으로 판매하기도 한다. 그리고 이 레시피에 필요한 노란 완두콩 미소를 아직 만들지 않은 상태라면 시판 미소로 대체할 수 있다. 오카상 미소나 백미소처럼 맛이 가벼운 제품을 고르자.

소고기 가룸(373쪽)의 상세 설명은 이 장에 소개한 모든 가룸 레시피의 견본이다. 아래 레시피를 읽기 전에 먼저 소고기 가룸 레시피를 확인하고 오기를 권장한다.

오븐을 160℃로 예열한다. 베이킹 시트에 유산지를 깐다. 제빵용 효모를 잘게 부숴서 유산지를 깐 베이킹 시트에 얹고 오븐에서 짙은 갈색을 띠고 고소한 견과류와 육향이 감돌 때까지 약 1시간 동안 굽는다. 오븐에서 효모를 꺼내서 식힌다.

제빵용 효모를 오븐에 구우면 무게가 상당히 줄어든다. 구운 효모를 75g 계량한 다음 나머지 재료와 함께 믹서기에 담는다. 모든 재료가 고운 페이스트가 될 때까지 약 45초간 간다. 원하는 종류의 3L짜리 발효용 용기에 담는다. 장갑을 낀 손이나 고무 스패출러로 용기 안쪽을 깨끗하게 훔쳐내고 랩을 혼합물 표면에 바로 닿도록 씌운다.

효모 가룸, 1일차

7일차

30일차

용기 뚜껑을 꽉 닫거나 여분의 랩으로 감싸서 단단히 봉한다. 60℃로 설정한 발효실이나 전기밥솥의 '보온' 기능을 이용해서 일주일에 한 번씩 골고루 휘저어가며 가룸을 4주간 발효시킨다. 발효가 마무리되면 가룸에서 고기향, 감칠맛과 더불어 진하고 새콤한 맛이 느껴지고 화려하게 반짝이는 진한 갈색 빛이 돈다.

완성한 가룸은 갈아서 고운 페이스트로 만든 다음 면포를 깐 고운체에 내린다. 되직한 가룸을 병이나 용기에 담아서 덮개를 씌운다. 가룸은 보존성이 상당히 뛰어난 양념이므로 밀폐용기에 담아 수개월간 보관할 수 있다. 냉동하면 변질되지 않은 채로 더 오래 보관 가능하다.

다양한 활용법

훈제 후무스

코펜하겐 외곽의 크리스티아니아 근방에서 노마의 재개장을 위한 건설 작업이 진행되는 동안 우리는 도시 중심의 운하에서 일련의 캐주얼한 팝업 디너를 열었다. 그때 우리의 레바논 출신 조리장 타렉 알라메딘Tarek Alameddine이 손님들이 와인 바에 앉아 있는 동안 간식 삼아 먹을 수 있는 놀라운 후무스를 만들어냈다. 먼저 병아리콩을 건초(일반 나무 칩을 사용해도 좋다)로 약 1시간 동안 냉훈제한다. 이후 과정은 일반 후무스와 상당히 비슷하다. 훈제 병아리콩 500g, 타히니 75g, 효모 가룸 75g, 마늘 1쪽에 올리브 오일을 넉넉하게 한 번 둘러서 곱게 간다. 기계를 넉넉히 5분 정도 돌려서 아주 부드러운 후무스를 만든다. 레몬 1개 분량의 제스트와 즙을 더해서 마무리한다.

9.

흑과일과
흑채소

—

404

정말 느린 요리

흑과일과 흑채소가 서양 요리 메뉴의 일부가 된 지는 이제 고작 이십 년 정도밖에 되지 않았다. 노마에서는 약 15년 전에 처음으로 흑채소의 원형인 흑마늘을 맛봤지만, 최근에야 다른 과일이나 채소, 견과류의 흑화 실험에 돌입하기 시작했다.

명확하게 밝히자면 흑화는 발효가 아니다. 이는 대체로 효소 작용에 의해서 이루어지는데, 모든 발효 과정에는 효소가 개입되어 있지만 모든 효소 작용이 발효에 속한 것은 아니다. 하지만 흑화 또한 미생물 발효와 비슷한 변형의 마술을 공유하고 있으며 노마의 식품 저장실에서 비슷한 비중을 차지하기 때문에 이 책에서도 한 자리를 차지할 가치가 있다고 생각했다.

실제로 흑화가 이루어지는 광경은 구경해볼 만하다. 채소의 날카로운 풍미가 부드러워지고 단단한 질감이 퍼티처럼 말랑해지면서 서서히 잘 익은 과일처럼 변한다. 흑마늘을 예로 들어보자. 다른 많은 발효 식품과 마찬가지로 흑마늘의 품질도 실로 다양해서 어떤 종류는 날것에 가까워서 그다지 맛을 즐기기 힘들지만, 최상품은 어른을 위한 완벽한 사탕처럼 달콤하고 쫀득하며 복합적인 풍미가 가득하다.

흑마늘을 만들려면 통마늘을 밀폐용기에 담고 60℃의 온도를 6~8주간 일정하게 유지하면 된다. 아주 넓게 보면 필요한 과정은 이게 전부다.

흑화가 발효 과정에 속하지 않는 것은 온도 때문이다. 발효 과정에 이용하는 곰팡이와 박테리아는 60℃에서는 생존할 수 없으므로 미생물 활동을 배제하면 오로지 화학적 과정만 남는다.

흑화를 가장 쉽게 설명하면 아주 느리게 진행되고 매우 진한 색을 띠는 갈변화라고 할 수 있다. 이 책을 읽는 독자라면 대체로 크러스트가 바삭하게 생긴 스테이크나 갈색으로 익힌 양파, 토스트, 커피 및 기타 수많은 요리 문화의 대들보를 지탱하는 현상인 마이야르 반응Maillard reaction이라는 단어를 익숙하게 접했을 것이다. 마이야르 반응은 흑과일과 흑채소에서 일어나는 여러 갈변화 과정의 일부를 이룬다.

반숙 달걀과 흑마늘, 노마, 2012

반숙 계란에 한련화잎을 덮은 다음 흑마늘에 발효한 꿀과 완두콩, 누룩을 섞어서 곱게 간 페이스트를 바른 볼에 담아 낸다.

405

또한 설탕의 열분해인 캐러멜화도 이루어진다. 산소가 없는 상태에서 유기 화합물에 열이 가해지면 분해가 일어난다. 이 과정을 열분해라고 부른다. 캐러멜화는 휘발성 풍미와 향기를 생산하면서 주로 맛있는 음식과 연관 짓는 아름다운 색깔을 만들어낸다.

보통 170℃ 이상의 고온에서 짧은 시간 안에 발생하는 마이야르 반응과 열분해, 캐러멜화는 흔하고 익숙한 현상이다. 하지만 인내심만 있다면 이와 같은 현상에 반드시 고열이 동반되어야 하는 것은 아니다. 흑화의 요점은 같은 과정을 수 주일까지 확장시키는 것이다. 이는 사물의 온도란 사실 서로 다른 속도로 움직이는 수십억 개 분자의 평균값이기 때문에 가능한 일이다. 60℃의 온도에 노출된 마늘 한 쪽의 분자 중 99.9999%는 열분해나 마이야르 반응이 일어나기에는 너무 느리게 움직일 수 있다. 하지만 때때로 10억 개 중 하나의 분자가 강력한 화학 반응 중 하나를 촉발시킬 만큼 빠르게 움직일 수도 있다. 거기서부터 고립된 여분의 반응이 폭포처럼 이어진다.

열분해를 통해 큰 당분이 작은 부분으로 분해되면서 더 많은 분자를 방출하여 그다음 반응에 참여할 수 있게 된다. 이렇게 몇 주일에 걸쳐서 희귀하고 돌이킬 수 없는 화학반응의 산물이 축적되면서 흑마늘 하면 떠올리는 짙은 단맛이 생성된다. 사실 이 온도에 너무 오래 방치하면 마늘은 결국 타게 된다.

열분해와 캐러멜화, 마이야르 반응은 비효소성 갈변 반응이다. 반면 효소성 갈변 반응은 과일과 채소가 시간이 지나면서 익고 숙성되는 과정에서 생겨나는 현상이다. 폴리페놀 산화효소는 식물의 성장 과정에서 건강 유지에 중요한 역할을 하지만 일단 과일이나 채소의 과육이 산소에 노출되면 이 효소가 식물 조직 내의 페놀성 화합물을 변경하고 멜라닌을 생성하는데, 과일이 갈변하는 것이 바로 이 때문이다. (페놀은 화합물의 대형 집합체로 많은 식물의 과육과 과일 껍질 등에 색을 부여하거나 향기 및 풍미에 크게 기여하기도 한다.) 건강한 식물이 상처나 충격을 받으면 그 자리에 멜라닌이 생성되면서 항균성을 발휘하여 감염을 막는다. 그리고 흑화 과정에서는 멜라닌이 과일이나 채소가 더 짙은 색을 띠게 만든다.

온도는 서로 다른 속도로 움직이는 수많은 분자의 운동 에너지의 평균값이다.

과일을 까맣게 흑화시킬 때는 효소성 반응과 비효소성 반응이 모두 일어난다. 이렇게 다양한 반응을 융합해서 처음으로 흑화성 식품을 만들기 시작한 것이 누구인지는 불분명하지만, 많은 증거가 몇 세기 전 더운 여름철 동안 도기 항아리에 통마늘을 담아서 숙성시키곤 하던 유명한 한국의 발효 문화를 가리키고 있다. 흑과일과 흑채소의 근대사가 궁금하다면 2004년의 한국을 되돌아보자. 흑마늘이 현대에 와서 대중화된 것은 열과 습도를 조절하는 숙성실을 이용해서 흑마늘을 만드는 간단한 방법을 고안한 스콧 김 Scott Kim 덕분이다. 노마에서도 같은 방법을 이용해서 느린 화학 반응이 단계적으로 이루어지는 환경을 보존하여 평범한 재료를 수 주일, 또는 수개월에 걸쳐 완전히 변형시킨다.

산화 환원, 산화 환원

식초 장(157쪽)에서 현대 화학의 아버지이자 산소를 연소를 일으키는 시약으로 규명한 장본인인 앙투안 라부아지에에 대해 알아보았다. 하지만 사실 라부아지에는 산소 분자의 분리에 관한 연구를 발표한 최초의 과학자가 아니다. 공적은 라부아지에의 공동 연구자인 영국 화학자 조지프 프리스틀리 Joseph Priestly에게 돌아가야 한다. 프리스틀리는 '붉은 금속회'로 알려진 산화수은이라는 금속성 화합물을 가열하면 플라스크 내부 공기의 가연성이 높아지면서 금속회 자체의 무게는 감소하는 현상을 목격했다. 프리스틀리가 발견한 것은 환원 반응(금속회의 질량 감소를 따서 붙은 명칭)이다. 일단 가열하면 산화수은(HgO)이 두 개의 구성 요소로 분리되면서 산소를 방출하여 공기의 가연성을 높인다.

분자 단계에서는 교환이 이루어진다. 수은과 산소가 처음 결합하여 산화수은이 형성될 때, 두 개의 수은 원자가 각각 산소에 전자를 방출한다. 그러다 화합물이 분해되면 이와 반대되는 현상이 일어난다. 전자가 원래 소유자에게 돌아가면서 기체 상태의 산소가 공기 중으로 방출되는 것이다. 원래 과학계에서는 이러한 반응이 산소에만 국한된다고 생각했기에 오늘날까지 분자나 원자가 전자를 빼앗기는 현상을 '산화'라고 부른다. 프리스틀리의 실험에서 수은은 산화되면서 동시에 산소를 방출한다. 이러한 병렬 화학 반응을 산화 환원 반응이라고 한다. 여기에는 대부분 산소가 포함되지만, 산화 환원 반응에 참여할 수 있는 원소와 화합물은 그 외에도 많다. 그러나 산화 환원 반응에 관해서 주목해야 할 점이 있다면 쌍방으로 일어나는 현상이라는 것이다. 동시 환원 없이는 산화가 이루어지지 않으며, 그 반대 또한 마찬가지다. 뭔가가 산화된다는 말을 들으면 그 대상이 산화됨과 동시에 다른 뭔가가 줄어들고 있다는 점을 확신할 수 있다.

407

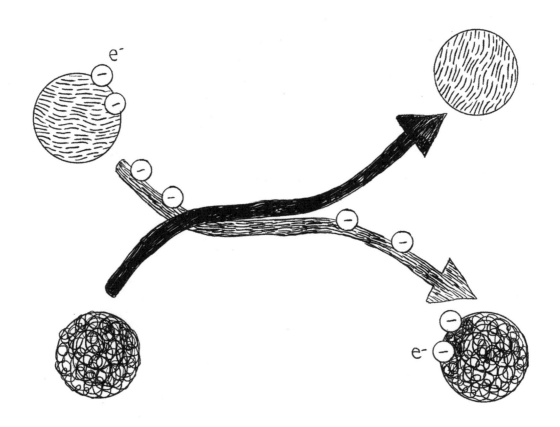

408

갈변의 비밀을 처음으로 밝혀낸 사람은 프랑스 의사 루이 카미유 마이야르다. 마이야르 반응은 (전분에서 발견되는) 당과 (단백질에서 발견되는) 아미노산을 환원하는 과정에서 발생 가능한 산화 환원 반응이다.

마이야르 반응은 고온에서 음식을 조리할 때 가장 흔하게 볼 수 있는 산화 반응의 일종이다. 1900년대 초반 파리 대학에서 처음 이 현상을 발견한 젊은 프랑스 의사 루이 카미유 마이야르Louis Camille Maillard의 이름을 땄다.

앞서 언급했듯이 산화 환원 반응에는 산소 외에도 많은 기타 원소 및 화합물이 참여할 수 있다. 아미노산도 그중에 포함된다. 음식을 가열하면 과당 및 포도당 또는 전분에 결합된 당 성분이 유리 아미노산 또는 아직 단백질 사슬에 이어진 아미노산과 함께 산화 환원 반응에 참여한다. 이 반응을 통해서 매우 불안정한 중간 매개물이 생성되고, 곧이어 매개물이 더 다양한 종류로 분해되며 노릇노릇하게 익은 음식의 색과 감미로운 맛을 구성하는 풍미 화합물을 생성한다. 빵 껍질, 노릇하게 지진 가리비 관자의 표면, 브라운 버터 등은 모두 마이야르 반응의 산물이다. (여기서는 활용할 필요가 없지만 알칼리성 환경에서는 마이야르 반응이 촉진되는데, 반죽을 굽기 전에 희석한 가성소다 용액에 담그는 프레첼의 짙은 색 껍질을 예로 들 수 있다.) 어떤 아미노산이 존재하는지에 따라 다른 풍미가 발달한다. 인공 향료 산업에서는 산화 환원 반응을 겪을 특정 아미노산을 선택하고 구성하는 작업을 통해 많은 과업을 해결한다.

대부분의 마이야르 반응은 시약이 상호 작용하기에 충분한 양의 운동 에너지가 존재하는 115℃를 초과하는 온도에서 발생한다. 물은 열에너지 흡수력이 매우 뛰어나기 때문에 물을 함유한 혼합물은 열에너지를 아무리 투여해도 물이 대부분 증발해버리기 전까지는 온도가 물의 끓는점인 100℃ 이상으로 올라가지 않는 경향이 있다. 따라서 수분이 많은 환경에서는 마이야르 반응이 발생하기까지 훨씬 많은 시간이 소요된다. (열에 관한 효과 외에도 물은 마이야르 반응의 특정 생성물의 형성을 억제하는 기능을 한다.) 그러나 이전에도 언급했듯이 저온이나 습한 환경에서도 마이야르 반응은 발생한다.

심히 화학적인 정보가 줄줄이 이어지고 있지만, 요리는 화학이다. 바비큐 그릴에 불을 댕기고 케이크를 굽거나 햄을 염장할 때마다 우리는 많은 화학 반응을 끌어내게 된다. 갈변(그리고 흑화)된 음식은 특히 화학의 산물이다. 마이야르 반응은 흑화실 내부에서 일어나는 화학 공정의 일부일 뿐이다. 언제나 그렇지만 과학에 대한 이해를 통해 앞으로 나아갈 길을 조정하거나 개선할 수 있다.

409

410

흑배를 갈아서 페이스트를 만든 다음 건조하여
흑배 쫀득이를 완성했다. 이것으로 가짜 홍합 껍
데기를 만든 후 다시마 아이스크림과 감초를 채
웠다.

직접 흑화 실험해보기

사실 노마에서도 아직 흑과일과 흑채소를 활용하는 법을 익히는 중이다. 흑화를 통해 만들어낼 수 있는 온갖 식품의 극히 일부만 살짝 다루었을 뿐이다. 예를 들어 흑사과는 아주 놀라운 맛이 나는데, 건조하고 나면 특히 환상적이다. 사과에서 흘러나와 흑화한 즙 또한 아름답기 그지없으며, 그냥 마시거나 발효시켜서 흑사과주를 만들어도 좋다. 노마에서는 전년도에 만든 흑사과 페이스트에 재워서 흑과일과 생과일의 대조를 제대로 강조한 상쾌한 메뉴를 첫 번째 코스로 제공하기도 했다.

흑화를 통해 맛있게 탈바꿈할 재료로 또 어떤 것이 있을지는 아직 확실하지 않지만, 이 또한 탐험의 아름다움이다. 아직 전혀 연구되지 않은 분야라고 할 수 있다. 이 영역에서 우리를 가장 많이 밀어준 사람은 코펜하겐 에이매스Amass 레스토랑의 맷 올랜도Matt Orlando이다. 맷은 이미 흑화 실험 경험이 많아서 그를 따르는 과정 자체가 매우 고무적이었다. 그는 이미 한참 앞서 나가고 있다.

물론 아직 흑화를 경험하지 못한 재료가 지구 행성 가득히 남은 채 우리가 실험을 해보기만을 기다리고 있다. 노마의 발효 실험실에서는 양배추(그리 맛있지 않았다)에서 옥수수(그저 그렇다), 밤(심하게 맛있다!)에 이르기까지 수많은 과일과 채소로 흑화를 실험했다. 그리고 시행착오를 통해 특정 과일 또는 채소가 흑화 후보자로 적합한지에 대한 일정한 척도를 갖출 수 있었다. 흑채소의 정수인 흑마늘은 실제로도 이 주제에 빛을 비추는 존재다. 다음 각 요소를 통해 마늘이 흑화에 특히 적합한 이유 및 흑화를 실험하고 싶은 식재료에서 검토해야 할 점을 알아보자.

411

수분 함량 및 보유력

수분은 채소와 과일의 효소성 갈변화에 중요한 영향을 미치는데, 이는 건조가 효과적인 보존 수단인 이유이기도 하다. 식재료가 너무 건조하면 흑화가 이루어지지 않는다. 마늘은 딱히 수분 함량이 높은 재료는 아니나 지니고 있는 수분을 유지하는 능력이 뛰어나다. 여러 겹으로 이루어진 껍질이 빠른 수분 손실을 막는 강력한 보호 기능을 제공하여 마늘이 결코 완전히 마르지 않게 하면서 마이야르 반응을 촉진하기에는 충분할 정도로 건조시킨다.

수분 함량이 상당한 과일이나 채소는 흑화되기는 하지만 다른 문제가 생긴다. 사과나 배처럼 껍질이 얇은 과일은 터져서 과육이 분해되기 쉽다. 그래서 흥미로운 풍미가 발달하기 한참 전에 이미 형태를 잃고 만다. 흑사과(425쪽) 레시피에서 볼 수 있듯이 이 문제는 어느 정도 완화시킬 수 있기는 하지만, 마늘처럼 타고나길 수분 함량이 적절하고 수분 손실에 대한 방어력을 지닌 재료는 다양한 특징을 보여주면서도 제 형태를 유지하는 흑화 식품이 될 수 있다.

당 함량

칼날을 눕혀서 마늘 한 쪽을 으깨본 적이 있다면 끈적끈적하게 달라붙는 페이스트 상태가 낯설지 않을 것이다. 이는 많은 파속 식물과 마찬가지로 마늘에도 당이 꽤 함유되어 있기 때문이다. 생마늘은 톡 쏘는 맛 때문에 달콤하게 느껴지지 않지만, 흑화 과정을 통해서 느린 마이야르 반응과 캐러멜화가 이루어지려면 풍부한 당이 반드시 필요하다. 우리가 흑채소로 만들면 분명 맛있을 거라고 생각했던 콜라비처럼 당이 부족한 재료를 똑같이 열처리하면 상당히 끔찍한 맛이 난다. 마이야르 반응으로 생성된 조화로운 풍미가 근간을 이루지 않으면 맛을 다독일 달콤함이 부족해서 열분해로 인한 묵직하고 매캐한 맛만이 느껴진다.

톡 쏘는 자극적인 맛

흑화실에서 나온 음식에서는 결코 매번 같은 맛이 나지 않는다. 아주 좋은 흑화 식품이 만들어지기도 하지만, 열기에 오래 노출되면 은은한 휘발성 향기가 약해지거나 파괴될 수도 있다. 생마늘의 톡 쏘는 맛은 두 달여에 걸친 온탕을 겪으며 변화하지만 여전히 인지할 수 있을 정도로는 남아 있다. 그러나 예를 들어 마늘잎쇠채 뿌리 등의 은은한 맛은 흑화되고 나면 완전히 사라진다. 같은 과인 검은쇠채를 흑화하면 충분히 촉촉하고 껍질도 적당히 두터우며 단맛도 상당해서 맛은 있지만 어딘가 희미하다. 결과적으로 다른 뿌리채소보다 애매한 맛이 된다. 원재료의 맛이 강할수록 결과는 더욱 흥미로워진다.

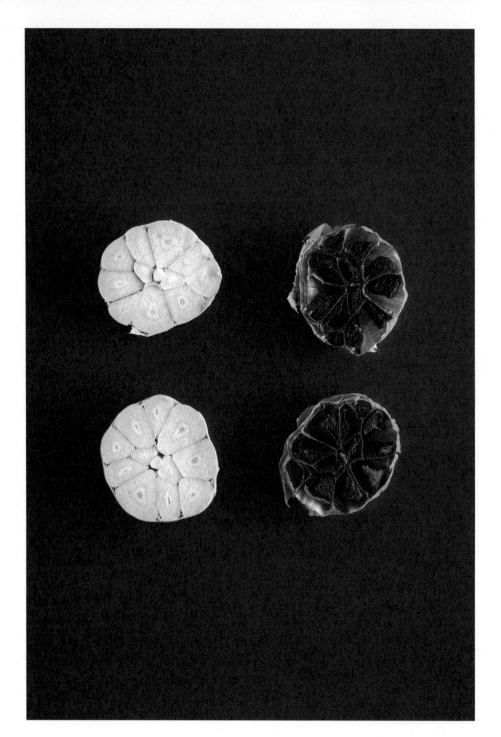

달콤하고 톡 쏘는 맛이 나는 흑마늘은 지난 수십 년간 서서히 인
기를 얻으며 서양 주방에까지 진출했다.

흑마늘
Black Garlic

분량 10통

아주 신선한 마늘 10통

흑마늘은 이 책의 레시피 중에서 난이도가 가장 낮은 축에 속한다. 과정 자체가 알아서 이루어지기 때문에 중간에 진행 상황을 확인하는 것이 좋지만 수행해야 할 작업 자체는 많지 않다. 가장 큰 과업은 몇 주일에 걸쳐서 60℃의 온도를 일정하게 유지할 수 있는 발효실을 만들거나 제작하는 것이다. 마이야르, 효소성 갈변화, 열분해 및 기타 과일과 채소를 맛있게 흑화시키기 위해 필요한 모든 반응을 일으키는 유일한 방법이 온도 유지이기 때문이다.

장비 참고

흑마늘을 만들려면 일정한 열을 천천히 가하는 것이 핵심이다. 레스토랑이라면 온열 캐비닛을 사용하는 것이 제일이다. 물론 직접 제작한 발효실을 이용해도 좋다(42쪽의 '발효실 제작하기' 및 211쪽의 누룩 장 설명 참조). 그러나 가장 간단한 방법은 전기밥솥 또는 슬로우 쿠커다. '보온' 기능은 대략 60℃ 정도의 온도를 오간다. 100% 정확하지는 않지만 소규모 흑화 작업에는 적합하다. 그러나 모든 전기밥솥이 무기한 설정을 유지할 수 있는 것은 아니다. 레시피대로 진행하기 전에 가지고 있는 밥솥에 자동 꺼짐 기능이 있는지 확인하자.

417

흑마늘, 1일차

7일차

상세 설명

몇 주일에 걸쳐서 60℃의 온도를 일정하게 유지할 수 있는 발효실을 준비한다. 전기밥솥을 사용할 때는 대체로 열원이 철제 내솥에 밀착되어 있는 경우가 많은데, 그러면 마늘이 탈 위험이 있으므로 완충제 역할을 하는 소형 철망이나 접시, 대나무 발 등을 내솥에 하나 까는 것이 좋다.

흑화 과정에 쓰이기 충분할 정도로 수분 함량이 높고 유황 맛이 없는 갓 수확한 여름 마늘을 사용한다. 움터서 초록색 싹이 보이기 시작하는 것은 피하되 너무 어린 마늘은 껍질이 심하게 종이처럼 얇으므로 마늘쪽 자체는 충분히 성숙한 것을 골라야 한다. 공장 생산으로 단맛이 아주 적고 매캐한 유황 맛이 나는 중국산 흰 마늘은 피하는 것이 좋다. 코끼리 마늘도 흑화 과정을 버티기에는 맛이 너무 부드럽다.

먼지가 낀 마늘 껍질은 벗기고 구석구석 확인해서 껍질 틈새에 곰팡이가 피지 않았는지 검사한다. 곰팡이가 있으면 껍질을 더 벗겨서 닦아낸다. 이제 마늘을 꽁꽁 싸매서 수분을 유지해야 한다. 공장 생산 시에는 습도가 조절되는 밀폐실을 이용한다. 소규모로 작업할 때는 알루미늄 포일을 큼직하게 두 장 뜯어서 통마늘을 이중으로 감싸는 정도로 충분하다. 이때 반드시 통마늘을 한 층으로 가지런히 두어야 한다. (누룩 장에서 권장하듯이 발효실에서 흑마늘을 만들 때는 온도가 훨씬 높기 때문에 포일에 감싼 통마늘을 다시 대형 지퍼백이나 뚜껑 걸쇠가 달린 플라스틱 용기 등의 대형 밀폐용기에 담는다.) 또는 통마늘을 진공용 봉지에 담고 (마늘 줄기에 찔려서 봉지에 구멍이 뚫리지 않도록 하기 위해) 50% 강도의 흡입력으로 진공 포장하거나 튼튼한 비닐 지퍼백에 이중 포장해서 공기를 최대한 빼낸다.

잘 싸맨 마늘을 발효실에 넣고 문을 닫거나 밥솥에 넣고 뚜껑을 닫는다. 뚜껑에 고무 패킹이 달린 잠금쇠가 있다면 수분을 유지하기에 최고의 환경이 된다. 그렇지 않다면 다른 방법으로 최선을 다해 밀봉해야 한다. 보기에 그렇게 예쁘지는 않지만 밥솥 상단부를 랩으로 감싸는 것도 좋다. 밥솥의 '보온' 기능을 설정하고 그대로 둔다.

일주일 후 마늘을 확인해서 진행 상태를 점검한다. 껍질의 겉 부분은 황갈색으로 변하면서 속에 있는 마늘쪽의 수분을 흡수해서 축축해 보일 것이다. 전체적으로 큰 문제가 없고 마늘이 너무 건조해 보이지 않는다면 그대로 계속 진행한다. 바닥 부분이 타거나 눌어붙기 시작하거나 너무 건조하면 안타깝지만 처음부터 다시 시작해야 한다.

풍미가 완전히 발달하려면 약 6~8주일 정도의 시간이 필요하다. 완성된 흑마늘은 당연히 검은색을 띠면서 쪼그라들어 껍질에서 살짝 떨어져 있으며, 만지면 끈적끈적하고 엄지와 검지로 눌렀을 때 쉽게 으깨져야 한다. 풍미는 달콤하고 흙 향기를 풍기면서 살짝 과일 풍미가 감돌고 어딘가 구운 마늘을 연상시킨다.

그대로 작업대에 얹어서 실온에 하루 동안 두어 여분의 수분을 제거한 다음 봉지나 용기에 담아서 덮개를 씌운 다음 냉장 또는 냉동 보관한다. 흑마늘은 생마늘보다 수분 함량이 낮고 pH 수치도 훨씬 낮지만 찬장에 보관하기에는 적합하지 않으므로 반드시 냉장고나 냉동고에 넣어야 한다. 냉장하면 일주일간 보관할 수 있다. 그 이상 보관하려면 냉동고에 넣는다.

30일차

60일차

419

1. 마늘을 진공용 봉지에 담아서 진공 포장한다.

2. 또는 마늘을 알루미늄 포일 2장으로 꽁꽁 싸맨다.

3. 흑화할 준비를 마친 마늘

420

4. 마늘을 밥솥이나 발효실에 넣는다.

5. 발효실 문을 닫고 온도를 60℃로 설정하거나 밥
   솥을 밀봉하고 '보온' 기능을 켠다.

6. 흑마늘이 완성되기까지 6~8주일이 소요된다.

421

다양한 활용법

흑마늘 아이스크림

흑마늘은 전채부터 디저트에 이르기까지 모든 메뉴 코스에 사용할 수 있다. 양질의 바닐라 또는 초콜릿 아이스크림을 구입하거나 만든 다음 다진 흑마늘을 1인분당 1숟갈씩 더해서 골고루 섞어보자. 초콜릿 아이스크림이라면 올리브 오일을 아주 살짝 두르면 맛이 훨씬 좋아진다.

흑마늘 껍질 수프

흑마늘에서 벗겨낸 껍질을 버리지 말고 모은다. 닭 국물 또는 기타 어떤 국물이든 일단 완성되기 한 시간 전에 흑마늘 껍질을 한 줌 더하면 훨씬 진하고 깊은 맛과 더불어 맛있는 과일 풍미를 가미할 수 있다. 사실 국물에 흑마늘 껍질을 넣을 계획이라면 처음에 다른 향미 채소를 사용할 필요도 없다. 껍질 자체에 혼자서도 닭 국물의 맛을 충분히 보완할 수 있는 풍미가 있기 때문이다. 우리는 노마의 직원 식사, 그중에서도 특히 아침 식사로 흑마늘 껍질 수프에 고추기름을 몇 방울 떨어뜨린 다음 밥이나 면을 곁들여 내기를 즐긴다.

흑마늘 페이스트

껍질을 벗긴 흑마늘을 절구에 담고 물이나 오일을 약간 더한 다음 찧어서 활용도가 엄청난 페이스트를 만들어보자. 먼저 퀸스 페이스트처럼 저민 경질 치즈에 곁들이면 훌륭한 맛이 난다. (흑마늘 페이스트에 단맛이 부족하다면 꿀을 한 방울 떨어뜨리자.) 올리브 오일을 넉넉하게 두르고 구워서 겉은 바삭하고 속은 촉촉한 빵 한 조각에 흑마늘 페이스트와 올리브 타프나드를 동량으로 섞은 토핑을 발라도 좋다. 마지막으로 흑마늘을 (1인분당 약 1작은술) 넣어서 페스토를 만든 다음 파스타에 버무리면 절대 실망하지 않을 것이다.

흑마늘을 절구에 찧은 다음 아이스크림에 섞으면 전혀 예상치
못한 탁월한 궁합을 자랑한다.

맛있는 사과의 새콤한 맛이 흑화로 생성된 깊은 단맛과 기분
좋은 대조를 이룬다.

424

흑사과

Black Apples

분량 사과 10개

사과 10개

사과는 축축한 열기에 노출되면 분해되는 경향이 있는데, 마늘처럼 흑화 과정을 거치려면 이 부분이 문제가 된다. 이 점을 해결하기 위해서 우리는 사과를 조심스럽게 흑화시킨 다음 건조기를 이용해서 수분을 제거했다. 이 방법은 배나 퀸스 및 기타 이과류 과일에 마찬가지로 적용할 수 있다. 흑사과는 풍미가 깊고 달콤하며 토피처럼 쫀득하다.

흑마늘(417쪽)의 상세 설명은 이 장에 소개한 모든 흑과일과 흑채소 레시피의 견본이다. 아래 레시피를 읽기 전에 먼저 흑마늘 레시피를 확인하고 오기를 권장한다.

사과는 껍질을 벗기고 대형 진공용 봉지에 서로 닿지 않도록 담는다. 발효실에 한 켜로 평평하게 넣어야 하므로 발효실 공간에 비해 부피가 크면 사과를 몇 개 덜어낸다. 최대 흡입력으로 봉지를 밀봉한다. 대형 지퍼백에 사과를 담고 물통에 윗부분이 몇 센티미터 정도 남을 때까지 천천히 집어넣어서 공기를 최대한 빼내도 좋다(과일의 부력에 대항하려면 봉지 바닥 부분을 잡고 밑으로 당긴다). 물의 압력을 통해 공기를 강제로 배출시킨 후 밀봉하면 불완전하지만 어느 정도 진공 상태가 된다.

흑사과, 1일차

7일차

60일차

사과를 발효실에 넣는다. 전기밥솥이나 슬로우 쿠커를 사용한다면 바닥에 접시나 식힘망, 대나무 발을 하나 깔아서 과일이 바닥에 바로 닿지 않도록 한다. 발효실의 문을 닫고 온도를 60℃로 설정하거나 밥솥을 닫고 '보온' 설정을 켠다.

처음 며칠 안에 사과가 살짝 갈색으로 변하면서 즙이 새어나와서 봉지 바닥에 고이기 시작할 것이다. 이때 할 수 있는 최선의 방법은? 그냥 내버려두는 것이다! 처음 1~2주간은 과육이 너무 약해져서 약간의 충격만으로도 사과 모양이 손상될 수 있다. 상당히 새까매질 때까지 총 8주간 그대로 둔다.

이 시점의 사과는 아주 약하므로 봉지를 발효실에서 아주 조심스럽게 꺼낸 다음 잘라서 즙을 따로 받아낸다. 숟가락이나 스패출러를 이용해서 사과를 건조기 쟁반이나 유산지를 깐 베이킹 시트로 옮긴다. 사과를 40℃ 또는 아주 낮은 온도의 오븐에서 건조한다. 적당한 상태가 되려면 약 24~36시간이 소요된다. 중간에 두어 번 정도 사과 위치를 바꾸고 돌려서 고르게 건조되도록 한다. 토피처럼 쫀득한 질감이 되면 완성된 것이다. 건조가 끝나면 덮개를 씌워서 냉장고에 일주일간 보관할 수 있으며 그 이상 보존하려면 냉동고에 넣는다.

건조한 흑사과에 초콜릿을 입히고 있다.

흑사과는 브랜디에 특유의 풍미를 불어 넣는다
(동시에 브랜디의 풍미를 흡수한다).

다양한 활용법

흑사과 쫀득이

말린 살구처럼 말린 흑사과도 질감이 쫀득한 토피와 비슷하다. 건조가 완전히 끝나면 그냥 먹어도 맛있는 간식이 된다. 사과를 통째로 건조기에 넣고 며칠에 걸쳐서 건조시킬 수도 있지만, 사과 형태를 잃어도 상관없고 속도를 높이고 싶다면 흑화가 완료된 사과에서 즙을 따라낸 다음 갈아서 퓌레를 만들고 코팅 매트에 3mm 두께로 펴 발라서 건조용 쟁반에 얹어 건조한다. 완성한 쫀득한 흑사과(또는 흑사과 쫀득이)에 멕시코에서 과일을 먹는 방식대로 라임이나 레몬즙을 약간 뿌리고 고추 소금을 뿌려서 먹어보자.

초콜릿을 입힌 흑사과

심지를 중심으로 말린 사과의 과육을 둥글게 저민다(크기가 작은 품종이라면 통째로 사용한다). 양질의 다크 초콜릿(카카오 함량 최소 70% 이상)을 템퍼링한 다음 저민 사과를 초콜릿에 담갔다 뺀다. 식힘망이나 유산지에 얹어서 초콜릿 코팅을 굳히면 바삭한 겉의 초콜릿과 진하고 부드러운 사과가 이루는 질감의 대조를 즐길 수 있다.

브랜디에 재운 흑사과

미리 계획해서 준비해두면 재미있는 음식 선물로 활용할 수 있는 메뉴다. 흑사과를 통째로 혹은 반으로 잘라 준비해서 유리 용기에 담고 양질의 브랜디나 칼바도스를 잠기도록 붓는다. 밀봉해서 서늘한 곳에 보관한다. 오래 보관할수록 더 좋다. 노마에서는 술에 과일을 재워서 2년까지 보관하기도 한다. 술이 달콤한 시럽처럼 변하고 과일이 부드럽게 술을 듬뿍 머금으면 바닐라 아이스크림을 꺼낼 시기가 된 것이다.

흑과일과 흑채소

초가을에 신선한 밤을 구해서 흑밤을 만들어보자.

흑밤
Black Chestnuts

분량 1kg

신선한 밤(껍질째) 1kg

신선하고 달콤한 밤은 초가을에 제철을 맞이한다. 밤은 수분 함량이 높으며 마늘처럼 수분을 가두는 껍데기 안에 들어 있기는 하지만 알루미늄 포일이나 랩으로 감싸야 수분을 제대로 유지할 수 있다. 노마에서는 밤이 완전히 흑화되기 직전의 맛이 훨씬 흥미롭다는 사실을 알아냈다. 60℃의 온도를 유지할 경우 밤이 이상적인 상태로 흑화되기까지 약 4주가 소요된다. 흑밤에서는 포도 졸임액과 비슷하면서 자두와 말린 과일 향이 느껴지는 풍미가 난다. 흑밤이 되면 치아에 가벼운 저항감만 느껴질 뿐 육질이 고기처럼 기분 좋게 씹힌다. 4주 이상 흑화시키면 짙은 캐러멜색이 자리 잡지만 풍미는 약간 단순해진다.

흑마늘(417쪽)의 상세 설명은 이 장에 소개한 모든 흑과일과 흑채소 레시피의 견본이다. 아래 레시피를 읽기 전에 먼저 흑마늘 레시피를 확인하고 오기를 권장한다.

밤은 진공용 봉지에 한 켜로 담는다. 발효실에 한 켜로 평평하게 넣어야 하므로 발효실 공간에 비해 부피가 크면 밤을 몇 개 덜어낸다. 최대 흡입력으로 봉지를 밀봉한다. 대형 지퍼백에 밤을 담고 물통에 윗부분이 몇 센티미터 정도 남을 때까지 천천히 집어넣어서 공기를 최대한 빼내도 좋다(밤의 부력에 대항하려면 봉지 바닥 부분을 잡고 밑으로 당긴다). 물의 압력을 통해 공기를 강제로 배출시킨 후 밀봉하면 불완전하지만 어느 정도 진공 상태가 된다.

흑밤, 1일차

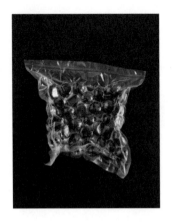

14일차

30일차

밤을 발효실에 넣는다. 전기밥솥이나 슬로우 쿠커를 사용한다면 바닥에 접시나 식힘망, 대나무 발을 하나 깔아서 밤이 바닥에 바로 닿지 않도록 한다. 발효실의 문을 닫고 온도를 60℃로 설정하거나 밥솥을 닫고 '보온' 설정을 켠다.

밤을 발효실이나 밥솥에 4주간 보관한다. 한 개를 꺼내서 껍질을 벗기고 맛을 본 다음 조금 더 발효해야 할지 결정한다. 원하는 만큼 흑화가 진행되었다면 사용하기 전까지 껍질째 보관한다. 밀폐용기에 담아서 냉장고에 일주일간 보관할 수 있으며 그 이상 두고 싶다면 냉동고에 넣는다.

다양한 활용법

속을 채운 파스타

조금만 손을 보면 흑밤은 믿을 수 없을 정도로 멋진 파스타 필링으로 변신한다. 껍질을 벗긴 흑밤 350g을 얇게 저민다. 중형 소테 팬을 불에 올리고 버터 100g을 더해서 거품이 일기 시작할 때까지 가열한다. 밤을 넣고 몇 분간 볶은 다음 양질의 닭 육수 250g을 더한다. 유산지를 동그랗게 잘라서 얹은 다음 밤이 상당히 부드러워질 때까지 뭉근하게 익힌다. 내용물을 믹서기에 옮기고 아주 곱게 간다(믹서기 상태에 따라 물을 조금 더해야 잘 돌아갈 수도 있다). 짤주머니에 담아서 생파스타 반죽에 짠 다음 카펠레티cappelletti나 아뇰로티, 토르텔리니, 라비올리 등 원하는 파스타 모양대로 빚는다. 완전히 새로운 맛을 경험하고 싶다면 파스타를 삶은 다음 젖산 발효 누룩 버터 소스(261쪽)에 버무려보자.

430

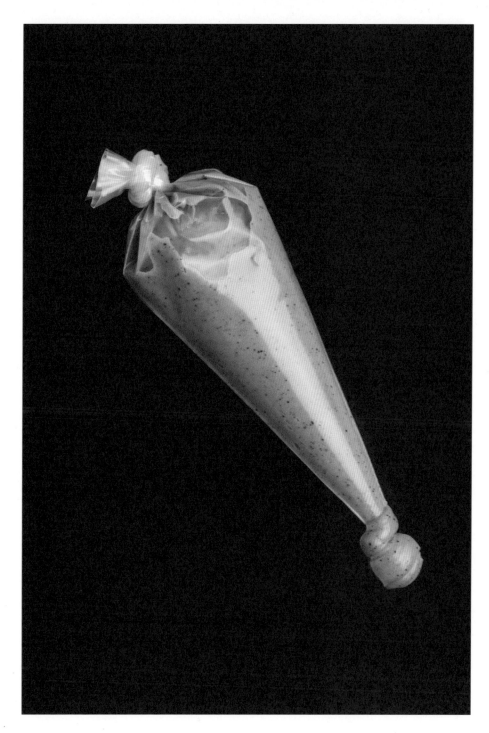

흑밤에 닭 육수를 소량 더해서 곱게 갈아 퓌레로 만들면
진하고 감미로운 파스타 필링이 완성된다.

431

신선한 헤이즐넛을 장시간 열에 노출시키면 고소한 초콜릿 풍미
가 생겨난다.

432

흑헤이즐넛
Black Hazelnuts

분량 1kg

신선한 헤이즐넛(껍질째) 1kg

신선한 헤이즐넛(재배지와 품종에 따라 코브넛cobnut이나 필버트filbert라고도 불린다)은 빠르면 7월부터 수확할 수 있지만, 8월에서 9월 초가 단연 제철이다. 하지만 주의하자. 껍데기째 판매하는 헤이즐넛이 반드시 신선한 것이라는 보장은 없으며, 실제로는 오래된 것일 확률이 높다. 북반구에서는 헤이즐넛을 일단 나무에서 수확하고 나면 소비자의 손에 닿기까지 한동안 지하실에 보관해둔다. 그러면 헤이즐넛이 완전히 말라서 수분이 부족하여 거뭇하게 변색되기도 한다. 나무에서 막 따낸 헤이즐넛 속살은 하얗고 부드러우며 기분 좋게 탁 부러지는 질감을 선사한다. 맛있는 흑헤이즐넛을 만들려면 열매의 신선도와 숙성도(너무 설익어도 과숙해도 좋지 않다)가 핵심이니 믿을 수 있는 재배자를 찾거나 농산물 시장에서 행운이 따르기를 바라는 것이 좋다.

흑마늘(417쪽)의 상세 설명은 이 장에 소개한 모든 흑과일과 흑채소 레시피의 견본이다. 아래 레시피를 읽기 전에 먼저 흑마늘 레시피를 확인하고 오기를 권장한다.

헤이즐넛은 진공용 봉지에 한 켜로 담는다. 발효실에 한 켜로 평평하게 넣어야 하므로 발효실 공간에 비해 부피가 크면 헤이즐넛을 몇 개 덜어낸다. 최대 흡입력으로 봉지를 밀봉한다. 대형 지퍼백에 헤이즐넛을 담고 물통에 윗부분이 몇 센티미터 정도 남을 때까지 천천히 집어넣어서 공기를 최대한 빼내도 좋다(헤이즐넛의 부력에 대항하려면 봉지 바닥 부분을 잡고 밑으로 당긴다). 물의 압력을 통해 공기를 강제로 배출시킨 후 밀봉하면 불완전하지만 어느 정도 진공 상태가 된다.

433

흑헤이즐넛, 1일차

7일차

30일차

어떤 방식으로 진행하든 발효실에 넣고 나면 헤이즐넛의 뾰족한 끝부분이 봉지에 구멍을 낼 가능성이 있으니 봉지를 이중으로 감싸는 것이 좋다.

헤이즐넛을 발효실에 넣는다. 전기밥솥이나 슬로우 쿠커를 사용한다면 바닥에 접시나 식힘망, 대나무 발을 하나 깔아서 헤이즐넛이 바닥에 바로 닿지 않도록 한다. 발효실의 문을 닫고 온도를 60℃로 설정하거나 밥솥을 닫고 '보온' 설정을 켠다.

헤이즐넛을 발효실이나 밥솥에 4~6주간 보관한다. 시간이 지날수록 헤이즐넛의 과육이 조금씩 쪼그라든다. 한 개를 꺼내서 껍질을 깐 다음 상태를 확인한다. 속살이 누런색이나 짙은 갈색을 띠어야 한다. 입에 넣으면 마치 누텔라 한 숟갈을 섞은 핫초콜릿과 같은 놀라운 맛이 느껴질 것이다. 신선할 때처럼 딱 부러지는 질감은 없지만 기분 좋은 쫀득함이 빈자리를 메운다. 바로 사용하거나 마르지 않도록 밀봉해서 냉동 보관하면 맛이 크게 변하지 않는다.

다양한 활용법

그르노블식 서대기 요리

흑헤이즐넛은 핫초콜릿과 매우 비슷한 맛이 나고 달콤한데다 고소한 향이 진해서 요리하기 매우 즐겁다. 그르노블식 서대기 요리처럼 예상치 못한 요리에도 완벽하게 어우러진다. 우선 흑헤이즐넛의 껍질을 깬 다음 속살만 꺼내서 굵게 다져 가루를 낸다. 약 30g 정도가 필요하다. 껍질을 벗긴 서대기 필레에 일반 밀가루를 묻힌 다음 올리브 오일을 넉넉히 두른 뜨거운 프라이팬에 앞뒤로 각각 약 90초씩 노릇하게 굽는다. 생선을 굽는 동안 작은 냄비에 버터 30g을 녹여서 지글거리며 갈색을 띠면 흑헤이즐넛을 넣고 향이 올라올 때까지 휘저어 섞는다. 다진 케이퍼 30g, 다진 파슬리 10g, 레몬즙 1개 분량을 더한 다음 팬을 흔들어 간단한 소스를 만든다. 노릇하게 구운 서대기 필레를 고소한 그르노블식 소스에 담가서 바로 낸다.

434

흑헤이즐넛 우유

견과류 우유는 갈수록 인기를 얻는 음료로, 흑헤이즐넛으로도 특히 끝내주는 견과류 우유를 만들 수 있다. 헤이즐넛 한 줌의 껍질을 벗긴 다음 무게 대비 2배의 물에 담근다. 냉장고에 하룻밤 넣어두어 불린 후 다음 날 믹서기에 넣고 약 3분간 완전히 곱게 간다. 혼합물을 면포를 여러 겹 깐 체나 시누아에 거른 다음 찌꺼기를 국자로 꾹꾹 눌러서 국물을 최대한 추출한다. 완성한 흑헤이즐넛 우유로 핫초콜릿이나 오르차타[30]를 만들거나(물이나 우유 대신 헤이즐넛 우유를 사용한다), 헤이즐넛 오일을 살짝 둘러서 노릇하게 지진 가리비 관자에 소스로 낸다.

---

30 타이거넛(기름골)이라는 덩이줄기를 설탕, 물과 함께 갈아 차갑게 마시는 스페인식 음료

견과류와 물을 갈아서 퓌레를 만든 다음 체에 거르면 견과류 우유가 된다.

435

샬롯을 데치기 전에 밀랍을 입히면 수분을 보존하면서 산뜻한
꿀 향기를 가미할 수 있다.

436

밀랍을 입힌 흑샬롯

Waxed Black Shallots

분량 1kg

밀랍 500g
신선한 샬롯 1kg

지금까지 비닐봉지나 알루미늄 포일로 재료를 밀봉하여 흑화시키는 방법을 알아봤지만, 그게 유일한 해법은 아니다. 비닐봉지는 견과류 등 크기가 작은 물건을 다룰 때는 유용하지만, 샬롯처럼 큰 재료를 사용할 때는 독특하게 밀랍에 담가 봉하는 식으로 흑화 식품에 독특한 풍미를 더할 수 있다. 식용 등급의 유기농 밀랍을 구하자(온라인 쇼핑몰에서 구입할 수 있다).

흑화에 이상적인 온도(60℃)와 (샬롯을 감싸고 있는) 밀랍이 녹기 시작하는 온도(64℃)는 크게 차이가 나지 않아서 아름다운 흑샬롯 대신 순식간에 끔찍한 진창을 목격하게 될 수 있다. 따라서 전기밥솥의 '보온' 기능은 여기에 사용하기 적합하지 않다. 온도를 정확하게 제어할 수 있는 발효실이 필요하다 (42쪽의 '발효실 제작하기' 참조).

아주 작은 냄비를 중간 불에 올려서 밀랍을 녹인다. 밀랍은 딱 녹기만 해야 한다. 액체 상태를 유지하기 위해 필요한 정도 이상으로 가열하지 않도록 주의한다. 밀랍의 수위가 샬롯을 완전히 담갔다 뺄 수 있을 정도로 깊어야 하므로 지름이 작고 속이 깊은 냄비를 고를수록 좋다.

샬롯의 껍질을 벗기되 뿌리는 그대로 둔다. 전체적으로 촉촉하면서 눈에 보이는 곰팡이가 없는 샬롯을 고른다. 이제 한 번에 하나씩 작업을 진행한다. 꼬챙이나 핀셋으로 샬롯 뿌리 부분을 찌르거나 잡아서 들어 올린다. 샬롯을 밀랍에 가볍게 담갔다가 꺼낸 다음 여분의 밀랍이 흘러내려 다시 냄비에 들어가도록 둔다.

흑과일과 흑채소

흑샬롯, 1일차

7일차

60일차

공기 중에 그대로 둬서 밀랍이 불투명하게 굳도록 한다. 밀랍의 녹는점은 64℃이므로 그리 오래 걸리지 않는다. 굳으면 샬롯을 다시 액상 밀랍에 담갔다 빼는 과정을 총 다섯 겹이 될 때까지 반복한다.

다섯 번째 밀랍 층이 건조되면 꼬챙이를 제거하고 뿌리 끝을 액상 밀랍에 담가서 샬롯이 완전히 봉해지도록 한다. 마지막으로 밀랍을 완전히 건조시킨 다음 샬롯을 쟁반에 따로 담는다. 남은 샬롯으로 같은 과정을 반복한다.

밀랍을 입힌 샬롯을 담은 쟁반을 발효실에 조심스럽게 넣고 8~10주간 숙성시킨다. 발효실의 온도를 정확하고 안정적으로 유지하는 것이 매우 중요하다. 앞선 내용에서 언급한 전기장판과 온도 조절기가 있으면 매우 유용하다 (42쪽의 '발효실 제작하기' 참조). 이런 기구를 사용할 경우 열원을 샬롯에서 멀리 떨어뜨려야 일부 밀랍이 녹는 사태를 방지할 수 있다.

예를 들어 상자형 냉동고를 해체해서 발효실을 제작할 경우 열 공급 장치를 한쪽에 설치하고 샬롯 쟁반은 반대쪽에 놓되 냉동고 바닥에서 살짝 떨어지도록 둔다. 온도 조절기는 냉동고의 온도를 오차 범위 1℃ 이내로 일정하게 유지하여 밀랍 봉인이 견고하게 남아 있도록 한다. 더 효과적으로 흑화 과정을 진행하려면 상자형 냉동고에 작은 팬을 장착해서 공기 순환이 잘 되도록 한다.

흑샬롯이 완성되면 꺼내서 실온으로 식힌 다음 칼로 밀랍을 잘라 벗긴다. 로스트 치킨을 구운 팬 바닥에 있을 법한 통째로 구운 샬롯의 질감이 느껴질 것이다. 흑샬롯은 사용하기 전까지 밀랍을 벗기지 않은 채로 냉장 또는 냉동 보관할 수 있다.

다양한 활용법

양파 수프

흑샬롯은 상상 가능한 최고 한도로 진하게 캐러멜화한 양파라고 생각하면 훨씬 창의적으로 요리에 활용할 수 있다. 캐러멜화한 양파 하면 가장 먼저 떠오르는 음식이 무엇일까? 바로 양파 수프다. 잘 드는 칼로 흑샬롯 250g 을 얇게 채 썬 다음 냄비에 담고 진한 소고기 육수를 잠길 만큼 부은 후 강화 와인을 살짝 둘러서 익힌다. 소금과 검은 후추로 간을 맞춘 다음 수프 그릇에 담고 바삭한 빵을 얹은 후 갈아낸 스위스 치즈를 듬뿍 올린다. 브로일러에서 치즈가 노릇하게 녹아 길게 늘어질 때까지 굽는다. 친구나 가족이 수프에 찬사를 보내면 두 달 반 전부터 만들기 시작한 음식이라고 말하자.

흑샬롯을 얇게 저며서 수프에(또는 캐러멜화한 양파를 사용하는 곳이라면 어디든지) 넣는다.

439

도구

발효에는 여러 방법이 있으므로 유일한 '정답'이 되는 도구 세트는 없다. 어떤 사람들은 할머니가 물려주신 오래된 도자기 항아리를 애지중지하며 사용하지만, 피클병을 재활용하는 사람도 있다. 여기서는 노마에서 사용하는 도구를 똑같이 갖추지 않으면 발효 프로젝트를 시작할 수 없다는 인식을 주지 않기 위해서 특정 제품의 명칭을 밝히지 않는다. 다음은 온라인 쇼핑몰이나 인근 발효 전문점에서 무엇을 구입해야 할지 망설이는 사람을 위한 기본적인 정보다.

에어록

주류를 양조할 때 없어서는 안 될 도구로, 젖산 발효 시에도 유용한 에어록은 끝에 고무마개를 장착하고 물을 채운 S자형 기구다. 공기는 에어록을 통해 들어갈 수 없지만 미생물이 발효 용기 내에서 가스를 생성하면 압력이 상승하면서 배기구를 통해 배출되게 된다.

공기 펌프와 에어스톤

공기 펌프는 식초에 공기를 주입해서 호기성 박테리아에 발효할 수 있는 산소를 공급하는 일반적인 장치로, 반려 동물 가게나 수제 양조 전문점에서 구입할 수 있다. 대체로 석재 통풍기(에어스톤)를 묶어서 판매하지만 시간이 지나면서 낡으면 금속 통풍기를 구입해도 좋다.

도기 항아리

도기 항아리는 발효 식품계에서 이미 효과가 증명된 물건이다. 불투명해서 빛이 들어오지 않으므로(72쪽 '유리병이냐 도기냐' 참조) 자외선이 미생물 세포를 손상시키는 것을 방지할 수 있다. 뚜껑을 얹을 수 있는 작은 해자가 달려 있는 제품이 많다. 여기에 물을 채우면 에어록 역할을 한다.

사과주용 착즙기

보통 발효한 과일 혼합물을 면포 주머니에 담아서 압착하는 용도로 사용하는 사과주용 압착기는 간장을 추출하거나 젖산 발효한 과일 및 채소에서 즙을 짜낼 때도 사용할 수 있다.

건조기

탁상용 도구로 쟁반에 담긴 재료에 따뜻한 공기를 불어넣어 천천히 건조시키는 역할을 한다. 젖산 발효 과일부터 흑채소까지 다양한 종류의 발효 식품에 여러 모로 활용하기 좋다.

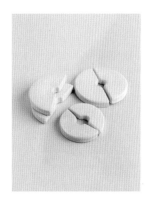

발효용 누름돌

보통 발효용 항아리와 함께 판매하는 유리 및 도기 발효용 누름돌은 재료가 수면 아래에 잠겨 있도록 눌러서 공기 접촉을 차단하는 역할을 한다. 특히 미소를 만들거나 단단한 재료를 젖산 발효할 때 유용하게 쓰인다.

유리 용기(다양한 모양과 크기)

유리는 콤부차와 젖산 발효 식품을 발효시킬 때 특히 사용하기 좋은데, 불활성 물질이며 시각적으로 진행 상태를 확인할 수 있기 때문이다(72쪽 '유리병이냐 도기냐' 참조). 스윙톱이나 나사식 뚜껑 모두 사용 가능하다.

도정기

일본에서는 곡물 표면을 거친 표면에 문지르는 방식으로 벼의 내과피(속껍질)를 제거하여 누룩이 쉽게 자리를 잡을 수 있도록 만든다. 도정기는 엠머밀이나 코니니밀 등 덜 알려진 곡물에도 똑같이 활용할 수 있다.

가습기

소형 가습기는 누룩 배양에 반드시 필요한 기구다. 형태와 유형은 제품마다 다양하다. 초미세 안개를 분무하는 종류가 있고, 증발 과정을 통해서 수분을 공기 중에 분산시키는 것도 있다. 무엇을 사용해도 상관없지만 대체로 크기가 작을수록 좋다.

주서기

식초나 콤부차를 만들 때 과일 및 채소에서 즙을 추출하려면 꼭 필요한 도구로, 제품마다 형태와 스타일이 다양하다.

키오케

둥근 모양에 상부가 개방된 형태인 나무통으로 일본에서 전통적으로 일본주와 미소, 간장을 발효시킬 때 사용한다. 주로 발효물에 독특한 풍미를 불어넣는 삼나무로 만든다. 상부가 개방형이라 혼합물을 휘젓거나 누름돌을 얹을 수 있다.

누룩 셰이커

슈거 파우더용 셰이커를 구입하면 된다. 철망 스크린 뚜껑이 달린 원통형 철제 도구다. 셰이커를 이용하면 찐 쌀이나 보리에 아스페르길루스 포자를 골고루 뿌리기 좋다.

면포

혼합물을 거르거나 국물 및 육수 등을 동결 정제할 때 유용한 도구로 비닐이나 면으로 만든 것을 구입하면 깨끗하게 세척해서 재사용할 수 있다.

나일론 그물 거름망

액체를 거르거나 밀가루를 체에 치는 용도로 사용하는 고운 나일론 그물망이 장착된 와이어 또는 플라스틱 링으로 어망이라고도 부른다. 면포를 깐 고운체로 대체할 수 있다.

바닥에 구멍이 뚫린 스테인리스 스틸 쟁반

바닥에 구멍이 뚫려 있는 스테인리스 스틸 쟁반을 이용하면 누룩이 위생적인 환경에서 산소와 접촉하며 자랄 수 있다.

pH계

액상 재료의 pH를 디지털 방식으로 정확하게 측정하는 소형 기기다.

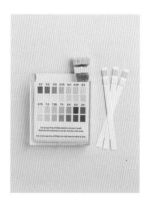

pH 측정지

용액의 pH에 따라 색상이 변하는 화학 반응성 용지다. 측정지를 액체에 담갔다 뺀 다음 색상표와 시각적으로 대조하는 방식이다.

플라스틱 양동이

식품 안전 플라스틱 양동이는 콤부차나 미소, 가룸, 식초, 알코올(에어록이 부착되어 있을 경우) 등의 발효 식품을 대량으로 만들 때 이상적인 용기다. 다만 플라스틱은 풍미를 흡수하는 경향이 있으므로 같은 양동이를 다른 목적으로 사용하지 않는 것이 제일 좋다는 점을 기억해두자.

445

냄비와 찜기

냄비와 뚜껑, 바닥에 구멍이 뚫린 찜기라는 세 부분으로 이루어진 단순한 도구로 곡물을 조리할 때 사용한다.

굴절계

선택 사항이지만 있으면 매우 편리한 도구로, 굴절계를 이용하면 빛의 굴절을 측정해서 액체의 당 함량을 확인할 수 있다. (물에 설탕이 많이 녹아 있을수록 굴절률이 커진다.)

전기밥솥

'보온' 설정을 켠 대형 전기밥솥은 가룸이나 흑과일 및 흑채소 등 고온을 유지해야 하는 발효물의 발효실 기능을 톡톡히 해낸다. 자동 꺼짐 기능이 없는 밥솥을 골라야 한다.

실내 난방기 또는 전기장판

제대로 절연된 발효실의 열원으로 사용할 수 있는 도구다. (주로 종자를 발아시키거나 파충류 테라리움을 데우는 용도로 사용하는 전기장판은 소규모 발효실에 적합하다.) 이러한 난방 도구에는 수동 차단기가 부착되어 있지만 온도 조절기와 함께 사용하는 것이 좋다.

스티로폼 아이스박스

방수성과 단열성이 뛰어나고 저렴하며 청소가 간편한 스티로폼 아이스박스는 발효실로 만들기 이상적이다. 자세한 사용 방법은 47쪽을 참조하자.

스윙톱 유리병

식초나 콤부차 등 완성한 액상 발효 식품을 보관하기에 최적의 도구다. 완전히 공기를 차단해서 밀폐할 수 있으므로 탄산 콤부차 보관에도 사용할 수 있다. 병입한 다음 마시기 전까지 냉장고에 1~2주간 보관 가능하다.

온도 조절기

발효실의 온도를 조절하는 전자기기로, 선택한 열원을 자동으로 제어하도록 설정할 수 있다. 온도가 너무 높아지면 냉각 기능으로 전환할 수 있는 제품도 있다.

진공 포장 기계와 진공용 봉지

탁상용 진공 포장기는 젖산 발효 과정은 물론 완성한 모든 발효 식품을 보관할 때 매우 유용하게 쓰인다. 투명한 진공용 봉지를 이용하면 발효 과정에서 일어나는 일을 쉽게 확인할 수 있으며, 잘라서 가스를 배출하고 다시 밀봉하기 좋다.

나무통

나무통은 내용물에 독특한 풍미를 가미하고 액체가 아주 느리게 증발하도록 만든다. 나무통에서 숙성시키는 발효물로는 알코올과 식초가 가장 일반적이나, 가룸과 간장도 나무통에서 숙성시키면 효과가 좋다.

목재 누룩 쟁반

보통 화학약품 처리를 하지 않은 삼나무 판자로 만드는 누룩용 쟁반은 전통적으로 쌀 또는 보리로 누룩곰팡이를 기를 때 사용하는 도구다. 모든 과정이 성공적으로 진행되면 쟁반 자체에 누룩균이 서식하기 시작하므로 매번 쟁반을 세척할 필요가 없다.

447

구입처

이 책의 레시피에 필요한 신선식품은 유기농 농산물 직판장이나 식료품점에서 구입하는 것이 제일 좋다. 발효 관련 품목은 물건을 제대로 갖춰둔 수제 양조 전문점이나 발효 전문점에 가면 필요한 거의 모든 것을 구할 수 있다. 온라인 쇼핑몰에서 찾기 힘든 물건도 있다. 다음은 우리가 특수한 물건을 조달할 때 이용하는 구입처 목록이다.

꿀벌 화분
bee-pollen.co.uk
911honey.com
rawliving.eu

양조용 효모
hopt-shop.dk
themaltmiller.co.uk
yeastman.com

무지방 또는 저지방 헤이즐넛 가루
bobsredmill.com
oelmanufaktur-rilli.de
paleo-paradies.de

메뚜기와 벌집 나방 애벌레
delibugs.nl
speedyworm.com
topinsect.net

누룩 포자
akita-konno.co.jp
americanbrewmaster.com
gemcultures.com
organic-cultures.com

콤부차 스코비
culturesforhealth.com
fairment.de
happykombucha.co.uk
hjemmeriet.com
kombuchakamp.com

감사의 말

이 책이 완성되기까지 수없이 반복된 구불구불한 여정을 따라오면서 기꺼이 도움을 선사하고 저술할 시간을 마련해준 수많은 사람들에게 감사의 마음을 전하고 싶다. 그중에서도 토머스 프뢰벨, 메트 브링크 소버그, 벤저민 폴 잉, 준이치 다카하시, 제이슨 화이트, 맷 올랜도, 폴라 트록슬러, 에번 성, 제이슨 루카스, 로라와 안드레하 라흐, 리지 엘리슨, 아라린 보몬트, 폴 다비노, 디에고 구티에레즈, 필 힉먼, 알렉스 페트리션, 아드리아노 브뤼제스, 앤 캐서린 프리버, 프리얀카 파텔, 피오나 스트루트, 알레시오 마르카토, 그리고 모든 노마 식구들과 아틀리에 다이야코바, 아르티장 북스의 전원에게 감사를 표한다.

또한 우리에게 발효의 방법과 역사, 과학을 깊이 탐구할 수 있도록 영감을 선사한 놀라운 과업을 쌓아 올린 윌리엄 셔틀러프, 아키코 아오야기, 해롤드 맥기, 산도르 카츠 같은 저자들에게도 감사를 전한다.

마지막으로 우리가 즐겁게 쓴 이 모든 글을 즐겁게 읽을 수 있는 책으로 정리해준 놀라운 편집팀 크리스 잉, 마사 홀름버그, 아리엘 존슨 박사, 그리고 우리의 편집자 리아 로넨에게 특별히 감사드린다.

RR & DZ

색인

453

인스타그램 @nomaferments에서
영감을 가득 받은 후
해시태그 #nomaferments로
직접 만든 발효 식품을 자랑해보세요.

First published in the United States as :THE NOMA GUIDE TO FERMENTATION

Photographs copyright © by Evan Sung except on pages 16, 14, 113, 214, 226, 273, 282, 370, 410 copyright © by Jason Lucas; pages22, 404 copyright © by DitteIsager / Edge Reps; and pages 21, 63, 159 copyright © by Laura L.P./ HdG Photography
Illustrations © 2018 by Paula Troxler
Design by Atelier Dyakova
All rights reserved.

This Korean edition was published by Hans Media in 2019 by arrangement with Artisan Books, a division of Workman Publishing Company, Inc., New York through KCC(Korea Copyright Center Inc.), Seoul.

이 책은 (주)한국저작권센터(KCC)를 통한 저작권자와의 독점 계약으로
한스미디어에서 출간되었습니다.
저작권법에 의해 한국 내에서 보호를 받는 저작물이므로
무단 전재와 복제를 금합니다.

* 본문의 주석은 모두 역주입니다.

노마 발효 가이드

1판 1쇄 발행 2019년 12월 6일
1판 3쇄 발행 2022년 7월 15일

지은이 르네 레드제피, 데이비드 질버
옮긴이 정연주
펴낸이 김기옥

실용본부장 박재성
편집 실용2팀 이나리, 장윤선
영업 김선주
커뮤니케이션 플래너 서지운, 이지수
지원 고광현, 김형식, 임민진

디자인 푸른나무 디자인(주)
인쇄 민언프린텍
제본 우성제본

펴낸곳 한스미디어(한즈미디어(주))
주소 121-839 서울시 마포구 양화로 11길 13(서교동, 강원빌딩 5층)
전화 02-707-0337 | 팩스 02-707-0198 | 홈페이지 www.hansmedia.com
출판신고번호 제 313-2003-227호 | 신고일자 2003년 6월 25일

ISBN 979-11-6007-446-8 13590

책값은 뒤표지에 있습니다.
잘못 만들어진 책은 구입하신 서점에서 교환해드립니다.